安徽省重点研究与开发计划项目成果

安徽省高校领军骨干人才项目成果

Petri网

行为关系挖掘与过程模型优化

方贤文　王丽丽　方　娜　著

Behavioral Relationship

Mining and

Process Model

Optimization

Based on Petri Net

U0190112

中国科学技术大学出版社

内 容 简 介

　　本书为安徽省重点研究与开发计划项目和安徽省高校领军骨干人才项目建设成果,按"业务流程建模—行为关系下的过程挖掘—过程模型隐变迁挖掘—过程模型优化"的顺序,详细介绍了业务流程的 Petri 网建模与分析方法、过程挖掘基本知识和分析技术、多类型行为关系下过程挖掘方法、多层次隐变迁挖掘方法及多视角过程模型优化方法。多视角和多层次的过程模型挖掘与优化,有利于丰富业务流程系统可信性研究,具有较好的理论意义和研究价值。

　　本书适合相关领域的研究人员阅读,也可供从事业务流程管理的决策制定者参考。

图书在版编目(CIP)数据

Petri 网行为关系挖掘与过程模型优化/方贤文,王丽丽,方娜著. —合肥:中国科学技术大学出版社,2023.12

ISBN 978-7-312-05834-9

Ⅰ. P…　Ⅱ. ① 方… ② 王… ③ 方…　Ⅲ. 计算机网络—研究　Ⅳ. TP393

中国国家版本馆 CIP 数据核字(2023)第 254862 号

Petri 网行为关系挖掘与过程模型优化

PETRI WANG XINGWEI GUANXI WAJUE YU GUOCHENG MOXING YOUHUA

出版	中国科学技术大学出版社
	安徽省合肥市金寨路 96 号,230026
	http://press.ustc.edu.cn
	https://zgkxjsdxcbs.tmall.com
印刷	安徽省瑞隆印务有限公司
发行	中国科学技术大学出版社
开本	787 mm×1092 mm　1/16
印张	16
字数	406 千
版次	2023 年 12 月第 1 版
印次	2023 年 12 月第 1 次印刷
定价	60.00 元

前　　言

随着 5G、物联网、云计算、大数据、人工智能、区块链等新一代信息通信技术的创新应用,中国数字经济与实体经济深度融合,呈现快速发展趋势。工业和生活场景的变化引发了市场竞争格局的变化,冲击了传统企业的线下业务。越来越多的企业意识到数智化转型升级的重要性和迫切性,通过利用新一代数字与智能技术进行全域、全场景、全链路的改造过程,驱动企业经营管理、业务流程场景变革与重塑。伴随着数智化转型的一项挑战是,如何从流程运行产生的海量数据中发现对企业管理有益的信息。过程挖掘作为业务流程管理的一项重要技术,根据企业信息系统产生的日志来构建形式化过程模型,以及感知业务环境的变化来优化模型,这在企业管理的数字化、可视化发展中具有深远影响。过程挖掘改变了传统的流程管理方式,从行为依赖和数据约束上保障了业务流程的合理性,因此对过程挖掘和模型优化技术的研究成为近年来国内外流程管理领域的重要课题之一。

在过去数十年中,智能制造、电子商务、医疗、电信等领域涌现出大量的过程挖掘算法。目前已有的研究主要针对单一流程开展研究,而实际流程中存在多行为依赖、多流程交互、多类型变迁等因素,增加了业务流程的复杂性,导致很多方法在此场景中无法发挥最佳性能。因此,本书以 Petri 网理论和行为轮廓理论为基础,从业务流程活动之间的基本行为关系出发,分析过程模型的合理性、行为的一致性以及数据的依赖性等,提出基于直接和间接行为依赖、多流程交互、隐变迁作用下的挖掘方法,为优化业务流程奠定坚实的基础。随后,本书从控制流和数据流视角构建系列算法来进行深入分析,实现多层次、多视角、多情景的过程模型优化。本书从多视角研究过程挖掘及模型优化方法,有利于促进业务流程管理的适用性研究,对学界和业界都具有较好的参考价值和研究意义。

本书是安徽理工大学方贤文教授课题组多年的研究成果结晶。依托安徽省煤矿安全大数据分析与预警技术工程实验室,方贤文教授带领课题组成员对过程挖掘及模型优化进行了深入研究,取得了丰硕的、开拓性的研究成果。方贤文负责全书总体规划及统稿,并负责第 1 章和第 8 章的内容撰写工作;王丽丽和方娜分别负责第 2～4 章和第 5～7 章的内容撰写工作;卢可、阚道豫、李孟瑶、方新升、李娟、毛古宝、郝惠晶、宫子优等做了大量的资料收集、文献整理和文字校对工作。安徽水利水电职业技术学院对本书的出版给予了大力支持,相关专家对部分内容提出了宝贵的建议和修改意见,在此表示由衷的感谢!

本书在各章末都列示了大量的参考资料,并与各章相关内容前后对应,特此说明。本书的出版得到了安徽省重点研究与开发计划项目(2022a05020005)和安徽省高校领军骨干人才项目(2020-1-12)的资助,在此一并表示感谢!

目前国内外过程挖掘技术研究蓬勃发展,但是在 Petri 网行为关系挖掘与过程模型优化方面研究还相对较少,且研究内容还未成体系。本课题组一直致力于该问题的研究,取得了一定的研究成果,受到了国内外众多同行的认可。但由于水平有限,相关研究还不够深入,甚至可能存在一些不准确的地方。在此恳请各位同行的谅解,并真诚希望能提出有针对性的修改建议和有价值的研究思路,以便我们在未来的研究中不断深化和完善研究成果,为业务流程适用性研究添砖加瓦。

编者

目　　录

第 1 章　Petri 网基础知识

1.1　Petri 网相关知识及性质

Petri 网最早是由德国人 Carl Adam Petri 在其博士论文"Communication with Automata"中提出来的。最初它被用作对异步、并发的计算机系统进行建模仿真,后来用于系统建模与分析,并与通信机制结合刻画出系统的结构、描述系统的动态行为。经过不断发展,Petri 网已成为一种成熟的分布式系统的应用工具,能够帮助分析者精准查找系统中出现的变化,解析变化的原因及变化间关系对系统运行的影响。Petri 网本身具有很多优点:① 数学表述方式的独特性,模型行为计算和推导的精准性。② 为便于理解,用直观的图形表示。③ 可通过 Petri 网分析各种各样的系统,因为它有独特的描述手段和先进的技术,不仅可以在应用发展方面奠定坚实的理论基础,还可以指导不同企业的发展方向。Petri 网结构的有界性、守恒性、可重复性,不仅能很好地分析系统的结构性质,而且通过 Petri 网建模可以系统地分析动态结构性质,如可达性、有界性、活性等,为系统运行安全提供了理论保障。

1.1.1　Petri 网的基本概念

定义 1.1[1]**(网)**　一个三元组 $N = (P, T; F)$ 是一个网,如果满足如下条件:

(1) P 是库所,T 是变迁;

(2) $P \cup T \neq \varnothing$ 且 $P \cap T = \varnothing$;

(3) F 是流关系,且 $F \subseteq ((P \times T) \cup (T \times P))$;

(4) $\mathrm{dom}(F) \cup \mathrm{cod}(F) = P \cup T$,其中 $\mathrm{dom}(F) = \{a \in P \cup T \mid \exists b \in P \cup T : (a, b) \in F\}$,$\mathrm{cod}(F) = \{a \in P \cup T \mid \exists b \in P \cup T : (b, a) \in F\}$。

定义 1.2[1]**(前集和后集)**　在网 $N = (P, T; F)$ 中,对 $\forall a \in P \cup T$,将

(1) $^{\cdot}a = \{b \mid b \in P \cup T \wedge (b, a) \in F\}$ 记作前集;

(2) $a^{\cdot} = \{b \mid b \in P \cup T \wedge (a, b) \in F\}$ 记作后集。

即将 a 的前集记作 $^{\cdot}a$,后集记作 $a^{\cdot}$;a 的外延记作 $^{\cdot}a \cup a^{\cdot}$。

定义 1.3[1]**(Petri 网)**　一个四元组 $\Omega = (P, T; F, M)$ 是一个标识 Petri 网,如果它满足下列条件:

(1) $N = (P, T; F)$ 是一个网;

(2) 标识为映射 $M : P \rightarrow Z = \{0, 1, 2, \cdots\}$,其中初始标识记为 M_0;

(3) 变迁 T 的发生规则:

① 如果 $\forall p \in P, p \in {}^{\cdot}t \to M(p) \geqslant 1$,则变迁 $t \in T$ 在标识 M 下可以发生,记作 $M[t>$;

② 如果变迁 t 在标识 M 下执行,而且执行后产生一个新标识 M',即 $M[t>M'$,那么有

a. 若 $p \in t^{\cdot} - {}^{\cdot}t$,则 $M'(p) = M(p) + 1$;

b. 若 $p \in {}^{\cdot}t - t^{\cdot}$,则 $M'(p) = M(p) - 1$;

c. 若 $p \notin t^{\cdot} - {}^{\cdot}t$ 且 $p \notin {}^{\cdot}t - t^{\cdot}$,则 $M'(p) = M(p)$。

定义 1.4[1]（**网系统**）　六元组 $\Sigma = (P, T; F, K, W, M_0)$ 为一个网系统,当且仅当符合以下条件:

(1) $N = (P, T; F)$ 为有向网;

(2) $K: P \to N \bigcup \{\infty\}$ 为状态元素的容量函数;

(3) $W: F \to N$ 为权函数;

(4) $M: P \to N$ 为标识(M_0 称为 Σ 的初始标识),其中 $M(p) \leqslant K(p)$。

一般在 Petri 网 $N = (P, T; F)$ 中用圆圈表示库所 P,方框表示变迁 T。带箭头的弧表示 F,圆圈中黑点表示资源,当 $K(p) = \omega$(其中 ω 表示无穷大)时,一般不在图上标注,当 $K(p) < \omega$ 时,将其标注在状态元素上。对于弧 $f \in F$,当 $W(f) > 1$ 时,将 $W(f)$ 标注在弧上;当 $W(f) = 1$ 时,省略不标,如图 1.1 所示。

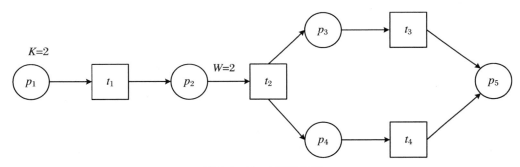

图 1.1　Petri 网示意图

定义 1.5[1]（**变迁发生规则**）　一个网系统是一个标识网 $\Sigma = (P, T; F, M)$,并具有下面的变迁发生条件:

(1) ${}^{\cdot}t^{\cdot} = {}^{\cdot}t \bigcup t^{\cdot}$ 称为 t 的外延;

(2) t 在 M 有发生权的条件是:

$$\forall p \in {}^{\cdot}t: M(p) \geqslant W(s, t) \wedge \forall p \in t^{\cdot}: M(p) + W(p, t) \leqslant K(p)$$

(3) 若 $M[t>$,则在标识 M 下,变迁 t 可以激发(fire),从 M 变为 M 的后继 M'。M' 的定义是:对 $\forall p \in P$,有

$$M'(p) = \begin{cases} M(p) - W(p, t), & \text{若 } p \in {}^{\cdot}t - t^{\cdot} \\ M(p) + W(t, p), & \text{若 } p \in t^{\cdot} - {}^{\cdot}t \\ M(p) - W(p, t) + W(t, p), & \text{若 } p \in {}^{\cdot}t \bigcap t^{\cdot} \\ M(p), & p \notin {}^{\cdot}t^{\cdot} \end{cases}$$

定义 1.6[1]（**关联矩阵**）　设 $\Sigma = (S, T; F, M_0)$ 为一个 Petri 网,$S = \{s_1, s_2, s_3, \cdots, s_m\}$,$T = \{t_1, t_2, t_3, \cdots, t_n\}$,则用一个 n 行 m 列矩阵 $A = [a_{ij}]_{nm}$ 表示 Petri 网,其中

$$a_{ij} = a_{ij}^+ - a_{ij}^-, \quad i \in \{1,2,\cdots,n\}, j \in \{1,2,\cdots,m\}$$

$$a_{ij}^+ = \begin{cases} 1, & 若 (t_i, s_j) \in F \\ 0, & 否则 \end{cases}$$

$$a_{ij}^- = \begin{cases} 1, & 若 (s_j, t_i) \in F \\ 0, & 否则 \end{cases}$$

称 A 为 Σ 或网 $N = S(S, T; F)$ 的关联矩阵(incidence matrix)。

1.1.2　Petri 网的性质

定义 1.7[2]**(可达性)**　设 $PN = (S, T; F, M)$ 为一个 Petri 网。若存在 $t \in T$,使 $M[t>M'$,则称 M' 为从 M 直接可达的;若存在变迁序列 $t_1, t_2, \cdots, t_k$ 和标识序列 $M_1, M_2, \cdots, M_k$,使得

$$M[t_1>M_1[t_2>M_2[t_3>\cdots>M_{k-1}[t_k>M_k$$

则称 M_k 为从 M 可达的。从 M 可达的一切标识的集合记为 $R(M)$,约定 $M \in R(M)$。

定义 1.8[2]**(有界性和安全性)**　设 $\Sigma = (S, T; F, M_0)$ 为一个 Petri 网, $s \in S$。若存在正整数 B,使得 $\forall M \in R(M_0): M(s) \leqslant B$,则称库所 s 为有界的,并称满足此条件的最小正整数 B 为库所 s 的界,记为 $B(s)$。即

$$B(s) = \min\{B \mid \forall M \in R(M_0): M(s) \leqslant B\}$$

当 $B(s) = 1$ 时,称库所 s 为安全的。若每个 $s \in S$ 都是有界的,则称 Σ 为有界 Petri 网,称 $B(\Sigma) = \max\{B(s) | s \in S\}$ 为 Σ 的界。当 $B(\Sigma) = 1$ 时,称 Σ 为安全的。

定义 1.9[2]**(网的活性)**　$\Sigma = (P, T; F, M)$ 是 Petri 网,初始标识为 $M_0, t \in T$。若 $\forall M \in R(M_0)$,都有 $\exists M' \in R(M), M'[t>$,则变迁 t 是活的。若任何变迁 $t \in T$ 都是活的,则称 Σ 为活的 Petri 网。

定义 1.10[2]**(死锁和陷阱)**　$N = (P, T; F)$ 是 Petri 网, $P_1 \subseteq P$。

(1) 若 $\cdot P_1 \subseteq P_1\cdot$,则称 P_1 是 N 的一个死锁;

(2) 若 $P_1\cdot \subseteq \cdot P_1$,则称 P_1 是 N 的一个陷阱。

1.2　行为轮廓的相关知识及性质

行为轮廓(behavioral profile)最早出现在 Johannes Koskinen 发表的文章"Profile-Based Approach to Support Comprehension of Software Behavior"中,是基于 UML 来捕捉和阐述服务软件中的重要行为规则,主要分析在应用发展中特定软件构件之间的交互准则。当时文章中没有对行为轮廓作出准确的定义,只说明了行为轮廓是由类集合和序列图组成的。随后 Kimmo Kiviluoma 和 Johannes Koskinen 对此进行了完善并提出行为轮廓的概念,说明行为轮廓是在 UML 元模型的基础上增加类角色、操作任务和属性特征,主要用来监控模型的动态行为。早期的行为轮廓是为了支持软件设计师开发程序,得到符合要求的行为,并满足现有的行为规则,可用于监控程序运行,展现模型间的交互关系。

Matthias Weidlich 等详细定义了行为轮廓,并对其进行拓展,将其用于过程模型中刻

画行为之间的约束关系,并进行了很多研究。如对过程模型行为轮廓的抽象,行为一致性的测量和分析,行为轮廓与迹等价、互模拟的比较,优化过程模型对复杂事件的查询等,并给出了因果行为轮廓的概念,更清晰地描述了过程模型中变迁之间的行为关系,研究了基于行为轮廓的过程模型的一致性计算等。因此,行为轮廓已经具有一个分析和计算的体系。同时,在非一致性研究方面,对于过程模型间复杂对应的情况,使用行为轮廓也能够分析过程模型间变迁变化的传播和分析变化域等。

行为轮廓主要有以下几个优点:① 行为轮廓对于投影没有迹等价敏感。② 一个行为轮廓的结构提供给我们一个简单的方法来定义一个从 0 到 1 排列的一致性的度。用这种方法,我们能够将详细的信息回馈给业务分析师和软件设计师,这个信息是关于两个模型在哪里发生变化和变化程度如何。③ 行为轮廓的概念建立在自由选择 Petri 网的基础之上。这类网已经被用于大多数流程建模语言的形式化上面。用 n 表示库所和变迁的个数,在 $O(n^3)$ 时间内,行为轮廓的一致性能够用于检测合理的自由选择 Petri 网。

但是行为轮廓也存在自身的局限性:由行为轮廓弱序关系的定义可知,行为轮廓的行为关系研究的是两个行为间的直接关系,而对于多个行为间的间接行为关系没有进行讨论;现有对行为轮廓的研究还不能够有效区分重复变迁的情况;行为轮廓关系是建立在行为一对一关系基础上的,对于行为关系中存在的多对多的复杂对应关系还没有进行研究;行为轮廓只是考虑了活动间的行为关系,对于它们之间的数据流关系并未涉及,这些问题我们将在其后的各个章节中分别作以说明。

1.2.1　行为轮廓的定义

过程模型中所有的行为关系都建立在弱序关系的基础上。弱序关系是所有行为关系的基石,如果给网 PN 一个初始标识 M_0,则存在一条执行路径 σ,使初始标识最终可运行到结束标识 M_F,以保证网是活的、可达的,不出现死锁、陷阱等情况。在迹语义的基础上,行为轮廓描述了一个网系统的行为特征和变迁的潜在并发的顺序。

定义 1.11[3]**(过程模型 Petri 网)**　过程模型 Petri 网 $PN = (P, T; F, C)$ 是一个四元组,满足以下条件:

(1) P 是有限库所集,T 是有限变迁集;

(2) $P \neq \varnothing, T \neq \varnothing$ 且 $P \cap T = \varnothing$;

(3) $F = (P \times T) \cup (T \times P)$ 表示 PN 的流关系且 $(P \cup T, F)$ 是强连通图;

(4) $\mathrm{dom}(F) \cup \mathrm{cod}(F) = P \cup T$,其中 $\mathrm{dom}(F) = \{x \in P \cup T \mid \exists y \in P \cup T: (x, y \in F)\}$,$\mathrm{cod}(F) = \{x \in P \cup T \mid \exists y \in P \cup T: (y, x) \in F\}$;

(5) $C = \{\mathrm{AND}, \mathrm{XOR}, \mathrm{OR}\}$ 是流程网的结构类型。

在过程模型 Petri 网 PN 中有一种弱序关系,即包含 $T \times T$ 所有的变迁对 (x, y) 中,若存在一个发生序列 $\delta = t_1 t_2 \cdots t_n$,当 $i \in \{1, 2, \cdots, n-1\}$ 时,$i < j \leqslant n$ 有 $t_i = x$ 且 $t_j = y, x \succ y$,综上定义了行为轮廓的概念。

定义 1.12[4]**(行为轮廓)**　令 (N, M_0) 是变迁集 T 上的网系统,其中 $N = (P, T; F)$,变迁对 $(x, y) \in (T \times T)$,可满足下面关系之一的:

严格序关系 →,当且仅当 $x \succ y, y \nsucc x$;

排他性关系 +,当且仅当 $x \nsucc y, y \nsucc x$;

交叉序关系 $\parallel$，当且仅当 $x \succ y, y \succ x$。

集合 $B = \{\rightarrow, +, \parallel\}$ 是 T 上的行为轮廓，通过上述得到严格逆序的关系，即 $\rightarrow^{-1}$，当且仅当 $x \not\succ y, y \succ x$。

不同层次的执行表明不同的关系，严格序、逆严格序表明两个变迁之间有着固定的顺序；交叉序表明两个变迁可以任意发生，没有固定的顺序；排他序说明两个变迁不能同时发生。下面将这四种关系按其严格性排列构成关系层次图，如图 1.2 所示。

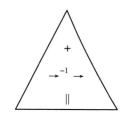

图 1.2　行为关系层次图

1.2.2　行为轮廓的相关性质

性质 2.1[5]　任意过程模型关于给定变迁集合 T 上的行为轮廓 $BP = \{\rightarrow, +, \parallel\}$，其中的严格序关系、排他序关系和交叉序关系这三种关系是相互排斥的。

它说明这三种关系不可能同时发生。此外，严格序关系和逆严格序关系互为相反关系。

性质 2.2[5]　任意过程模型关于给定变迁集合 T 上的行为轮廓 $BP = \{\rightarrow, +, \parallel\}$，四种关系 $\rightarrow, \rightarrow^{-1}, +$ 和 $\parallel$，满足 $\{\rightarrow, \rightarrow^{-1}, +, \parallel\} \subseteq T \times T$，行为轮廓的这四种关系称为笛卡尔积。

性质 2.3[5]　任意过程模型关于给定变迁集合 T 上的行为轮廓 $BP = \{\rightarrow, +, \parallel\}$，一个变迁与它自身的关系是 $t + t$ 或 $t \parallel t$。

若将 $\succ^{-1}$ 记为 $\succ$ 的逆关系，则 $\succ^{-1} = \{(y, x) \in T' \times T' \mid x \succ y\}$，上述性质可表述为：严格序关系，$\rightarrow = \succ \backslash \succ^{-1}$；排他性关系，$+ = (T' \times T') \backslash (\succ \cup \succ^{-1})$；交叉序关系，$\parallel = \succ \cap \succ^{-1}$。表明行为轮廓的三种关系互相排斥。

参考文献

［1］　吴哲辉. Petri 网导论［M］.北京：机械工业出版社，2006.

［2］　袁崇义. Petri 网应用［M］.北京：科学出版社，2013.

［3］　Polyvyanyy A，Smirnov S，Weske M. Business process model abstraction［C］//International Handbooks on Information Systems. Berlin，Heidelberg：Springer，2015：147-165.

［4］　Weidlich M，Polyvyanyy A，Desai N，et al. Process compliance measurement based on behavioural profiles［C］//Advanced Information Systems Engineering. Berlin，Heidelberg：Springer，2010：499-514.

［5］　Fang X，Wu J，Liu X. An optimized method of business process mining based on the behavior profile of Petri nets［J］. Information Technology Journal，2013，13(1)：86-93.

第 2 章 过 程 挖 掘

过程挖掘是一门年轻的学科,它主要的思路是从信息系统记录的事件日志入手,提取出业务流程的相关信息,并在此基础上发现、监控和改进业务流程,而事件日志在现如今信息系统的支持下很容易获得。到目前为止,过程挖掘技术主要包括三方面:基于事件日志构建过程模型;利用事件日志对过程模型进行合规性检测;基于实际业务流程运行对模型进行优化。过程挖掘技术的优势在于将业务流程的实际运行情况与过程模型联系了起来。

2.1 过程挖掘概述

过程挖掘这一概念最初在 1985 年由 Anil Nerode 提出,起初的过程挖掘主要是通过整合业务模型中的变迁发生情况来简单预估该变迁在下一次运行过程中存在的发生情况[1],由此衍生出了工作流挖掘、工作流管理系统等。至今,过程挖掘已发展得相对成熟,被阶段性地划分为三个领域:过程发现、一致性检测以及模型优化。其中,过程发现的阶段是基于事件日志,通过一定的挖掘算法挖掘符合系统实际运行状态的业务模型,即一个从日志到模型的过程;而一致性检测则是基于过程发现所挖掘出的业务模型对日志信息进行重放,在满足一定合理性的情况下,分析计算日志与模型间的行为一致性度,从而检验业务模型的一致性度;对于一致性度较低的业务模型,分析源模型中出现低一致性度的模型区域,并通过修改、替换或者配置该区域内的变迁及其结构对源模型进行优化处理,这一阶段称为模型优化。通过上述三个阶段有效实现过程挖掘,从而得到能够支撑企业运行的业务模型。下面分别介绍这三个阶段的研究现状。

2.1.1 过程发现

过程发现旨在通过一定的挖掘算法获得合理的过程模型,在过程模型的构建过程中,过程模型和符号(BPMN)为业务流程管理(Business Process Management,BPM)提供了高级建模结构,并广泛地应用于各种领域的建模过程。文献[2]提出了一个正式的基于标记的可执行 BPMN 语义,现有的基于事件日志自动发现过程模型的技术通常会产生扁平的过程模型,这些模型不能很好地运用子进程的概念,以及错误地处理和重复构建过程建模符号,如 BPMN。基于这一缺陷,文献[3]提出了一个 BPMN 挖掘技术,用来自动挖掘包含中断和非中断边界事件以及活动标识的层级 BPMN 模型。这一技术采用了近似函数和包含依赖挖掘技术,从事件日志中引出一个过程(子层级过程),并对挖掘出的模型以及日志进行启发式分析,确定边界事件和标识。文献[4]则提出了 BPMN 元模型的观点,该观点所描述的模型可以利用现有的挖掘技术从事件日志中获得。文献[5]描述和证明了鲁棒控制流（Robust Control Flow）转换算法，为更先进的基于 BPMN 的发现和一致性检测算法提供了基础。同时，建立了 Petri 网和 BPMN 模型之间的行为关系，并基于 BPMN 模型使用已有的一致性检测和性能分析技术。除此，区块链技术为执行企业间业务流程提供了支持，文献[6]主要分析了区块链对于业务流程管理（BPM）的影响。BPMN 之外，文献[7]介绍了一种新的建模语言，将数据模型和声明模型有效地结合起来，由此挖掘的以对象为中心的行为约束模型能够描述涉及交互实例和复杂数据依赖关系的业务流程。为了挖掘可以识别流程不同方面或视图的过程模型，文献[8]弱化对特定流程中执行的事件或活动的分析，更多地关注不同视角下的状态以及各个状态之间的关联方式，从而挖掘基于状态的模型。该方法通过过程挖掘框架 ProM 实现，并提供了多视角状态模型的高度交互可视化。

业务流程管理已经在各领域内发挥了至关重要的作用，并占据着不可替代的位置。BPM 不仅能够在一定程度上保证企业程序准确、高效地正常运作，还有助于对故障模型进行修复处理，对各企业程序的运行具有一定的指导意义。过程模型是 BPM 的关键组件，任何一个企业都能够通过一个有效、完善的过程模型管理该企业的内部运作流程，从而提高自己的业务效率，并极大可能地去降低业务流程的运营成本，进而使得企业在一定程度上获得最大的利润。所以，基于系统所记录下的事件日志去挖掘合理、有效的过程模型 Petri 网是国内外比较关注的研究课题之一。

过程挖掘的本质思想是基于信息所记录下的事件日志去提取一些潜在的知识信息。目前，业务流程挖掘方面现存的挖掘方法，大部分是针对过程模型 Petri 网进行挖掘。与通过人为建立的过程模型作对比，基于事件日志挖掘出的模型少了很多主观因素，这使得挖掘出的模型具有更高的客观性。过程挖掘这一技术能够为挖掘适用范围广以及质量较高的过程模型提供支持，但是，在日常工作的过程中可以满足广大客户多样性需求的建模工具比较少见，一些学者为解决这个问题，在文献[9]中提出了一个以流程为基础的过程挖掘方法，该方法提及了两个内容：应用程序和建模工具的流程建模、软件在可用性方面的连续性分析。其中，这个方法共分为用户管控、轨迹聚类、模型推导以及模型分析四个阶段。基于执行日志的业务流程挖掘方法在文献[10]中被提出，同时被提出的还有基于 L^* 算法以及增量日志的业务流程挖掘方法。文献[11]基于不完整日志研究其对于过程挖掘的影响，通过活动间概率行为的关系提出一个适用性更强的过程挖掘算法，并基于不完整事件日志验证了该算法的适用性，即该算法比其他算法需要的模型更小。另有研究给出了基于模型修复的业务流程挖掘算法[12]，在系统记录下的事件日志能够在模型中被重放时，不要求改变模型的构建，否则需要通过模型修复这一技术对模型进行局部修复处理。文献[13]介绍了一种基于事件日志的频繁行为模式的挖掘方法，这些模式隶属于局部过程模型，挖掘局部的过程模型可以定位在事件/序列模式挖掘和进程发现之间。文献[14]提出基于事件日志挖掘过程树的挖掘方法，树的结构形式很好地保障了流程建模的合理性，因此构建模型的质量维度得到了很好的权衡，整个建模过程的复杂性在一定程度上被有效降低。由于大多系统中包含庞大的活动数量，一些挖掘算法在检测模型质量的计算方面具有一定的挑战性，针对这一问题，文献[15,16]通过分割过程挖掘问题获取较小的挖掘问题，这样的分割操作大大减少了过程模型的挖掘时间。

2.1.2　一致性检测

　　一致性检测即基于一定的标准度量过程模型与运行系统间的匹配度，一致性检测技术可以用来检测、诊断观察到的和模型之间的差异，大部分过程挖掘技术只能揭示这些差异，但是模型的实际修复工作留给了用户。文献[12]研究了关于日志修复过程模型的问题，由此挖得的模型可以重放日志达到接近原始模型的状态。为了实现这一操作，利用现有的一致性检测规则将过程模型的运行与日志中的迹对齐，接着将日志分解成非拟合子迹中的子日志，并将子日志添加至源模型的适当位置。其中，每个子日志均可被重放，且可由此挖掘子过程。文献[17]通过实例说明了在事件日志和过程模型间保持适当对齐的重要性，并阐述了对齐方式的实现及其一致性检测和性能分析等。对一致性检测效果差的模型进行修复优化处理是很有必要的。

　　模块的概念最初是由 Gallai 学者提出的[18]，常被用于分类、研究图表、结构方面等。如今，随着模块被日益普遍地应用于各个领域，愈来愈多的学者着手利用模块来研究过程挖掘的方法，以此实现基于简单的日志直接挖掘有效过程模型。合理的分割模块网不仅可以清晰地描述过程模型内部的交互结构，还有助于准确分析活动对之间的行为关系，从而高效地挖掘过程模型中存在变化的区域或是分析模型内部的变化传播路径。因此，如何利用简单的事件日志挖掘有效的模块网是一个具有研究意义的课题。

　　目前，在过程模型的模块分解挖掘方面的研究，多是基于整网挖掘模块或是修复整网。文献[19]介绍了一种微分 Petri 网下的过程模型模块适配的方法，该研究指出模块替换是最容易被想到用来修复变化域的方法。在整个修复过程中，通过极小支持数挖掘最佳的适配模块，使得该模块可以在结构上达到最稳定的状态。在拓扑学上，良构的过程模型与 Petri 网行为轮廓下潜在的弱序关系图的结构息息相关。一种以弱序关系图为基础的模块分解的方法在文献[20]中被提出，通过模块分解对原始流程进行抽象处理，基于模块分解的性质构建有效抽象模型，同时指出模块分解树的建模过程可以在线性时间内完成。基于过程模型的模块分解操作，不仅可以细化过程模型，还能够对其进行按需分类。文献[21]利用模块分解的特点，在模块行为轮廓的基础上对各个模块之间的行为关系进行分析，并由此将不同模块之间共用的输出点作为一个观测点，以此来分析业务流程中存在变化的区域。文献[22]基于功能构架的概念对功能进行模块分解，并利用通信行为轮廓分析挖掘特征下的模块日志，再基于现存的归纳挖掘算法[11]挖掘相应的模块网。文献[23]基于所有事件日志下的数据信息绘制图表，这使得模块类型随着时间所发生的一系列变化更加的可视化。在分析事件日志数据量较大的过程模型时，文献[24]基于事件日志提出了一个模型块结构的想法，文献[11]提出了一个基于包含低频行为信息的事件日志挖掘模型块结构的方法。

2.1.3　模型优化

　　一致性检测可以查找出过程模型中不符合实际系统运行或者是过程模型结构不合理的部分，对于这些一致性度偏低的过程模型，需要分析其原因并对挖掘算法或过程模型进行优化处理。过程挖掘中，大多数过程模型优化方法基于配置展开，文献[25]介绍了一种结合配置构建模型的方法，在一定程度上有利于过程模型的挖掘。而文献[26]提出了可配置的过程模型建模方法,不仅研究了模型中各个任务与活动之间存在的控制流依赖关系,还考虑了模型中存在的其他特征,对不同属性下的过程模型建模语言具有完善作用。在文献[27]中,基于业务流程约束下的 SWRL 方法,提出了一种基于服务的自动化配置过程模型的方法,由 SWRL 的规则作为输入指导过程模型中的变量,设计了可变点本体,并基于该本体同时利用 SWRL 的规则编码本体,从而获取可变点之间存在的直接依赖关系,确保了个体化的过程模型具有特定的领域。不同的是,文献[28]介绍了一种软件支持的方法,能够自动构建可配置的过程模型,同时基于多目标函数、声明性语言以及控制流等,构建相对灵活的可配置的业务模型,从而解决因为改善模型而形成的不确定性问题。文献[29]介绍了关于过程模型变量配置的高级概念,指出业务流程中存在不同的变体,并各自构建一个过程。文献[30]对部分配置优化方法进行对比总结,介绍了可配置的过程模型的定义,将 BPMN 有效地延伸到了可配置的业务流程建模语言(C-BPMN),同时将过程模型中存在的变量进行模型构建,并获得可配置的过程模型。

　　过程挖掘为业务流程的建模提供了一类方法。过程挖掘技术很好地弥补了过程模型和系统之间的间隙,使业务流程的结果更加直观和具象。信息系统运行会留下大量的日志,由此入手能够提取出业务流程的相关信息并以此为据,为改进过程模型的相关性质增添必要的功能。信息时代下,过程模型对数据信息的识别与处理机制,过程模型能否恰当反映客户行为倾向,实现包容潜在用户都将是衡量模型高效性、先进性的标准,成为主导企业命运的环节。过程挖掘是业务流程管理的补充,它以事件日志入手提取信息,进而发现、监控、分析和改进实际的业务流程。在技术应用过程中通常结合建模技术使分析过程和结果更加直观。过程挖掘技术在提高企业生产力、指导企业运营和节约运行成本等方面都发挥着极其重要的作用。因此,过程挖掘近年来一直都是学者关注的热点课题。

2.2　过程模型的建模语言

　　随着流程概念的普及,越来越多的企业意识到流程管理的重要性。流程建模是流程管理的基础,如果无法描述,就无法认知,如果无法认知,就无从管理。因此在流程管理领域中,需要建立统一的、标准的流程语言,否则,各方在表达流程的时候将陷入混乱,流程管理也将无从谈起。本节将介绍几种经典的过程模型建模语言。

2.2.1　YAWL

　　YAWL(Yet Another WorkFlow Language)是一个开源工作流语言/处理系统。它是基于现有的工作流处理系统与工作流语言的一个精确分析。区别于传统的系统,它对大部分工作流模式提供直接支持。YAWL 支持控制流透视图、数据透视图,并且能与 WSDL 标准的 Web 服务相结合。

　　YAWL 是一个基于 JAVA 的开源工作流系统。它是对 YAWL 语言的一个软件化实现。整个系统主要由工作流引擎、流程定义工具、任务执行序列处理模块、工作流执行资源服务等组成,其面向服务的体系结构使系统具有较强的扩展性及(与其他系统的)交互操作性。

图 2.1 所示为一个简单的 YAWL 系统,其中最左的有三角形的圆圈代表开始(Start),最右的有正方形的圆圈代表结束(End),方框代表任务(Task)。而带有菱形或三角形的方框的含义如图 2.2 所示,分别代表 AND,XOR,OR 三种情况的 split 与 join 结构。

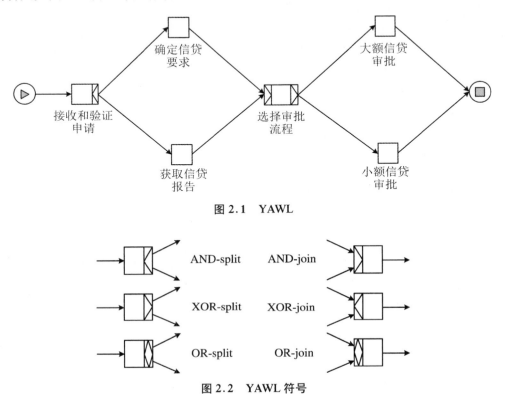

图 2.1　YAWL

图 2.2　YAWL 符号

2.2.2　变迁系统

变迁系统(transition system)是最基本的流程建模符号。变迁系统由状态(state)和变迁(transition)组成。变迁系统是一种有向图,节点代表状态,边代表状态的转化。状态描述了系统在其行为的特定时刻的一些信息。转变指定系统如何从一种状态变为另一种状态。

图 2.3 所示是一个简单的变迁系统。其中,椭圆代表状态,每个状态都有一个唯一的标签,即标识符。变迁用弧线表示。每个变迁都连接两个状态,并用活动名称标记。多个弧可以带有相同的标签。

变迁系统很简单,但是不能很好地表示并行,会出现状态爆炸的问题。例如有 10 个并行活动,那么可能的执行序列数为 $10! = 3\,628\,800$,可达状态数为 $2^{10} = 1\,024$,变迁数为 $10 \times 2^9 = 5\,120$。所以需要使用更具表现力的模型来充分表示流程挖掘结果。

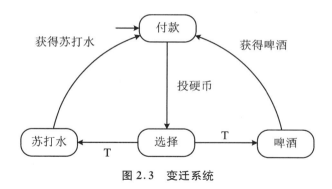

图 2.3　变迁系统

2.2.3　BPMN

BPM(业务流程管理),从管理业务流程的角度来说,现有的 IT 系统大多数都属于这一类,如供应链领域的 InStock(WMS),物流管理/提货送货预约(TMS),订单管理 OMS、SRM、CRM 等,都可以称为 BPM 系统。

正如处理现实问题的解决思路一样,通常对已经存在复杂问题进行模型化的抽象,通过模型来推导解决问题的方案,也就是建模(又称为 Business Process Modeling,业务流程建模)。BPM 有很多种建模语言,BPMN(Business Process Modeling Notation)是其中的一种建模语言,指业务流程建模与标注,包括这些图元如何组合成一个业务流程图。

BPMN 有以下 4 个基本元素:

流对象(Flow Objects):包括事件、活动、网关,是 BPMN 中的核心元素。

连接对象(Connecting Objects):包括顺序流、消息流、关联。

泳道(Swimlanes):包括池和道两种类型。

人工信息(Artifacts):包括数据对象、组、注释。

一个简单的 BPMN 模型如图 2.4 所示。其中圆圈、方框和菱形分别代表着流对象中的事件、活动和网关。最左的圆圈"○"代表开始事件,最右的"●"圆圈代表结束事件。图中的实线箭头代表顺序流,虚线箭头代表消息流,虚线代表关联。图中的书页形状代表人工信息,在这里为数据对象,其意义为显示在活动中需要或生产的数据。背景方框则代表泳道,表示流程中的主要参与者,用来分开不同的组织。BPMN 的符号众多,在此不一一列举。

BPMN 的开发旨在减少众多已存在的业务建模工具和流程记录工具之间的断层。BPMN 通过吸取许多已经存在的专业工具及相关经验,形成了一套标准的标记语言,可以减少业务与用户之间的混乱。另一个驱使 BPMN 的开发原动力是,历史上由业务人员做出来的过程模型与由实施人员设计和构建的流程执行模型之间存在差异,甚至是显著的差异。因此有必要将原有的过程模型转换为执行模型,而这个转换对于业务流程拥有者和实施人员来说,都是非常容易出错且困难的过程。为了减少业务建模与技术实现的断层,开发 BPMN 的重要目标就是要创建一座桥梁,连接过程模型与流程执行模型。

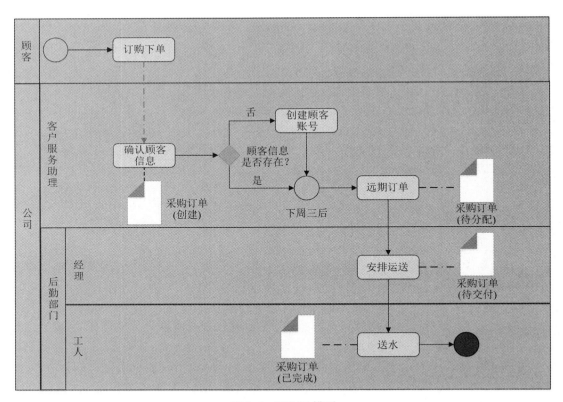

图 2.4　BPMN 模型

2.2.4　Petri 网

Petri 网是最古老、研究最充分的过程建模语言,它允许对并发行为进行建模。虽然图形表示法直观且简单,但 Petri 网是可执行的,可以使用许多分析技术对其进行分析。

Petri 网是分布式系统的建模和分析工具。它能够描述系统中发展进程或各部件间的顺序、并发、冲突以及同步等关系。作为一种系统模型,Petri 网不仅反映出系统的结构,而且能够描述系统的动态行为。同其他系统网模型相比较,对并发的准确描述是 Petri 网的优势。作为一种系统模型,Petri 网不仅可以刻画系统的结构,而且可以描述系统的动态行为。Petri 网既有直观的图形表示,也可以利用各种数学方法分析其性质。针对复杂的网络系统,Petri 网能够更好地进行分层描述,同时为系统更好地运行起到保护作用。

网 $PN=(P,T;F,C)$ 的基本元素集合是 P 和 T,在 Petri 网中,一般分别使用圆圈和方框来表示。图 2.5 所示是几个结构简单的 Petri 网,圆圈和方框分别代表 P 和 T,圆圈中的黑点代表初始标识。由第 1 章可知,图 2.5 中的三个 Petri 网都是活的,因为其每一个 $t \in T$ 都是活的。

由于 Petri 网具有用直观图形表示、便于理解,数学表述独特、计算精准,理论丰富、稳定性强等特点,经过 50 多年的发展,Petri 网理论已经形成了系统且独立的学科分支。到目前为止,Petri 网依然备受建模者青睐。在众多领域中均有应用价值,如电子银行、电子商务、物流、医疗等。

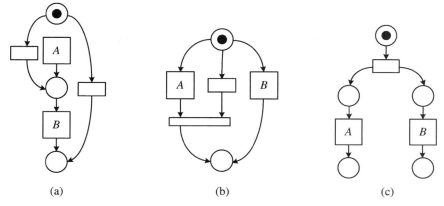

图 2.5 几个简单的 Petri 网

2.2.5 工作流网

工作流网(WorkFlow nets/WF-nets)是 Petri 网的一个子类,主要用于建模业务流程。一个工作流网是一个 Petri 网,也是过程挖掘的自然表示,工作流网的触发序列与事件日志中的记录行迹之间存在明显的对应关系。它有一个专门用于流程开始的开始库所和一个专门用于流程结束的结束库所,而且所有的库所和变迁都处在从开始库所到结束库所的路径上。

图 2.6 所示为一个工作流网,它同时也是一个 Petri 网。其中最左带有黑点(token)的圆圈"开始"即为工作流网中的开始库所,最右的圆圈"结束"代表结束库所。工作流网和业务流程建模息息相关,对于一个业务案例来说,它是有始有终的,例如申请保险流程,一定会有申请的开始和结束,而在开始和结束中间的活动程序,也一定是处在从开始到结束的路径上的。

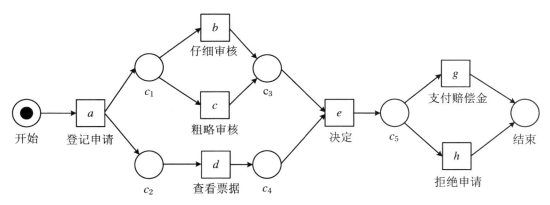

图 2.6 工作流网

2.3   过程挖掘的方法

    过程挖掘技术弥补了实际业务流程和过程模型之间的间隙,使得业务流程的分析和优化结果更加直观和具象。过程挖掘技术最初基于事件日志对任务的运行状态进行分析和建模,典型的方法包括 α 算法、α^{++} 算法和 λ 算法等。但是,随着信息系统的不断完善,业务流程运行中的数据信息被大量记录在事件日志中,这类基于控制流角度的过程挖掘技术便显出一定的局限性,因此出现了基于数据流角度的挖掘技术,例如基于事件时间戳信息提出的时间角度挖掘技术,利用事件频率定义瓶颈以及预测执行时间等等。

    过程挖掘思想的萌芽可追溯到 Anil Nerode 于 1958 年发表的文章[1],文章从实例轨迹中探索、合成出能够表达有限状态机的形式。随着研究的深入、挖掘技术的发展,YAWL[31]、EPC[32]、BPMN[33] 等业务流程的建模与优化均有相对成熟的过程挖掘技术去实现。文献[34]考虑日志潜存的缺陷,如主观性、不完整性,先参考工作流过程对日志进行信息分析再建模。文献[35]专门指出模型与事件日志动态行为间一致性对建模的重要性。文献[36]介绍了 α 挖掘算法,源于 Petri 网变迁结构与日志次序关系的对应,进而确定模型中活动间的连接关系并最终获取过程模型。正如文献[37,38]所述,α 挖掘算法虽不完美,但其思想可以借鉴,方法本身也有较大改进的价值。文献[39]考虑模型中的短循环,提出 α 算法的改进版 $\alpha+$ 算法。文献[17]考虑模型的非自由选择结构,提出 α^{++} 算法,为存在不明确依赖关系的业务流程系统服务。文献[40]提出了 λ 挖掘算法,它通过记录事件的多重集来确定事件的频率以及事件的前集信息,然后再抽取次序关系进行挖掘。文献[41]在过程模型发现中,通过考虑原过程挖掘技术的增量事件日志提出了 λ^+ 算法,文章还专门指出在事件中插入前置任务得到事件日志是 λ 算法与 λ^+ 算法的主要区别。文献[42]将考虑时间维度的挖掘技术应用于服务行业,在业务流程中为任务剩余执行时间提出预测,进而为避免长时间服务提供技术支持。文献[43]在过程模型构建时就结合了时间信息,文章将先前实例中抽取出的时间信息添加至过程模型中,并利用可配置的模型抽象结构作为确保模型不会过拟合或欠拟合的依据。文献[44]概括地给出了过程挖掘技术的框架,在建模优化前,先结合数据信息和事件日志关系,通过分析系统中实例的相关属性对事件日志进行分类的预处理,尤其是根据各自属性特征划分子日志集,最后对子日志作过程挖掘。文献[45]提出了一种基于控制流过程挖掘方法。该方法表示偏好 BPMN 模型,并在已有表示偏好的基础上将过程挖掘技术进行转化,通过方法的兼容性调整得到 BPMN 模型,为多层次、多角度的过程发现提供了可操作平台。在文献[46]中比较详细地介绍了过程挖掘方法之间的区别,概括性地叙述了过程挖掘的一般思路和内容。

    在本书接下来的章节中,将分别介绍不同的过程挖掘方法。这些方法基于不同的应用场景和问题,提出了多种多样的过程挖掘算法。

参考文献

[1] Nerode A. Linear automaton transformations[J]. Proceedings of the American mathematical society,JSTOR,1958,9(4):541-544.

[2] Mitsyuk A A,Shugurov I S,Kalenkova A A,et al. Generating event logs for high-level process models[C]//Simulation Modelling Practice and Theory. Elsevier,2017,74:1-16.

[3] Conforti R,Dumas M,García-Bañuelos L,et al. BPMN Miner: Automated discovery of BPMN process models with hierarchical structure[J]. Information Systems,Elsevier,2016,56:284-303.

[4] Kalenkova A,Burattin A,De Leoni M,et al. Discovering high-level BPMN process models from event data[J]. Business Process Management Journal,Emerald Publishing Limited,2018.

[5] Kalenkova A A,van der Aalst W M P,Lomazova I A,et al. Process mining using BPMN[C]// Proceedings of the ACM/IEEE 19th International Conference on Model Driven Engineering Languages and Systems. New York,NY,United States:Association for Computing Machinery,2016: 123-123.

[6] Mendling J,Weber I,Aalst W V D,et al. Blockchains for business process management-challenges and opportunities[J]. ACM Transactions on Management Information Systems(TMIS),ACM New York,NY,USA,2018,9(1):1-16.

[7] Li G,Carvalho R M De,van der Aalst W M. Automatic discovery of object-centric behavioral constraint models[C]//Business Information Systems. Poznan,Poland:Springer,2017:43-58.

[8] Eck M L van,Sidorova N,van der Aalst W M. Discovering and exploring state-based models for multi-perspective processes [C]//Lecture Notes in Computer Science. Cham:Springer,2016: 142-157.

[9] Thaler T,Maurer D,De Angelis V,et al. Mining the usability of business process modeling tools: concept and case study[C]//Innsbruck,Austria:2015:152-166.

[10] Fang X,Wu J,Liu X. An optimized method of business process mining based on the behavior profile of Petri nets[J]. Information Technology Journal,2013,13(1):86-93.

[11] Leemans S J,Fahland D,van der Aalst W M. Discovering Block-Structured Process Models from Incomplete Event Logs[C]//Application and Theory of Petri Nets and Concurrency. Berlin, Heidelberg:Springer,2014:91-110.

[12] Fahland D,van der Aalst W M P. Model repair-aligning process models to reality[J]. Information Systems,2015,47:220-243.

[13] Tax N,Sidorova N,Haakma R,et al. Mining local process models[J]. Journal of Innovation in Digital Ecosystems,2016,3(2):183-196.

[14] Buijs J C A M,van Dongen B F,van der Aalst W M P. A genetic algorithm for discovering process trees[C]//2012 IEEE Congress on Evolutionary Computation. Brisbane,QLD,Australia:IEEE, 2012:1-8.

[15] van der Aalst W M P. Decomposing Petri nets for process mining:A generic approach[J]. Distributed and Parallel Databases,2013,31(4):471-507.

[16] van der Aalst W M. A general divide and conquer approach for process mining[C]//Krakow, Poland:IEEE,2013:1-10.

[17] van der Aalst W,Adriansyah A,van Dongen B. Replaying history on process models for conformance checking and performance analysis [J]. WIREs Data Mining and Knowledge Discovery,2012,2(2):182-192.

[18] Gallai T. Transitiv orientierbare Graphen[J]. Acta mathematica academiae scientiarum hungaricae, 1967,18(1-2):25-66.

[19] 方贤文,陶小燕,刘祥伟. 基于微分 Petri 网的业务流程模块适配方法[J]. 电子学报,2017,45(4): 777-781.

[20] Smirnov S,Weidlich M,Mendling J. Business Process Model Abstraction Based on Synthesis From Well-Structured Behavioral Profiles[J]. International Journal of Cooperative Information Systems, 2012,21(01):55-83.

[21] Hermosillo G,Seinturier L,Duchien L,et al. Analyzing method of Change region in BPM based on module of Petri net[J]. Information Technology Journal,2013,12(8):1655-1659.

[22] van der Werf J M E,Kaats E. Discovery of functional architectures from event logs[C]//Brussels, Belgium:CEUR-WS. org,2015,1372:227-243.

[23] Dixit P M,Caballero H G,Corvo A,et al. Enabling interactive process analysis with process mining and visual analytics[C]//Porto, Portugal:CEUR-WS. org,2017:573-584.

[24] Boushaba S,Kabbaj M I,Bakkoury Z. Process discovery—automated approach for block discovery [C]//Proceedings of the 9th International Conference on Evaluation of Novel Approaches to Software Engineering. Lisbon,Portugal:SCITEPRESS,2014:1-8.

[25] Becker J,Delfmann P,Dreiling A,et al. Configurative process modeling-outlining an approach to increased configurative process modeling-outlining an approach to increased business process model usability[C]//Gabler New Orleans, USA,2004:615-619.

[26] La Rosa M,Dumas M,Ter Hofstede A H M,et al. Configurable multi-perspective business process models[J]. Information Systems,2011,36(2):313-340.

[27] Huang Y, Feng Z, He K,et al. Ontology-based configuration for service-based business process model[C]//2013 IEEE International Conference on Services Computing. Santa Clara, CA, USA: IEEE,2013:296-303.

[28] Jiménez-Ramírez A,Weber B,Barba I,et al. Generating optimized configurable business process models in scenarios subject to uncertainty[J]. Information and Software Technology,2015,57(1): 571-594.

[29] Hallerbach A,Bauer T,Reichert M. Configuration and management of process variants[C]// Handbook on Business Process Management 1. Berlin,Heidelberg:Springer,2010:237-255.

[30] Sharma D K,Hitesh,Rao V. Individualization of process model from configurable process model constructed in C-BPMN [C]//International Conference on Computing, Communication & Automation. Greater Noida,India:IEEE,2015:750-754.

[31] Sun C,Rossing R,Sinnema M,et al. Modeling and managing the variability of Web service – based systems[J]. Journal of Systems and Software,2010,83(3):502-516.

[32] Rychkova I,Nurcan S. Towards adaptability and control for knowledge-intensive business processes: declarative configurable process specifications[C]//2011 44th Hawaii International Conference on System Sciences. Kauai,HI,USA:IEEE,2011:1-10.

[33] Reichert M, Weber B. Flexibility issues in process-aware information systems [C]//Enabling Flexibility in Process-Aware Information Systems. Berlin,Heidelberg:Springer,2012:43-55.

[34] Hermosillo G,Seinturier L,Duchien L. Creating context-adaptive business processes[C]//Service-Oriented Computing-ICSOC 2007. Berlin,Heidelberg:Springer,2010,6470:228-242.

[35] Gottschalk F,van der Aalst W M P,Jansen-Vullers M H,et al. Configurable workflow models[J]. International Journal of Cooperative Information Systems,2008,17(02):177-221.

[36] Li H,Mohamed El-Amine H,Mohamed H. Merging several business process variants[C]//The 26th

Chinese Control and Decision Conference (2014 CCDC). Berlin, Heidelberg: Springer Berlin Heidelberg, 2014, 87: 86-97.

[37] Gottschalk F, van der Aalst W M P, Jansen-Vullers M H. Merging event-driven process chains[J]. On the Move to Meaningful Internet Systems: OTM 2008, 2008: 418-426.

[38] Buijs J C A M, van Dongen B F, van der Aalst W M P. Mining configurable process models from collections of event logs[C]//Proceeding of the 11th International Conference on Business Process Management, BPM 2013. Beijing, China: Springer, 2013: 33-48.

[39] Gottschalk F, van der Aalst W M P, Jansen-Vullers M H. Mining reference process models and their configurations[J]. On the Move to Meaningful Internet Systems: OTM 2008 Workshops, 2008, 5333: 263-272.

[40] Aalst W van der. Service mining: using process mining to discover, check, and improve service behavior[J]. IEEE Transactions on Services Computing, 2013, 6(4): 525-535.

[41] Bose R P J C, van der Aalst W M P, Zliobaite I, et al. Dealing with concept drifts in process mining [J]. IEEE Transactions on Neural Networks and Learning Systems, 2014, 25(1): 154-171.

[42] Weidmann M, Alvi M, Koetter F, et al. Business process change management based on process model synchronization of multiple abstraction levels[C]//2011 IEEE International Conference on Service-Oriented Computing and Applications(SOCA). Irvine, CA, USA: IEEE, 2011: 1-4.

[43] Mooij A J. System integration by developing adapters using a database abstraction[J]. Information and Software Technology, 2013, 55(2): 357-364.

[44] van der Aalst W M P, Weijters A J M M. Process mining: a research agenda[J]. Computers in Industry, 2004, 53(3): 231-244.

[45] Adriansyah A, Munoz-Gama J, Carmona J, et al. Alignment based precision checking[C]//Business Process Management Workshops. Berlin, Heidelberg: Springer, 2013: 137-149.

[46] Gruhn V, Laue R. Reducing the cognitive complexity of business process models[C]//2009 8th IEEE International Conference on Cognitive Informatics. Hong Kong, China: IEEE, 2009: 339-345.

第 3 章　基于行为依赖关系的过程挖掘

随着信息技术的快速发展，业务流程管理在许多领域都发挥着至关重要的作用，尤其在企业管理中的应用更为广泛。过程模型管理不仅能够保证企业的正常运作，还能提高企业的运行效率，从而达到对业务流程改善和维护的目的。过程挖掘的目的是从事件日志序列中提取出过程模型以及潜在活动所表达的意义。在挖掘的过程中，流程挖掘通常由三个任务组成：① 过程发现：从事件日志中挖掘过程模型。② 一致性检验：针对相同过程的事件日志在过程模型上重复的情况。③ 模型增强：根据给定的事件日志，对挖掘到的过程模型进行改进和优化，其中过程发现是流程挖掘中最为重要的部分。

3.1　基于行为依赖关系的过程挖掘概述

许多研究者在流程挖掘方面做了很大贡献，提出了诸多的过程模型挖掘算法，同时将这些算法在实践中予以实现。利用事件日志挖掘出有用的信息，利用相关挖掘算法以及工具将源模型尽可能还原，并对挖掘得到的模型与实际的过程模型进行一致性检验，实现对过程模型监视和改进的作用，从而使所挖掘的模型更加完善。文献[1]提出利用事件日志作为输入，对模型构建可配置的流程片段。将事件日志的真实行为从过程模型中派生出来，并利用这些派生出来的流程片段作为指导方针。文献[2]提出了一种 Apriori 算法的可灵活的、硬件加速框架来挖掘分层模式的方法，并且在自动机处理器（AP）上实现了两种广泛使用的 HPM 技术：顺序模式挖掘（SPM）和分离规则挖掘（DRM），这是一种利用非确定性有限自动机（NFAs）的硬件实现的方法。文献[3]提出了一种进程发现框架的方法，该框架为确保事件日志的属性，在传递过程中仅传递一次。并且为了计算大型事件日志所挖掘到的过程模型质量，提出一种模型和模型的比较框架，用来测量模型的精确度和适应度。最后通过实例研究证明了该方法的有效性。文献[4]提出了判定日志与模型一致性的分析方法，通过日志序列在模型中重放来计算其合理性和适当性。文献[5]描述从不完备的事件日志中发现过程模型结构，分析不完备日志对过程发现的影响，引入概率行为关系，利用这些关系处理不完备日志，给出一个基于这些概率关系的算法，用作重新发现过程模型语言。文献[6]引入了一种新的方法，旨在从事件日志中提取任务块，并提出了一种基于矩阵表示的检测任务块的新算法。此外，还开发了一个应用程序来自动化我们的技术。文献[7]支持挖掘不可见任务，但是，挖掘的不可见任务数量较大，挖掘过程中需要的参数过多，也无法保证挖掘结果的正确性。

基于日志的过程挖掘在业务流程的许多领域均有应用。现有的挖掘方法已比较成熟，面对不同的需求时，可以直接或通过改进即可用于处理相应的实际问题。

文献[8]提供了大量基于日志的流程挖掘方法，并借助 α^- 算法说明了一般过程挖掘算法的通用思维。文献[9]基于流程树,在分析、权衡四个检验后得出了模型优劣性的衡量标准,进一步地结合实际需求提出结构相似性的衡量标准,并试图建立适用性更广的标准,为过程挖掘技术的评判提供支撑和依据。文献[10]针对带有撤销域的日志,通过变化系统与Petri网转化关系以及状态区域处理方法,完成含撤销日志的过程挖掘。文献[5]针对日志潜在的不完整性,引入概率行为关系对不完整的日志合理再生,弱化过程挖掘中日志的不完整及部分可见的缺陷,并结合给出的日志信息为模块间确定带概率的关系。

在现实生活中,不同领域的业务流程系统带有不同的队列系统,因此,已有的基于队列观点进行过程挖掘的方法,在分析多类别排队系统方面存在一定的不足。本章主要针对G/M/s+M,D/M/c+M 和 M/M/1 这三种排队系统提出时延预测的方法,在考虑服务流程中多类别顾客方对时延预测产生的影响的情况下,对特定顾客进行时延预测。同时将这一队列挖掘方法应用到过程发现技术中,用以优化过程模型。本节提出的基于时延预测的多类别队列挖掘方法具有现实意义,它不仅为业务流程管理提供了技术支持,同时完善了队列挖掘技术。在进行业务流程管理过程中,通过灵活选择相应的队列挖掘分析法,能够对过程模型进行高效、准确的发现和分析。

在分析事件日志数据量较大的过程模型时,文献[6]基于事件日志提出了一个模型块结构的想法,文献[5]提出了一个基于包含低频行为信息的事件日志挖掘模型块结构的方法。但是,以上所介绍的模块分解的挖掘方法均要求存在完整的模型结构,在仅具有简单日志信息的条件下并不适用。针对这一问题,本章介绍了一种基于接口变迁的模块网挖掘方法,该方法可以在只具有简单日志的情况下对模块网进行有效挖掘,克服了优先挖掘整网的缺陷,具有一定的研究意义。

基于日志发现并分析过程模型的方法——过程挖掘技术已日渐成熟。ProM算法的一代代更新使得技术本身不仅实现了模型的发现过程,也检验了模型对日志的执行程度,便于产生质量高、适用性强的过程模型。鉴于ProM在统计型工作流(scientific workflows)分析上的缺陷,一种基于ProM拓展RapidMiner的方法有利于RapidMiner领域的分析技术与过程挖掘结合。文献[15]提到了一种更新的工具InterPretA,其包含服务于不同层次流程的高度一致性分析的系列选项,并且更详细研究用户的交互分析,从数据层面完成流程执行力的调查与探索。

文献[16]引入域的概念,为每个事件分配合适的域,获得局部化的日志,克服系统记录的事件日志量庞大的难题,使基于状态域的算法、遗传算法、内部日志分离算法等得以改进。与其思路相近,Jan Martijn,E. M. van der Werf[9]等人从日志中的事件入手,按照不同的结构特征先将日志中密切相关的活动归为类(集合),再找这些类(集合)之间的流关系,使得挖掘过程分两步处理。为尽量准确地发现 n 组日志对输出模型的影响,J. C. A. M. Buijs,van Dongen B. F 等人在 ETM 算法、ProM 算法、CoSeNet 融合技术等方法的基础上利用组合的方式设计了四种分步挖掘算法,并通过例子分析四种方法的优劣性[17]。考虑到数据流的重要性,我们给出能从给定事件日志中抽取控制流和相关数据参数的算法。文献[18]针对带有撤销域的日志,通过变迁系统与 Petri 网转化关系以及状态区域处理方法完成更优化的基于含撤销日志的过程挖掘。

整数线性问题(ILP)挖掘算法[19]可以将挖掘问题转换成许多 ILP,并通过处理所有的ILP 来解决挖掘问题;归纳挖掘算法[5]是最新研究的算法,它通过分治的方法在有限的时间内挖掘模型的块结构。同时,文献[20]基于域的过程模型挖掘方法,通过提出 2 个过滤技术

（一个方法基于整数线性规划，另一个方法基于语言的域理论）处理了过程模型中的异常行为，其中异常行为指事件日志中存在大量的附加行为。这样的过滤技术不仅降低了计算复杂度，在一定程度上还可以更好地捕捉事件日志中存在的主要行为。由于系统中存在大量的日志，对于模型质量的检测在计算方面有很大挑战性，有研究[21,22]提出了不同的挖掘方法，通过把流程挖掘问题分割成较小的问题，挖掘过程模型的时间大大减少。已有的挖掘方法主要是针对包含活动数目较少的事件日志（日志中包含大约 50 个不同的活动）进行挖掘，对于包含活动数目较多的事件日志（日志中包含大约 200 个不同的活动），这些挖掘算法具有一定的局限性。

3.2　基于日志自动机的形态学片段过程模型挖掘

本节提出一种基于日志自动机的形态学片段挖掘过程模型的方法。首先根据已知的事件日志序列，将事件日志依据发生频率分为频繁行为序列和非频繁行为序列。将其中的非频繁行为事件日志用日志自动机模型表现出来，利用日志自动机的相关评判准则，将噪音事件日志弧直接过滤删除。再利用形态学片段挖掘方法，将过滤噪音事件日志的序列，按模块划分成各个子模块、进行模块关联度计算，将关联的模块进行合并，最终得到完整的过程模型。该方法能够弥补大型事件日志挖掘模型不完善的缺陷，同时能够提高挖掘模型的精确性和完善性。

3.2.1　动机例子

1. 基于日志自动机非频繁行为检测

本节利用日志自动机对已知的事件日志序列进行挖掘，将事件日志转换成日志自动机模式，利用日志自动机将事件日志中非频繁行为过滤。首先根据已知的事件日志，将每个事件日志转换成状态变量。找出事件日志的起始活动状态 A_i 和终止活动状态 A_o。根据事件日志将每个状态之间的发生频数在日志自动机中用弧表示出来，将单个活动状态总发生频数在日志自动机中的状态变量上方标出。利用非频繁弧计算公式：

$$\eta_i = 2 \times \frac{\overrightarrow{(x,y)}}{L(x) + L(y)}$$

对每个状态进行计算验证（本节 η_i 的临界值取 0.3）。找出事件日志中非频繁（噪音）序列，进而将其过滤删除。基于日志自动过滤噪音的方法如下，给定事件日志 $L = [\langle A,B,B,D,E\rangle^2, \langle A,B,C,D,E\rangle, \langle A,B,B,B,D\rangle, \langle A,B,C,B,D,E\rangle]$，从已知的事件日志中可以发现起始活动状态 $A_i = A$，终止活动状态 $A_o = E$。根据日志自动机的定义，将此事件日志序列转化为日志自动机模式，如图 3.1(a)所示。并利用非频繁弧计算公式对日志自动机中的每个活动状态变量进行计算（日志自动机状态下的循环变量不需要计算）。具体计算结果如表 3.1 所示，从表 3.1 中发现仅有状态变量 $\langle C,D\rangle$ 的非频繁弧值 $\eta(C,D) = 0.286 < 0.3$，所以在日志自动机的模式状态下弧 $\langle C,D\rangle$ 就可以过滤删除，从而得到无噪音的日志自动机模型，如图 3.1(b)所示。经过日志自动机过滤噪音后的事件日志变为 $\hat{L} = [\langle A,B,B,$

$D,E\rangle^2,\langle A,B,D,E\rangle,\langle A,B,B,B,D\rangle,\langle A,B,C,B,D,E\rangle]$。

表 3.1　状态变量下的非频繁弧值表

状态变量	非频繁弧值
$\eta(A,B)$	$(2\times5)/(5+10)=0.667$
$\eta(B,D)$	$(2\times4)/(4+10)=0.571$
$\eta(D,E)$	$(2\times4)/(5+4)=0.889$
$\eta(C,D)$	$(2\times1)/(2+5)=0.286$

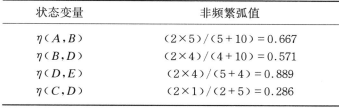

(a) 日志自动机　　　　　　　　　　　　(b) 无噪音的日志自动机

图 3.1　事件日志下的日志自动机模型

2. 基于事件日志生成的形态学片段

基于日志自动机过滤的事件日志 $\hat{L}=[\langle A,B,B,D,E\rangle^2,\langle A,B,D,E\rangle,\langle A,B,B,B,D\rangle,\langle A,B,C,B,D,E\rangle]$。利用形态学方法将 $\hat{L}$ 中的事件日志转化成形态学片段，从而简化对复杂事件日志的分析步骤。基于形态学片段分析时，先对事件日志进行模块化分割。由于 $\hat{L}$ 中事件日志数较少，将 $\hat{L}$ 分成两个子模块，$TP_1=[\langle A,B,B,D,E\rangle^2,\langle A,B,D,E\rangle]$，$TP_2=[\langle A,B,B,B,D\rangle,\langle A,B,C,B,D,E\rangle]$。取形态学片段值 $\vartheta=3$，即将事件日志 $\hat{L}$ 中的每条迹取长度为 3 的片段，直至取完所有片段，结果如图 3.2 所示。

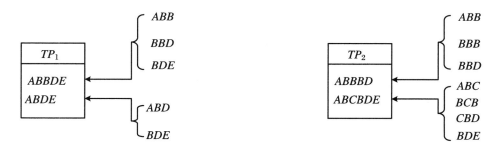

图 3.2　事件日志 $\hat{L}$ 的形态学片段

3.2.2　基本概念

定义 3.1（事件日志）　T 是任务集，$\sigma\in T^*$ 是一个执行迹，$L\in P(T^*)$ 是一个事件日

志,$P(T^*)$是T^*的幂集,$L\subseteq T^*$。

定义 3.2（日志自动机）   将事件日志L转换成一个有向图的日志自动机$\mathfrak{I}=(\Gamma,\to)$。在日志自动机中,所有的起始状态记作$\uparrow\mathfrak{I}=\{x\in\Gamma\,|\,y\notin[y\to x]\}$,所有的终止状态记作$\downarrow\mathfrak{I}=\{x\in\Gamma\,|\,y\notin[x\to y]\}$。

依据事件日志中活动的发生频数以及直接后继依赖关系引入函数$\sharp\to(x,y)=|\{(e_1,e_2)\in\varepsilon\times\varepsilon\,|\,T(e_1)=x\wedge T(e_2)=y\wedge e_1[e_2]\}|$。

定义 3.3（非频繁弧）   日志自动机中非频繁弧$\to^o$的计算公式为$\{(x,y)\in\Gamma\times\Gamma\,|\,(2\times\sharp\to(x,y))/(\sharp\Gamma(x)+\sharp\Gamma(y))<\varepsilon)\wedge x\to y\}$(注:$x,y$分别是日志自动机中的状态活动变量)。

定义 3.4（域）   设$TS=(S,E;T,s_{\mathrm{in}})$是变迁系统,$S'\subseteq S$是状态集的子集,$S'$是一个域。当且仅当对于每个事件$e\in E$,满足下列条件之一:

(1) 所有变迁$s_1\xrightarrow{e}s_2$输入S',即$s_1\notin S',s_2\in S'$;

(2) 所有变迁$s_1\xrightarrow{e}s_2$输出S',即$s_1\in S',s_2\notin S'$;

(3) 所有变迁$s_1\xrightarrow{e}s_2$不交叉于S',即$s_1,s_2\in S'$或者$s_1,s_2\notin S'$。

每个变迁系统TS都包括两个平凡域:所有状态集S和空集$\varnothing$。本节仅考虑非平凡域。变迁系统TS的非平凡域集记作R_{TS},对于每一个状态$s\in S$,包含s的非平凡域集记作R_s。

定义 3.5（形态学片段）   片段$f_1(A_{f_1},G_{f_1},R_{f_1},s_{f_1},e_{f_1})$和片段$f_2(A_{f_2},G_{f_2},R_{f_2},s_{f_2},e_{f_2})$行为关系相似,当且仅当$s_{f_1}=s_{f_2},e_{f_1}=e_{f_2},A_{f_1}=A_{f_2}$成立时,片段$f_1$和片段$f_2$称为形态学片段。

3.2.3   基于日志自动机的形态学片段挖掘过程模型方法

在过程挖掘中,大部分过程挖掘都是对频繁行为进行研究,从频繁行为模式中检测出业务流程中所存在的偏差问题。通过相关的约束配置,达到对过程模型的监督和优化目的。对于事件日志中所存在的非频繁行为,很多研究者将其视为噪音,直接进行过滤,该方法虽能简化过程挖掘的步骤,也能将过程模型挖掘出来。但该方法存在一定的弊端和局限性,事件日志中的非频繁行为并非全是噪音,部分非频繁行为模式对过程模型的构建是有益的,并且能够强化模型的准确性和完整性。因此本节提出一种基于日志自动机的形态学片段挖掘过程模型方法。该方法在对已知的事件日志进行挖掘时,首先将事件日志转化成日志自动机模式下的流程图,然后利用日志自动机中的状态变量频数以及相邻活动弧之间的关系,将事件日志中非频繁行为中的噪音部分删除。具体的基于日志自动机的非频繁事件日志序列挖掘如算法 3.1 所示。

算法 3.1   基于日志自动机的低频序列日志挖掘

输入:事件日志序列L,事件日志关联频率ξ,事件发生频率δ。

输出:得到符合过程模型的所有序列日志$\hat{L}$。

步骤 1:将所有得到的序列日志按照发生频数从小到大依次排列,为防止重复操作,并将相同的序列日志进行合并操作。

步骤 2:步骤 1 完成后,所有的事件日志发生频数记作N,并对依次排列的事件日志编序,分别记作 $\{\sigma_1,\sigma_2,\sigma_3,\cdots\}$ 且 $\{\sigma_1,\sigma_2,\cdots\}\in L$。

步骤 3:计算事件中每条事件日志的发生频率 $\omega_i=\dfrac{\sigma_i}{N}(i=1,2,\cdots)$,若所得结果 $\omega_i\geqslant\delta$,则将该序列归属为频繁集合中,否则,归为非频繁集合。

步骤 4:根据行为轮廓定义,将所有非频繁集合的事件日志行为轮廓关系表构建出来(频繁集合中的事件日志都属正常序列集,在过滤噪音时,不需要考虑)。

步骤 5:根据日志自动机的定义,标记出事件日志的起始状态和终止状态,并根据这些非频繁集合的日志序列间的行为轮廓关系,建立日志自动机模型。

步骤 6:步骤 5 完成后,记录非频繁集合中每个活动发生的次数,记作 $\alpha_i(i=1,2,\cdots)$,同时记录每个日志活动间的直接弧的个数,记作 β_i,将 α_i 和 β_i 的数值在日志自动机中标出。根据非频繁弧 $\eta_i=2\times\dfrac{\xrightarrow{\ \ }(x,y)}{L(x)+L(y)}$ 的定义,分别计算非频繁弧 $\eta_i(i=1,2,\cdots)$ 的数值。计算完成后执行步骤 7。

步骤 7:将步骤 6 中得到的所有非频繁弧值 η_i 与事件日志关联频率值 ξ 进行比较。若 $\eta_i\geqslant\xi$,则保留日志自动机中该条非频繁弧,否则,将该弧过滤。

步骤 8:重复步骤 7 的操作,直至将所有的非频繁弧都比较完毕。最后得到无噪音序列的日志自动机模型,记录出日志自动机中所剩下的活动数 α_i 以及非频繁弧值 η_i,再将日志自动机转换成事件日志序列,输出过程模型的非频繁序列日志集。

算法 3.1 将事件日志序列中的非频繁行为中的噪音序列过滤完成后,得到无噪音的事件日志序列。利用形态学片段的方法,将事件日志按模块进行划分。通过模块的相似公式 $S_p(A_1,A_2)=\left(\dfrac{A_1\cap A_2}{A_1\cup A_2}\right)$ 进行计算,找出各个模块中符合条件的关联部分的模块。再从有关联部分的模块中,利用形态学片段中的相似活动变量公式 $D_m(T_1,T_2)=\left(2\times\dfrac{|T_1\cap T_2|}{|T_1|+|T_2|}\right)$ 进行计算,找出关联模块中有相似部分的变迁活动。再用迹的一致性表达式 $\mathrm{Num}(t)=\alpha\times A_i+\left(\sum\limits_{j\neq i,j\neq o}A_j\right)+\beta\times A_o$。找出相似活动变迁中完全一致的活动变量,最后将这些完全一致的变迁活动进行合并,从而得到完整的过程模型。具体的操作步骤如算法 3.2 所示。

算法 3.2　基于日志自动机的形态学片段过程模型挖掘

输入:日志自动机处理的事件日志序列 $\hat{L}$,形态学片段模块匹配率 θ。

输出:形态学片段挖掘得到的过程模型 M。

步骤 1:利用算法 1 得到的事件日志序列 $\hat{L}$,若该事件日志的模型有 n 个成分(模块)组成,则可以将该事件日志分成 $i=\dfrac{\hat{L}}{n}$ 个形态学片段模块,每个片段模块分别用 $\Gamma P_1,\Gamma P_2,\cdots,\Gamma P_i(i=1,2,\cdots)$ 组成。

步骤 2:根据形态学局部相似公式 $S\Gamma P(\Gamma P_m,\Gamma P_n)=\dfrac{P_m\cap P_n}{P_m\cup P_n}(m,n\in i;m\neq n)$ 对每个片段模块进行计算。若算的结果 $S\Gamma P(P_m,P_n)\geqslant\theta$,则认为片段模块 $\Gamma P_m,\Gamma P_n$ 之间存在形态学片段关联。重复该步骤,直到将所有满足的形态学片段模块找出。

步骤 3:步骤 2 完成后,将所有相关联的形态学片段模块内部的活动变迁进行匹配度计

算,首先将形态学片段模块 ΓP_i 内部的活动变迁随机分成 ϑ 份(保证每个片段模块都是 ϑ 份)。利用形态学片段活动变迁匹配度公式 $D_{\Gamma P}(\Gamma P_m,\Gamma P_n)=2\times\dfrac{|T_m\bigcap T_n|}{|T_m|+|T_n|}$ $(m,n\in i;m\neq n)$ 进行计算。若算的 $D_{\Gamma P}(\Gamma P_m,\Gamma P_n)\geqslant 0.8$,则认为该形态学片段活动变迁之间满足匹配度要求,将该事件日志的活动变迁对放入匹配模块集合 $\Re$ 中,否则,不放入 $\Re$ 中。重复此步骤,直至所有模块中形态学片段活动变迁都比较完毕,执行步骤 4。

步骤 4:将步骤 3 中得到的活动变迁匹配模块集合 $\Re$,对 $\Re$ 中的事件日志的活动变迁按照形态学片段模块 ΓP_i 进行分组,得到的组别分别记为 $O_{\Gamma Pi}(i=1,2,\cdots)$,将每个 $O_{\Gamma Pi}$ 中的事件日志分别取长度为 $\mu(2\leqslant\mu<i)$ 的子事件日志序列集。

步骤 5:步骤 4 中得到的子日志序列集,对每个活动变迁分别赋予 $10\tau(0\leqslant\tau\leqslant i-1)$,利用形态学数值表达式 $\text{Num}(t)=\alpha\times A_i+\left(\sum\limits_{j\neq i,j\neq o}A_j\right)+\beta\times A_o$ 进行计算(A_i 是起始活动,A_o 是终止活动),并作出所有形态学活动变迁数值图。将有关联的模块 ΓP_i 数值进行比较,若所求数值一致,则说明该活动变迁是一致的,可以进行合并操作,否则,视为不一致,不能合并操作。重复此步骤,直至所有数值比较完毕。

步骤 6:步骤 5 完成后,将所有的关联模块 ΓP_i 利用行为轮廓关系将各个模块的行为轮廓关系表建立出来,利用行为轮廓关系建立各个模块的子过程模型,并将相同的活动变迁所连接的库所进行合并,最终得到完整的过程模型。

3.2.4　实例分析

为验证上一小节算法的可行性,在本节中通过一个网上购物加以验证。所记录的事件日志包括以下活动事件,分别用 t_i 表示(注:t_{31},t_{32},t_{33},t_{34} 表示的都是登录方式,在事件日志中统一用 t_3 表示),具体的活动事件名称如表 3.2 所示。并且在此过程模型中,将过程模型分为三个子过程模型,X—买家中心,Y—卖家中心,Z—售后中心。

表 3.2　事件活动名称

活动	活动名称	活动	活动名称	活动	活动名称	活动	活动名称
t_1	登录 APP	t_{10}	提交订单	t_{22}	采购产品	t_{34}	要求换货
t_2	选择登录方式	t_{11}	选择支付方式	t_{23}	接受订单	t_{35}	要求退款
t_{31}	手机号登录	t_{12}	银行卡支付	t_{24}	接受汇款信息	t_{36}	退回商品
t_{32}	邮箱登录	t_{13}	信用卡支付	t_{25}	商家发货	t_{37}	完成售后
t_{33}	账号登录	t_{14}	信用<90	t_{26}	顾客收货	t_{38}	买家确认
t_{34}	登录失败	t_{15}	信用≥90	t_{27}	对商品满意度	t_{39}	满意
t_4	登录成功	t_{16}	完成支付	t_{28}	接受客户信息	t_{40}	评价订单
t_5	浏览网页	t_{17}	反馈商品信息	t_{29}	对商品不满	t_{41}	交易结束
t_6	挑选商品	t_{18}	登录产品信息	t_{30}	发送售后请求		
t_7	添加购物车	t_{19}	查询库存	t_{31}	接受售后请求		
t_8	放弃购买	t_{20}	库存充足	t_{32}	不同意售后		
t_9	购买产品	t_{21}	库存不足	t_{33}	同意售后处理		

1. 买家中心(X)子过程模型的建立

买家中心的事件日志序列如表 3.3 所示,利用表 3.3 中的事件日志将其转为日志自动机模式,如图 3.3(a)所示。利用算法 3.1 中的非频繁弧计算公式,对日志自动机中的所有弧进行计算,所得结果如表 3.4 所示。取事件日志关联频率 $\xi=0.3$,将所有事件日志的日志自动机下的状态变量非频繁弧值(表 3.4)与 ξ 进行比较。基于表 3.4 的计算结果,发现事件日志中的状态变量 $\eta(Y_1^5,t_8^{10})=0.133<\xi$,$\eta(Y_1^5,t_9^{16})=0.095<\xi$,$\eta(Y_2^5,t_{11}^{12})=0.095<\xi$。根据算法 3.1 可知,可以将其视为噪音,进行过滤删除。在日志自动机模式下的状态变量,将该三条噪音活动弧直接删除,从而得到无噪音事件日志下的日志自动机模型,如图 3.3(b)所示。

表 3.3　买家中心事件日志

日志	事件轨迹	日志	事件轨迹
L_1	$[t_1\,t_2\,t_3\,t_4\,t_5\,t_6\,t_8]^5$	L_6	$[t_1\,t_2\,t_3\,t_4\,t_5\,t_7\,t_9\,t_{10}\,Y_2]^4$
L_2	$[t_1\,t_2\,t_3\,t_4\,t_5\,t_7\,t_8]^4$	L_7	$[t_1\,t_2\,t_3\,t_4\,t_5\,t_6\,t_9\,t_{10}\,Y_2\,t_{11}\,t_{13}\,t_{15}\,t_{16}\,Z]$
L_3	$[t_1\,t_2\,t_3\,t_4\,t_5\,t_7\,Y_1]^3$	L_8	$[t_1\,t_2\,t_3\,t_4\,t_5\,t_6\,t_9\,t_{10}\,t_{11}\,t_{12}\,t_{16}]^3$
L_4	$[t_1\,t_2\,t_3\,t_4\,t_5\,t_7\,Y_1\,t_8]$	L_9	$[t_1\,t_2\,t_3\,t_4\,t_5\,t_7\,t_9\,t_{10}\,t_{11}\,t_{13}\,t_{14}\,t_{13}\,t_{15}\,t_{16}\,Y_3]^4$
L_5	$[t_1\,t_2\,t_3\,t_4\,t_5\,t_7\,Y_1\,t_9\,t_{10}\,t_{11}\,t_{12}\,t_{16}\,Z]$	L_{10}	$[t_1\,t_2\,t_3\,t_4\,t_5\,t_6\,t_9\,t_{10}\,t_{11}\,t_{13}\,t_{15}\,t_{16}\,Z]^3$

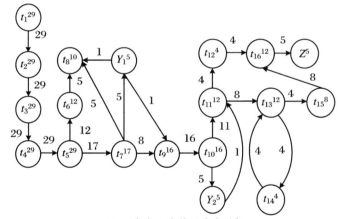

(a) 买家中心事件日志自动机

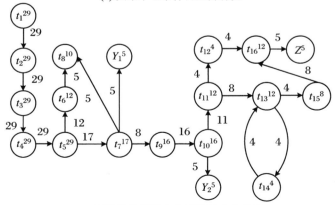

(b) 无噪音的买家中心事件日志自动机

图 3.3　买家中心事件日志下日志自动机模型

表 3.4　买家中心状态变量非频繁弧值表

状态变量	非频繁弧值	状态变量	非频繁弧值
$\eta(t_1^{29}, t_2^{29})$	$(2\times 29)/(29+29)=1$	$\eta(t_9^{16}, t_{10}^{16})$	$(2\times 16)/(16+16)=1$
$\eta(t_2^{29}, t_3^{29})$	$(2\times 29)/(29+29)=1$	$\eta(t_{10}^{16}, t_{11}^{12})$	$(2\times 11)/(16+12)=0.786$
$\eta(t_3^{29}, t_4^{29})$	$(2\times 29)/(29+29)=1$	$\eta(t_{10}^{16}, Y_2^5)$	$(2\times 5)/(16+5)=0.476$
$\eta(t_4^{29}, t_5^{29})$	$(2\times 29)/(29+29)=1$	$\eta(Y_2^5, t_{11}^{12})$	$(2\times 1)/(12+5)=0.118$
$\eta(t_5^{29}, t_6^{12})$	$(2\times 12)/(12+29)=0.585$	$\eta(t_{11}^{12}, t_{12}^4)$	$(2\times 4)/(12+4)=0.5$
$\eta(t_6^{12}, t_8^{10})$	$(2\times 5)/(12+10)=0.455$	$\eta(t_{12}^4, t_{16}^{12})$	$(2\times 4)/(12+4)=0.5$
$\eta(t_5^{29}, t_7^{17})$	$(2\times 17)/(29+17)=0.739$	$\eta(t_{16}^{12}, Z_1^5)$	$(2\times 5)/(12+5)=0.588$
$\eta(t_7^{17}, t_8^{10})$	$(2\times 5)/(10+17)=0.370$	$\eta(t_{11}^{12}, t_{13}^{12})$	$(2\times 8)/(12+12)=0.667$
$\eta(t_7^{17}, Y_1^5)$	$(2\times 5)/(5+17)=0.455$	$\eta(t_{13}^{12}, t_{15}^8)$	$(2\times 4)/(8+12)=0.4$
$\eta(t_7^{17}, t_9^{16})$	$(2\times 8)/(16+17)=0.485$	$\eta(t_{13}^{12}, t_{14}^4)$	$(2\times 4)/(4+12)=0.5$
$\eta(Y_1^5, t_8^{10})$	$(2\times 1)/(10+5)=0.133$	$\eta(t_{14}^4, t_{13}^{12})$	$(2\times 4)/(4+12)=0.5$
$\eta(Y_1^5, t_9^{16})$	$(2\times 1)/(16+5)=0.095$	$\eta(t_{15}^8, t_{16}^{12})$	$(2\times 8)/(8+12)=0.8$

基于图 3.3(b)得到的无噪音模式下的日志自动机，经过自动机删除后的事件日志序列如表 3.5 所示(注：删除噪音活动 t_8 后，事件日志 L_3，L_4 就完全相同，所以可以进行合并操作)。利用无噪音下的事件日志序列，根据事件日志间的行为轮廓关系，建立买家中心活动的行为轮廓关系表，如表 3.6 所示。通过各个活动变迁的行为轮廓关系，挖掘出买家中心的过程模型图，买家中心活动与售后中心和卖家中心关联的部分分别用 Z，Y 表示，连接的部分用黑色加粗线段连接，具体如图 3.4 所示。

表 3.5　无噪音买家中心事件日志

日志	事件轨迹	日志	事件轨迹
L_1	$[t_1\,t_2\,t_3\,t_4\,t_5\,t_6\,t_8]^5$	L_6	$[t_1\,t_2\,t_3\,t_4\,t_5\,t_6\,t_9\,t_{10}\,Y_2\,t_{13}\,t_{15}\,t_{16}\,Z]$
L_2	$[t_1\,t_2\,t_3\,t_4\,t_5\,t_7\,t_8]^4$	L_7	$[t_1\,t_2\,t_3\,t_4\,t_5\,t_6\,t_9\,t_{10}\,t_{11}\,t_{12}\,t_{16}]^3$
L_3	$[t_1\,t_2\,t_3\,t_4\,t_5\,t_7\,Y_1]^4$	L_8	$[t_1\,t_2\,t_3\,t_4\,t_5\,t_7\,t_9\,t_{10}\,t_{11}\,t_{13}\,t_{14}\,t_{15}\,t_{16}\,Y_3]^4$
L_4	$[t_1\,t_2\,t_3\,t_4\,t_5\,t_7\,Y_1\,t_{10}\,t_{11}\,t_{12}\,t_{16}\,Z]$	L_9	$[t_1\,t_2\,t_3\,t_4\,t_5\,t_6\,t_9\,t_{10}\,t_{11}\,t_{13}\,t_{15}\,t_{16}\,Z]^3$
L_5	$[t_1\,t_2\,t_3\,t_4\,t_5\,t_7\,t_9\,t_{10}\,Y_2]^4$		

表 3.6　行为轮廓关系表

	t_1	t_2	t_3	t_4	t_5	t_6	t_7	t_8	t_9	t_{10}	t_{11}	t_{12}	t_{13}	t_{14}	t_{15}	t_{16}	$Y_{(1,2,3)}$	Z
t_1	+	→	→	→	→	→	→	→	→	→	→	→	→	→	→	→	‖	→
t_2		+	→	→	→	→	→	→	→	→	→	→	→	→	→	→	‖	→
t_3			+	→	→	→	→	→	→	→	→	→	→	→	→	→	‖	→
t_4				+	→	→	→	→	→	→	→	→	→	→	→	→	‖	→
t_5					+	→	→	→	→	→	→	→	→	→	→	→	‖	→

续表

	t_1	t_2	t_3	t_4	t_5	t_6	t_7	t_8	t_9	t_{10}	t_{11}	t_{12}	t_{13}	t_{14}	t_{15}	t_{16}	$Y_{(1,2,3)}$	Z
t_6						+	∥	→	→	→	→	→	→	→	→	→	∥	→
t_7							+	→	→	→	→	→	→	→	→	→	→	→
t_8								+	+	+	+	+	+	+	+	+	+	+
t_9									+	→	→	→	→	→	→	→	∥	→
t_{10}										+								
t_{11}											+	→	→	→	→	→	∥	→
t_{12}												+	+	+	+	→	∥	→
t_{13}													+	→	→	→	∥	→
t_{14}														+	+	→	∥	→
t_{15}															+		∥	→
t_{16}																+	→	
$Y_{(1,2,3)}$																	+	∥
Z																		+

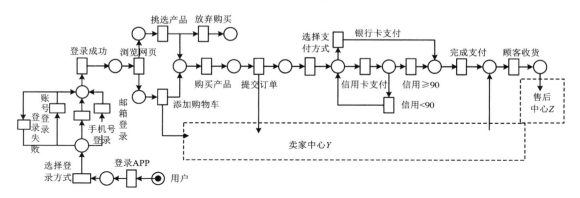

图 3.4　X(买家中心)过程模型

2. 卖家中心(Y)子过程模型的建立

基于买家中心过程模型的分析方法,对卖家中心也同样进行类似分析。卖家中心事件日志序列如表 3.7 所示,并将该组事件日志转为日志自动机状态下的模型。得到的卖家中心日志自动机模型,如图 3.5(a)所示。取事件日志关联频率 $\xi=0.2$,利用非频繁弧计算公式,将日志自动机中的所有状态变量活动弧进行计算,结果如表 3.8 所示。将表 3.7 卖家中心事件日志中所有状态变量非频繁弧值与 ξ 进行比较,过滤日志自动机中不合理的活动弧,得到无噪音的日志自动机模型图,具体如图 3.5(b)所示。

表 3.7　卖家中心事件日志

日志	事件轨迹	日志	事件轨迹
L_1	$[t_{18}\,t_{19}\,t_{20}\,t_{23}\,t_{24}\,t_{25}\,t_{26}]^4$	L_5	$[X_1\,t_{19}\,t_{20}\,X_2\,t_{23}\,t_{24}\,t_{25}\,t_{26}]^4$
L_2	$[X_1\,t_{18}\,t_{19}\,t_{20}\,t_{23}\,t_{24}\,t_{25}\,t_{26}]$	L_6	$[X_2\,t_{23}\,X_3\,t_{24}\,t_{25}\,t_{26}]^4$
L_3	$[t_{18}\,X_1\,t_{19}\,t_{21}\,t_{22}\,t_{23}\,t_{24}\,t_{25}\,t_{26}]$	L_7	$[X_3\,t_{24}\,t_{25}\,t_{26}]^{18}$
L_4	$[t_{18}\,t_{19}\,t_{21}\,t_{22}\,t_{23}\,t_{24}\,t_{25}\,t_{26}]^5$	L_8	

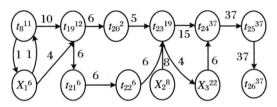 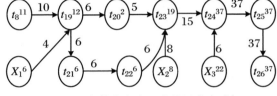

(a) 卖家中心事件日志自动机 　　　　　(b) 无噪音的卖家中心事件日志自动机

图 3.5　卖家中心事件日志下日志自动机模型

表 3.8　卖家中心状态变量非频繁弧值表

状态变量	非频繁弧值	状态变量	非频繁弧值
$\eta(t_{18}^{11},t_{19}^{12})$	$(2\times10)/(11+12)=0.870$	$\eta(t_{22}^6,t_{23}^{19})$	$(2\times6)/(19+6)=0.48$
$\eta(t_{18}^{11},X_1^6)$	$(2\times1)/(11+6)=0.118$	$\eta(X_2^8,t_{23}^{19})$	$(2\times8)/(19+8)=0.593$
$\eta(X_1^6,t_{18}^{11})$	$(2\times1)/(11+6)=0.118$	$\eta(t_{23}^{19},t_{24}^{37})$	$(2\times15)/(19+37)=0.536$
$\eta(X_1^6,t_{19}^{12})$	$(2\times4)/(12+6)=0.444$	$\eta(t_{23}^{19},X_3^{22})$	$(2\times4)/(19+22)=0.195$
$\eta(t_{19}^{12},t_{20}^6)$	$(2\times6)/(12+6)=0.667$	$\eta(X_3^{22},t_{24}^{37})$	$(2\times6)/(37+22)=0.203$
$\eta(t_{19}^{12},t_{21}^6)$	$(2\times6)/(12+6)=0.667$	$\eta(t_{24}^{37},t_{25}^{37})$	$(2\times37)/(37+37)=1$
$\eta(t_{20}^6,t_{23}^{19})$	$(2\times5)/(19+6)=0.4$	$\eta(t_{25}^{37},t_{26}^{37})$	$(2\times37)/(37+37)=1$
$\eta(t_{21}^6,t_{22}^6)$	$(2\times6)/(6+6)=1$		

　　基于图 3.5(b)得到的无噪音状态下的日志自动机,去除事件日志中的异常序列,并将相同的事件日志合并处理,将得到无异常的事件日志序列如表 3.9 所示。利用无噪音下的事件日志序列,根据事件日志间的行为轮廓关系,建立卖家中心活动的行为轮廓关系表,如表 3.10 所示。通过各个活动间的行为轮廓关系,挖掘出卖家中心的过程模型图,如图 3.6所示(买家中心和售后中心分别用 X,Z 表示,关联的部分用黑色加粗线段连接)。

表 3.9　无噪音卖家中心事件日志

日志	事件轨迹	日志	事件轨迹
L_1	$[t_{18}\,t_{19}\,t_{20}\,t_{23}\,t_{24}\,t_{25}\,t_{26}]^4$	L_6	$[X_1\,t_{19}\,t_{20}\,X_2\,t_{23}\,t_{24}\,t_{25}\,t_{26}]^4$
L_2	$[X_1\,t_{19}\,t_{20}\,t_{23}\,t_{24}\,t_{25}\,t_{26}]$	L_7	$[X_2\,t_{23}\,t_{24}\,t_{25}\,t_{26}]^4$
L_3	$[t_{18}\,t_{19}\,t_{21}\,t_{22}\,t_{23}\,t_{24}\,t_{25}\,t_{26}]$	L_8	$[X_3\,t_{24}\,t_{25}\,t_{26}]^{18}$
L_4	$[t_{18}\,t_{19}\,t_{21}\,t_{22}\,t_{23}\,t_{24}\,t_{25}\,t_{26}]^5$	L_9	

表 3.10　行为轮廓关系表

	t_{18}	t_{19}	t_{20}	t_{21}	t_{22}	t_{23}	t_{24}	t_{25}	$X_{(1,2,3)}$
t_{18}	+	→	→	→	→	→	→	→	‖
t_{19}		+	→	→	→	→	→	→	←
t_{20}			+	+	+	→	→	→	‖
t_{21}				+	+	→	→	→	‖
t_{22}					+	→	→	→	‖
t_{23}						+	→	→	←
t_{24}							+	→	←
t_{25}								+	←
$X_{(1,2,3)}$									+

3. 售后中心(Z)过程模型的建立

基于买家中心过程模型分析方法,售后中心也进行相同的方法分析。售后中心事件日志如表 3.11 所示,将其转为日志自动机状态下的模型。得到的日志自动机模型如图 3.7(a)所示。令关联频率 $\xi=0.3$,利用非频繁弧计算公式,对日志自动机中的所有状态变量活动弧进行计算,结果如表 3.12 所示。将所有的状态变量非频繁弧值与 ξ 比较,过滤日志自动机中所有不合理的活动弧,从而得到合理的无噪音的日志自动机模型,如图 3.7(b)所示。

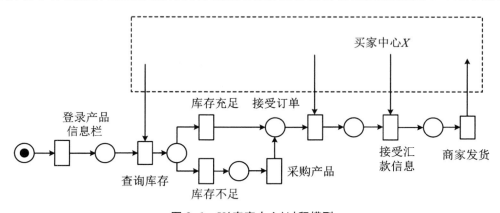

图 3.6　Y(卖家中心)过程模型

表 3.11　售后中心事件日志

日志	事件轨迹	日志	事件轨迹
L_1	$\left[Y_4\, t_{27}\, t_{39}\, t_{40}\, t_{41}\right]^4$	L_5	$\left[X_4\, Y_4\, t_{27}\, t_{39}\, t_{40}\, t_{41}\right]$
L_2	$\left[X_4\, t_{27}\, t_{39}\, t_{40}\, t_{41}\right]^4$	L_6	$\left[X_4\, t_{27}\, t_{29}\, t_{28}\, t_{30}\, t_{31}\, t_{32}\, t_{31}\, t_{33}\, t_{34}\, t_{36}\, t_{37}\, t_{38}\, t_{40}\, t_{41}\right]$
L_3	$\left[t_{28}\, t_{27}\, t_{29}\, t_{30}\, t_{31}\, t_{33}\, t_{34}\, t_{36}\, t_{37}\, t_{38}\, t_{40}\, t_{41}\right]$	L_7	$\left[X_4\, t_{27}\, t_{28}\, t_{29}\, t_{30}\, t_{31}\, t_{33}\, t_{35}\, t_{36}\, t_{37}\, t_{38}\, t_{40}\, t_{41}\right]$
L_4	$\left[X_4\, t_{27}\, t_{29}\, t_{30}\, t_{28}\, t_{31}\, t_{32}\, t_{31}\, t_{33}\, t_{35}\, t_{36}\, t_{37}\, t_{38}\, t_{40}\, t_{41}\right]$	L_8	$\left[t_{28}\, t_{31}\, t_{32}\, t_{31}\, t_{33}\, t_{34}\, t_{36}\, t_{37}\, t_{38}\, t_{40}\, t_{41}\right]$

表 3.12   售后中心状态变量非频繁弧值表

状态变量	非频繁弧值	状态变量	非频繁弧值
$\eta(X_4^8, Y_4^5)$	$(2\times1)/(5+8)=0.154$	$\eta(t_{28}^5, t_{31}^5)$	$(2\times2)/(5+5)=0.4$
$\eta(X_4^8, t_{27}^{13})$	$(2\times7)/(13+8)=0.667$	$\eta(t_{30}^4, t_{31}^5)$	$(2\times2)/(4+5)=0.444$
$\eta(Y_4^5, t_{27}^{13})$	$(2\times5)/(13+5)=0.556$	$\eta(t_{31}^5, t_{32}^3)$	$(2\times3)/(5+3)=0.75$
$\eta(t_{27}^{13}, t_{39}^9)$	$(2\times9)/(13+9)=0.818$	$\eta(t_{32}^3, t_{31}^5)$	$(2\times3)/(5+3)=0.75$
$\eta(t_{39}^9, t_{40}^{14})$	$(2\times9)/(14+9)=0.783$	$\eta(t_{31}^5, t_{33}^5)$	$(2\times5)/(5+5)=1$
$\eta(t_{40}^{14}, t_{41}^{14})$	$(2\times14)/(14+14)=1$	$\eta(t_{33}^5, t_{34}^3)$	$(2\times3)/(5+3)=0.75$
$\eta(t_{27}^{13}, t_{28}^5)$	$(2\times1)/(13+5)=0.111$	$\eta(t_{33}^5, t_{35}^2)$	$(2\times2)/(5+2)=0.571$
$\eta(t_{28}^5, t_{27}^{13})$	$(2\times1)/(13+5)=0.111$	$\eta(t_{34}^3, t_{36}^5)$	$(2\times3)/(5+3)=0.75$
$\eta(t_{27}^{13}, t_{29}^4)$	$(2\times3)/(13+4)=0.353$	$\eta(t_{35}^2, t_{36}^5)$	$(2\times2)/(5+2)=0.571$
$\eta(t_{28}^5, t_{29}^4)$	$(2\times1)/(5+4)=0.222$	$\eta(t_{36}^5, t_{37}^5)$	$(2\times5)/(5+5)=1$
$\eta(t_{29}^4, t_{30}^4)$	$(2\times3)/(4+4)=0.75$	$\eta(t_{37}^5, t_{38}^5)$	$(2\times5)/(5+5)=1$
$\eta(t_{28}^5, t_{30}^4)$	$(2\times1)/(4+5)=0.222$	$\eta(t_{38}^5, t_{40}^{14})$	$(2\times5)/(5+14)=0.526$
$\eta(t_{30}^4, t_{28}^5)$	$(2\times1)/(4+5)=0.222$	$\eta(t_{40}^{14}, t_{41}^{14})$	$(2\times14)/(14+14)=1$

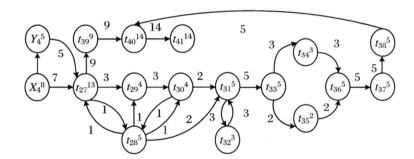

(a) 售后中心事件日志自动机

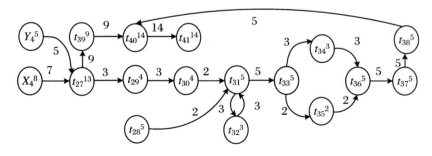

(b) 无噪音的售后中心事件日志自动机

图 3.7   售后中心事件日志下日志自动机模型

利用图 3.7(b) 得到的无噪音状态下的日志自动机,对事件日志中的异常序列日志进行过滤,并将相同的事件日志合并处理,得到无异常的事件日志序列如表 3.13 所示。利用合理的无噪音的事件日志序列,根据事件日志间的行为轮廓关系,建立售后中心活动的行为轮廓关系,如表 3.14 所示。通过各个活动间的行为轮廓关系,挖掘出售后中心的过程模型,如图 3.8 所示(买家中心和卖家中心分别用 X,Y 表示,关联的部分用黑色加粗线段连接)。

表 3.13　无噪音售后中心事件日志

日志	事件轨迹	日志	事件轨迹
L_1	$[Y_4\,t_{27}\,t_{39}\,t_{40}\,t_{41}]^4$	L_5	$[X_4\,t_{27}\,t_{29}\,t_{28}\,t_{31}\,t_{32}\,t_{31}\,t_{33}\,t_{34}\,t_{36}\,t_{37}\,t_{38}\,t_{40}\,t_{41}]$
L_2	$[X_4\,t_{27}\,t_{39}\,t_{40}\,t_{41}]^5$	L_6	$[X_4\,t_{27}\,t_{29}\,t_{30}\,t_{31}\,t_{33}\,t_{35}\,t_{36}\,t_{37}\,t_{38}\,t_{40}\,t_{41}]$
L_3	$[t_{28}\,t_{29}\,t_{30}\,t_{31}\,t_{33}\,t_{34}\,t_{36}\,t_{37}\,t_{38}\,t_{40}\,t_{41}]$	L_7	$[t_{28}\,t_{31}\,t_{32}\,t_{31}\,t_{33}\,t_{34}\,t_{36}\,t_{37}\,t_{38}\,t_{40}\,t_{41}]$
L_4	$[X_4\,t_{27}\,t_{29}\,t_{30}\,t_{31}\,t_{32}\,t_{31}\,t_{33}\,t_{35}\,t_{36}\,t_{37}\,t_{38}\,t_{40}\,t_{41}]$		

表 3.14　行为轮廓关系表

	X_4	Y_4	t_{27}	t_{28}	t_{29}	t_{30}	t_{31}	t_{32}	t_{33}	t_{34}	t_{35}	t_{36}	t_{37}	t_{38}	t_{39}	t_{40}	t_{41}
X_4	+	∥	→	∥	→	→	→	→	→	→	→	→	→	→	→	→	→
Y_4		+	→	∥	→	→	→	→	→	→	→	→	→	→	→	→	→
t_{27}			+	∥	→	→	→	→	→	→	→	→	→	→	→	→	→
t_{28}				+	∥	∥	→	→	→	→	→	→	→	→	+	→	→
t_{29}					+	→	→	→	→	→	→	→	→	→	+	→	→
t_{30}						+	→	→	→	→	→	→	→	→	+	→	→
t_{31}							+	→	→	→	→	→	→	→	+	→	→
t_{32}							+	+	→	→	→	→	→	→	+	→	→
t_{33}									+	→	→	→	→	→	+	→	→
t_{34}										+	+	→	→	→	+	→	→
t_{35}											+	→	→	→	+	→	→
t_{36}												+	→	→	+	→	→
t_{37}													+	→	+	→	→
t_{38}														+	+	→	→
t_{39}															+	→	→
t_{40}																+	→
t_{41}																	+

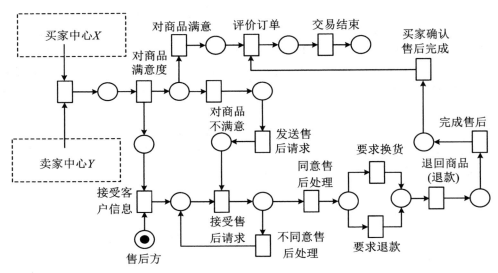

图 3.8　Z(售后中心)过程模型

3.2.5　基于形态学片段过程模型的建立

基于上述计算分析,得到各个子过程模型。本节将基于形态学片段方法将各个子模块中的关联部分进行连接,最终得到完整的网购过程模型。基于完整过程模型之间的交互活动,得到部分模块之间的交互活动的事件日志序列。买家中心—卖家中心($X-Y$)、买家中心—售后中心($X-Z$)、卖家中心—售后中心($Y-Z$)、买家中心—卖家中心($X-Y$)具体的事件日志序列片段如表 3.15 所示。

表 3.15　部分事件日志序列片段

日志	事件轨迹片段($X-Y$)	日志	事件轨迹片段($X-Y$)
L_1	$[\cdots t_{18}\ t_7\ t_{17}\ t_{19}\ t_{20}\ t_{23} \cdots]$	L_5	$[\cdots t_{18}\ t_7\ t_{17}\ t_{19}\ t_{21} \cdots]$
L_2	$[\cdots t_{18}\ t_{17}\ t_{19}\ t_{20}\ t_{23} \cdots]$	L_6	$[\cdots t_{20}\ t_{10}\ t_{23}\ t_{24}\ t_{25} \cdots]$
L_3	$[\cdots t_{18}\ t_{17}\ t_{19}\ t_{21}\ t_{22} \cdots]$	L_7	$[\cdots t_{21}\ t_{22}\ t_{10}\ t_{23}\ t_{24} \cdots]$
L_4	$[\cdots t_7\ t_{17}\ t_{19}\ t_{18}\ t_{21}\ t_{22} \cdots]$		

基于表 3.15 给出的部分事件日志序列片段,根据算法 3.2,给所列出的活动赋值 $10\tau(0 \leqslant \tau \leqslant i-1)$,利用形态学数值表达式 $\mathrm{Num}(t) = \alpha \times A_i + \left(\sum\limits_{j \neq i, j \neq o} A_j\right) + \beta \times A_o$ 进行计算。从表 3.15 中可以发现,t_7 为所提供的事件活动片段中最开始的活动(起始活动),t_{25} 为所提供的事件活动片段中最后的活动(终止活动)。对各个活动赋值如表 3.16 所示。将表 3.15 中的活动分成两组,片段的长度 $\mu = 3$,参数值 $\alpha = 0.2$,$\beta = 0.1$。并作出该组事件日志下的形态学片段,如图 3.9 所示(并将形态学数值结果写在片段之后)。

表 3.16 活动赋值表

活动	t_7	t_{10}	t_{17}	t_{18}	t_{19}	t_{20}	t_{21}	t_{22}	t_{23}	t_{24}	t_{25}
赋值	10^{10}	10^9	10^8	10^7	10^6	10^5	10^4	10^3	10^2	10^1	10^0

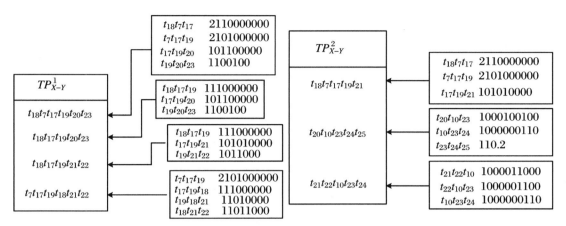

图 3.9 事件日志 $X-Y$ 的形态学片段

基于事件日志 $X-Y$ 的形态学片段计算结果,发现在模块 TP_{X-Y}^1 和 TP_{X-Y}^2 中,出现了形态学数值相同的片段,如 $[t_{18}\ t_7\ t_{17}\ t_{19}\ t_{20}\ t_{23},\ t_{18}\ t_{17}\ t_{19}\ t_{20}\ t_{23}]$ 中出现片段 $[t_{17}\ t_{19}\ t_{20}]$ $[101100000]$,将 TP_{X-Y}^1、TP_{X-Y}^2 所有形态学数值相同值的事件日志片段进行合并连接。从而达到使买家中心—卖家中心($X-Y$)的子模块连接的目的,$X-Y$ 的联合流程图如图 3.10 所示。

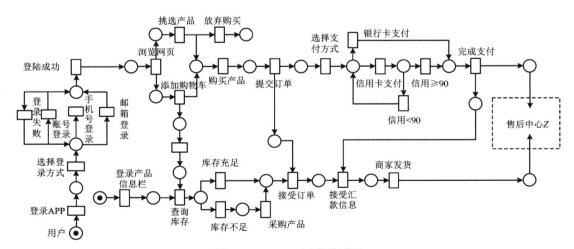

图 3.10 $X-Y$ 过程模型图

基于 $X-Y$ 过程模型图的建立方法,对买家中心—售后中心($X-Z$)、卖家中心—售后中心($Y-Z$),也用同样的方法进行分析,使其得到最终的完整过程模型。$X-Z$,$Y-Z$ 的部分事件日志片段如表 3.17 所示。

表 3.17　部分事件日志序列片段

日志	事件轨迹片段($X-Z$)	日志	事件轨迹片段($Y-Z$)
L_1	$[\cdots t_{12}\, t_{16}\, t_{26}\, t_{27}\, t_{39}\, t_{40}\, t_{41} \cdots]$	L_3	$[\cdots t_{24}\, t_{25}\, t_{26}\, t_{27}\, t_{39} \cdots]$
L_2	$[\cdots t_{16}\, t_{26}\, t_{27}\, t_{29}\, t_{30} \cdots]$	L_4	$[\cdots t_{24}\, t_{23}\, t_{25}\, t_{26}\, t_{27}\, t_{29} \cdots]$

根据表 3.17 列出的部分事件日志序列，基于上述方法，给各个活动赋幂值（$0 \leqslant \tau \leqslant i-1$），并利用形态学数值表达式计算。在表 3.17 的事件序列片段中，活动 t_{12} 为所列出事件活动片段中最开始的活动（起始活动），t_{41} 为所列出的事件活动片段中最后的活动（终止活动），对各个活动赋值如表 3.18 所示。由于 $X-Z$，$Y-Z$ 的事件日志数量较少，不再进行分组处理，形态学片段长度任取 $\mu = 3$，参数值 $\alpha = 0.2$，$\beta = 0.1$。并作出 $X-Z$，$Y-Z$ 事件日志下的形态学片段图，分别用 TP_{X-z}^{3}，TP_{Y-z}^{4} 表示，具体如图 3.11(a)、图 3.11(b) 所示（并将形态学数值结果写在片段之后）。

表 3.18　活动赋值表

活动	t_{12}	t_{16}	t_{23}	t_{24}	t_{25}	t_{26}	t_{27}	t_{29}	t_{30}	t_{39}	t_{40}	t_{41}
赋值	10^{11}	10^{10}	10^{9}	10^{8}	10^{7}	10^{6}	10^{5}	10^{4}	10^{3}	10^{2}	10^{1}	10^{0}

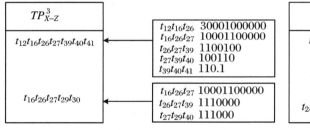

(a) 事件日志 X–Z 形态学片段

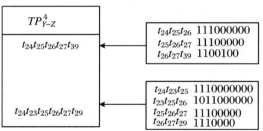

(b) 事件日志 Y–Z 形态学片段

图 3.11　事件日志形态学片段

从图 3.11 中发现在 TP_{X-z}^{3} 模式下的形态学片段图中，片段 $[t_{12}\, t_{16}\, t_{26}\, t_{27}\, t_{39}\, t_{40}\, t_{41}]$、$[t_{16}\, t_{26}\, t_{27}\, t_{29}\, t_{30}]$ 中存在相同的形态学数值 $[10001100000]$。所以买家中心—售后中心（$X-Z$）中的关联部分就是片段 $[t_{16}\, t_{26}\, t_{27}]$。同理分析 TP_{Y-z}^{4} 模式下的形态学片段图，该模式下片段 $[t_{24}\, t_{25}\, t_{26}\, t_{27}\, t_{39}]$、$[t_{24}\, t_{23}\, t_{25}\, t_{26}\, t_{27}\, t_{29}]$ 中相同的形态学数值为 $[11100000]$，得出卖家中心—售后中心（$Y-Z$）关联部分就是片段 $[t_{25}\, t_{26}\, t_{27}]$。基于以上分析后，就可以将所有的子模块中关联部分活动找出，并将其连接，从而得到最终的完整过程模型图，如图 3.12 所示。

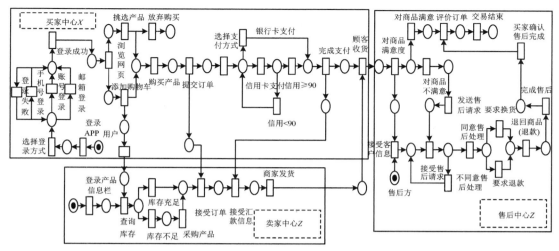

图 3.12　目标过程模型图

3.3　不完整日志下的结构块过程模型挖掘

将系统运行产生的日志直接用于系统建模时,日志信息的不完整性会导致模型与系统性能存在偏差。现有挖掘方法很少考虑日志的不完整性,本节从模型局部行为关系的潜在演变入手,寻找能够集中反映潜在演变的表达方式。首先分析现有日志信息对变迁间以及结构块间关系演变的限制;利用同现关系构造出许多不受日志完整性影响的平行结构块 $\Sigma_1,\Sigma_2,\cdots$;其次利用相邻关系寻找应该被嵌入各个 Σ_i 块中的变迁集,并用归纳挖掘方法将变迁集切割成排他结构块再分别嵌入 $\Sigma_1,\Sigma_2,\cdots$ 中;接着对其他位置的排他结构做进一步构造;之后将所有结构块融合成完整的过程模型,并根据演变符号将可能演变的情况在过程模型中表现出来;最后实例分析验证不完整日志下的结构块过程模型挖掘算法的可行性。

3.3.1　基本概念

作为过程模型的挖掘对象,日志隐藏着大量的信息。只有捕捉日志中更多的信息、更深层次地发现信息间的制约或依赖关系,获得的过程模型才会越具体、越准确。本节在参考相关文献的基础上结合研究重点给出以下与日志相关的概念。

定义 3.6(日志及其完整性)　M 为日志集 $L=\{\sigma_1,\sigma_2,\sigma_3,\cdots\}$ 对应的模型:

(1) 日志集 L 是在事件上完整的(activity-complete),当且仅当日志中呈现的事件包含模型 M 呈现的所有事件,记 $L\diamond_a M\Leftrightarrow\Sigma(M)\subseteq\Sigma(L)$;

(2) 日志 L 是绝对完整的(complete),当且仅当 L 是在事件上完整的且日志呈现的事件间关系包含着模型 M 所呈现的所有事件间关系,记 $L\diamond M\Leftrightarrow\Sigma(M)\subseteq\Sigma(L)\wedge R(M)\subseteq R(L)$。

定义 3.7（同现）　Petri 网$(P,T;F)$中：

（1）变迁 $t_1,t_2\in T$ 是同现的（concurrence），若$(P,T;F)$中任意从初始标识到终止标识的发生序列 σ 都包含变迁 t_1,t_2 或都不包含变迁 t_1,t_2 中的任何一个，记 $t_1\gg t_2$；

（2）变迁集 $T_i'\in\gg(T)$ 是同现变迁集，若$(T_i'\subseteq\Sigma(\sigma))\vee(T_i'\bigcap\Sigma(\sigma))=\phi$，用$\{T_1',T_2',\cdots,T_n'\}$表示$(P,T;F)$的所有同现变迁集，即$\gg(T)=\{T_1',T_2',\cdots,T_n'\}$。

定义 3.8（行为轮廓）　$R_{BP}=\{\rightarrow,\parallel,+\}$ 是建立在弱序关系$\succ$上的行为轮廓（Behavioral Profiles）：

（1）弱序关系 $e_i\succ e_j$：对 $e_i,e_j\in U_E$，存在发生序列 σ（一条事件日志 σ），有事件 $e_i\in\sigma$ 先于事件 $e_j\in\sigma$ 发生；

（2）严格序关系 $e_i\rightarrow e_j$：e_i,e_j 间存在关系 $e_i\succ e_j$ 且不存在关系 $e_j\succ e_i$，即 $e_i\succ e_j$；

（3）排他序关系 e_i+e_j：e_i,e_j 间既无关系 $e_i\succ e_j$ 也无关系 $e_j\succ e_i$，即 $e_i\succ e_j$；

（4）交叉序关系 $e_i\parallel e_j$：e_i,e_j 间既存在关系 $e_i\succ e_j$ 又存在关系 $e_j\succ e_i$。

定义 3.9（相邻关系）

（1）对 Petri 网$(P,T;F)$中变迁 $a,b\in T$，变迁 a,b 是相邻的，当且仅当 $a\in{}^\cdot b\wedge b\in a^\cdot$，记 $a\mapsto b$。所有相邻关系称网$(P,T;F)$的相邻关系；

（2）对日志 L 中事件 $a,b\in\Sigma(L)$，事件 a,b 是相邻的，当且仅当存在一条日志 $\sigma=e_1,e_2,\cdots,e_n$ 及 $i=\{1,2,\cdots,n-1\}$ 有 $\sigma\in L,e_i=a\wedge e_{i+1}=b$。$L$ 中所有相邻关系称日志 L 的相邻关系；

（3）a,b 是绝对相邻的，若$(a=e_i\wedge a\in\sigma\Rightarrow b=e_{i+1}\wedge b\in\sigma)\wedge(b=e_i\wedge b\in\sigma\Rightarrow a=e_{i-1}\wedge a\in\sigma)$（日志集中）或 $a={}^\cdot b\wedge b=a^\cdot$（模型中）。

许多重要信息在日志中的呈现方式很隐蔽，却也是有规可循的。为了通过日志中的直观信息体现出这些隐蔽信息，由定义给出了本小节所涉及的日志基本行为信息。

定义 3.10（日志行为信息）　符号集$\{\Sigma,\succ,\mapsto,\gg\}$用于表示日志 L 中事件间的行为信息：

（1）变迁集 $\Sigma(L)$ 表示日志中出现的所有事件；

（2）弱序符号表示 $\Sigma(L)$ 中任意两变迁的关系；

（3）相邻符号表示 $\Sigma(L)$ 中任意两变迁的关系；

（4）符号$\gg(L)$表示日志的所有变迁集 T_i'，并用$|T_i'|$表示包含 T_i' 中所有变迁的日志个数。

表 3.19　案例日志

#	日志信息
25	$t_1,t_2,t_3,t_4,t_5,t_7,t_8$
24	$t_1,t_7,t_2,t_4,t_3,t_5,t_8$
19	$t_1,t_2,t_7,t_3,t_4,t_5,t_8$
26	$t_1,t_7,t_2,t_3,t_4,t_5,t_8$
42	t_1,t_7,t_6,t_8
37	t_1,t_6,t_7,t_8

结合表 3.19 给出的日志集，根据定义有：$\Sigma(L)=\{t_1,t_2,t_3,t_4,t_5,t_6,t_7,t_8\}$，表 3.20

左呈现了日志中事件间的弱序关系,表 3.20 右呈现了日志中事件间的相邻关系,变迁集 $T'_1 = \{t_1, t_7, t_8\}$ 和 $T'_2 = \{t_3, t_4\}$ 构成了日志的同现变迁集 $\gg(L)$,并有 $|T'_1| = 173$,$|T'_2| = 94$。

表 3.20　弱序关系表与相邻关系表

$\succ$	t_1	t_2	t_3	t_4	t_5	t_6	t_7	t_8	$\longmapsto$	t_1	t_2	t_3	t_4	t_5	t_6	t_7	t_8
t_1		√	√	√	√	√	√	√	t_1		√				√	√	
t_2				√	√	√	√	√	t_2			√	√		√	√	
t_3						√	√		t_3				√	√	√	√	
t_4					√		√	√	t_4		√				√	√	
t_5				√			√	√	t_5						√	√	√
t_6							√	√	t_6	√						√	
t_7		√	√	√					t_7	√					√		√
t_8									t_8								

定义 3.11(结构块)　Petri 网 $(P, T; F)$ 中变迁集 $\Sigma_i \subseteq T (i = 1, 2, \cdots)$,若任意两变迁集间关系 $R(\Sigma_1, \Sigma_2)$ 均属于且只属于关系集 $\{\rightarrow, \circlearrowleft, \wedge, \vee, \times\}$ 中的一种,则称 Σ_i 为网 $(P, T; F)$ 的结构块(block)。其中:

(1) 结构块 $\Sigma_1, \cdots, \Sigma_n$ 为顺序关系 $\rightarrow$,若:

① $\forall 1 \leqslant i \leqslant j \leqslant n \wedge e_i \in \Sigma_i \wedge e_j \in \Sigma_j : e_j \rightarrow e_i \notin G$;

② $\forall 1 \leqslant i \leqslant j \leqslant n \wedge e_i \in \Sigma_i \wedge e_j \in \Sigma_j : e_i \rightarrow e_j \in G$。

并称这些结构块为顺序结构块。

(2) 结构块 $\Sigma_1, \cdots, \Sigma_n$ 为循环关系 $\circlearrowleft$,若:

① $\text{Start}(G) \bigcup \text{End}(G) \subseteq \Sigma_1$;

② $\forall i \neq 1 \wedge e_i \in \Sigma_i \wedge e_1 \in \Sigma_1 : (e_1, e_i) \in G \Rightarrow e_1 \in \text{End}(G)$;

③ $\forall i \neq 1 \wedge e_i \in \Sigma_i \wedge e_1 \in \Sigma_1 : (e_i, e_1) \in G \Rightarrow e_1 \in \text{Start}(G)$;

④ $\forall 1 \neq i \neq j \neq 1 \wedge e_i \in \Sigma_i \wedge e_j \in \Sigma_j : (e_i, e_j) \notin G$;

⑤ $\forall i \neq 1 \wedge e_i \in \Sigma_i \wedge e_1 \in \text{Start}(G) : (\exists e'_1 \in \Sigma_1 : (e_i, e'_1) \in G) \parallel (e_i, e_1) \in G$;

⑥ $\forall i \neq 1 \wedge e_i \in \Sigma_i \wedge e_1 \in \text{End}(G) : (\exists e'_1 \in \Sigma_1 : (e'_1, e_i) \in G) \parallel (e_1, e_i) \in G$。

并称这些结构块为循环结构块。

(3) 构块 $\Sigma_1, \cdots, \Sigma_n$ 为排他关系 $\times$,若:

$\forall i \neq j \wedge e_i \in \Sigma_i \wedge e_j \in \Sigma_j : (e_i, e_j) \notin G$。

并称这些结构块为顺序结构块。

(4) 结构块 $\Sigma_1, \cdots, \Sigma_n$ 为平行关系 $\wedge$,若:

① $\forall i : \Sigma_i \bigcap \text{Start}(G) \neq \phi \wedge \Sigma_i \bigcap \text{End}(G) \neq \phi$;

② $\forall i \neq j \wedge e_i \in \Sigma_i \wedge e_j \in \Sigma_j : (e_i, e_j) \in G \wedge (e_j, e_i) \in G$。

并称这些结构块为顺序结构块。

(5) 结构块 $\Sigma_1, \cdots, \Sigma_n$ 为 OR 选择结构 $\vee$ 将在之后的章节给出。

定义 3.12(洗牌组合)　由于 Petri 网中变迁发生的随机性及平行结构的特点,由几个顺序序列块 $\sigma_1, \sigma_2, \cdots$ 构成的平行结构在生成发生序列时满足洗牌组合(shuffle)的规律:

(1) 生成的发生序列 $\sigma = Ш(\sigma_1, \sigma_2, \cdots)$ 只能以各个顺序序列块的首个变迁开始,即

Start$(\sigma)\in\{$Start$(\sigma_1)\bigcup$Start$(\sigma_2)\bigcup\cdots\}$;

（2）生成的发生序列 $\sigma=$Ⅲ$(\sigma_1,\sigma_2,\cdots)$只能以各个顺序序列块的结尾变迁终止，即 End $(\sigma)\in\{$End$(\sigma_1)\bigcup$End$(\sigma_2)\bigcup\cdots\}$;

（3）序列 $\sigma=$Ⅲ$(\sigma_1,\sigma_2,\cdots)$上变迁间弱序关系符合各个顺序序列块$\{\sigma_1,\sigma_2,\cdots\}$呈现的变迁间弱序关系，即 $\forall t_1,t_2\in\sigma$，若 σ 中有弱序关系 $t_1\succ t_2$，则 $\forall\sigma_i\in\{\sigma_1,\sigma_2,\cdots\}$均不包含弱序关系 $t_2\succ t_1$。

如 Ⅲ$(\langle a,b\rangle,\langle c,d\rangle)=\{\langle a,b,c,d\rangle,\langle a,c,b,d\rangle,\langle a,c,d,b\rangle,\langle c,d,a,b\rangle,\langle c,a,d,b\rangle,\langle cabd\rangle\}$。

定义 3.13（直达图）　图 $G=(V,S;W)$是日志 L 的直达图（directly-follows graph），其中 V 对应日志 L 中的事件，有向边 S 代表日志 L 中事件间相邻关系，映射 $W:S\rightarrow N(N=\{1,2,3,\cdots\})$为每个有向边分配的权重，代表日志中相邻关系出现的次数。

以图 3.13 为例，对日志 $L=\{\langle e_1,e_3,e_9,e_{10}\rangle^7,\langle e_1,e_2,e_4,e_5,e_6,e_7,e_8\rangle^4,\langle e_1,e_2,e_5,e_6,e_4,e_7,e_8\rangle^3,\langle e_1,e_2,e_5,e_4,e_6,e_7,e_8\rangle^2\}$，可利用其前缀闭包获得直达图，对 L 计算其多重前缀闭包集得：$\overline{L}=\{\tau^{16},e_1^{16},\langle e_1,e_2\rangle^9,\langle e_1,e_3\rangle^7,\langle e_1,e_2,e_4\rangle^4,\langle e_1,e_2,e_5\rangle^5,\cdots,\langle e_1,e_3,e_9,e_{10}\rangle^7,\langle e_1,e_2,e_4,e_5,e_6,e_7,e_8\rangle^4\langle e_1,e_2,e_4,e_5,e_6,e_7,e_8\rangle^4,\langle e_1,e_2,e_5,e_6,e_4,e_7,e_8\rangle^3,\langle e_1,e_2,e_5,e_4,e_6,e_7,e_8\rangle^2\}$，由日志的多重前缀闭包集 $\overline{L}$ 可得图 3.13 所示的直达图。

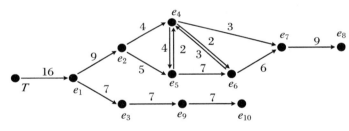

图 3.13　直达图

定义 3.14（投影日志）　对日志集 $L=\{\sigma_1,\sigma_2,\sigma_3,\cdots\}$及变迁集 $T=\{\cdots,e_i,\cdots,e_j,\cdots\}$。序列 $\sigma_k(T)\in T^*$ 为 T 在 σ_k 上的投影日志，若序列 $\sigma_k(T)$中变迁与 T 中变迁相同且序列 $\sigma_k(T)$中任意弱序关系 $e_i\succ e_j$ 都在日志 σ_k 中，即 $\sigma_k(T)=\bigcup_{i=1}^{|T|-1}(e_i,e_{i+1}):e_i\in T\wedge R(e_i\succ e_j)\in\sigma_k$。特别的，若 $\exists e_i\in T:e_i\notin\Sigma(\sigma_k)$，则 $\sigma_k(T)$为空串。

称序列集$\{\sigma_1(T),\cdots,\sigma_k(T),\cdots\}$为变迁集 T 在日志集 $L=\{\sigma_1,\sigma_2,\sigma_3,\cdots\}$上的投影日志集，若序列 $\sigma_k(T)$表示 T 在各条日志 σ_k 上的投影日志，记 $L(T)$。

3.3.2　动机例子

实际生活中由系统记录的日志往往存在一些问题，比如系统备用的运行过程极少被记录下来，或记录时丢失一些日志信息。在利用现有方法对这样的日志进行挖掘时，难免会降低准确性。比如，以日志集 $L=\{\langle A,B,C\rangle,\langle B,A,C\rangle\}$为挖掘对象，假定 L 为完整的日志集，则日志中体现出来的活动间行为轮廓是：$A\parallel B,A\rightarrow C,B\rightarrow C$，这与图 3.14(b)中模型体现出的行为轮廓一致。然而正如上述所提到的，日志 L 可能是不完整的。观察图 3.14(a)

中模型体现出的行为轮廓关系与日志集 L 体现出的行为轮廓关系可知,两者的区别只有 $A\parallel C$ 与 $A\rightarrow C$,而这一点恰好可由日志丢失信息 $C\succ A$ 来解释。因此对不完整的或不知是否完整的日志集 L,很难判断图 3.14(a)中模型与图 3.14(b)中模型的优劣。更甚者,图 3.14(c)中行为轮廓为 $A\parallel B,A\parallel C,B\parallel C$ 的模型才是实际所需的模型。

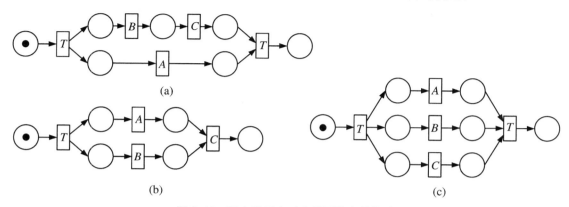

图 3.14　不完整日志对应模型信息的偏差

为此,本节主要研究了文献[23]中归纳挖掘方法在处理不完整的事件日志上的缺陷,通过事件日志中的弱序、同现、相邻的信息给出一种基于不完整日志的挖掘方法。与文献[5]中引入概率行为的方法不同,本节提出的方法在分块时考虑了信息缺失的潜在影响,并且给出行为的潜在演变方式,这在一定程度上处理了日志的不完整问题。

3.3.3　基于结构块的不完整日志挖掘方法

实际生活中的事件日志 L 可能是不完整的,虽然挖得的模型可能会与实际模型有差别,但大体上是相符的。为此,本小节先参考所给的日志信息分析所得模型的局部关系是否具备演变的可能;再探索一种挖掘方法,使得具备演变的部分出现在模型的同一类结构中,并用适当的形式表达这些潜在演变。

1. 不完整日志下的结构块

对实际生活中的事件日志 L,假定 L 是在事件上完整的而不是绝对完整的,即满足关系 $\Sigma(M)\subseteq\Sigma(L)$,不满足关系 $R(M)\subseteq R(L)$。为此,与实际模型的差别都体现在行为关系上,作为特殊的关系集,$\{\rightarrow,\circlearrowleft,\vee,\wedge,\times\}$ 可以代表模型中变迁间及模块间的关系。下面将围绕这些关系展开分析。

对前面已提到的日志及其对应模型中相邻关系的概念,该部分着重探索日志中呈现的相邻关系在其对应模型中的意义。

$L=\{\langle A,B,C,D,E,F,G,H,I\rangle,\langle A,B,D,C,E,F,H,G,I\rangle,\langle A,B,D,E,C,F,H,G,I\rangle,\langle A,D,C,B,E,F,G,H,I\rangle,\cdots,\langle A,D,B,E,C,F,G,H,I\rangle\}$ 假定为图 3.15(a) 模型对应的日志。显然相邻关系 $B\mapsto D$ 在日志的相邻关系中,而不在模型的相邻关系中。这种存在于日志中而不存在于模型中的变迁相邻关系源于平行结构,故构成此类相邻关系的变迁必各自属于不同的平行结构块。即 $\exists\Sigma_1,\Sigma_2:\mathrm{dom}(\mapsto)\in\Sigma_1,\mathrm{cod}(\mapsto)\in\Sigma_2\wedge R(\Sigma_1,\Sigma_2)=\{\wedge\}$。

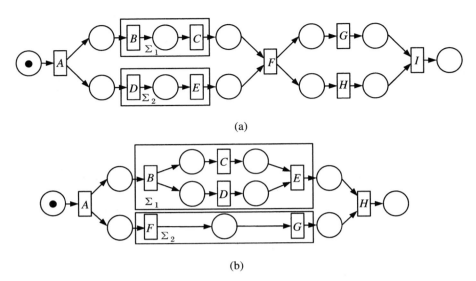

(b)

图 3.15　平行关系图

2. 网关变迁

若变迁 X 出现在投影日志集 $L(T'_i)$ 中每条日志上的位置保持不变,则变迁 X 是同现变迁集 T'_i 对应平行结构的网关变迁。对于图 3.15(b)中变迁 C,D,F,它们之间的相邻关系虽都是由平行结构所导致,却也有区别,如关系 $C \mapsto F$ 源于网关变迁 A,H,而关系 $C \mapsto D$ 源于网关变迁 B,E,即所在平行的层次不同。变迁 A,B,E,H 均为网关变迁,但级别上 A,H 高于 B,E。利用洗牌组合可逐级计算不同网关变迁决定的平行结构,具体内容见算法 3.1。

纵观变迁间及结构块间的关系,平行结构中的变迁在语法上要求保持同现关系,而排他结构中的变迁则有相反的要求。由定义,对日志 L(在事件上完整的),确定同现变迁集 T' 及弱序关系是容易的。日志的同现变迁集 T'_i,可构造出平行结构块 $\Sigma_1,\Sigma_2,\cdots$。对于网关变迁 $X \in T'_i$,X 一定与平行结构有关,但可能不存在于任意结构块 Σ_i 中,例如图 3.15(a)模型中结构块 Σ_3,Σ_2 是平行的。与平行结构密切相关的网关变迁 A,G 虽不属于 Σ_3,Σ_2 中任何一个,却是整个平行结构的重要部分。

性质 3.1　变迁 $t_1 \in T'_i$ 在某个结构块 Σ_i 中,若存在 $t_2 \in T'_i : t_1 /\!/ t_2$;同理,网关变迁一定不在任何结构块 Σ_i 中。同现变迁集构造平行结构块时,结构块 $\Sigma_1,\Sigma_2,\cdots$ 的个数 N_0 可通过确定投影日志集的首尾变迁来确定,具体方法见算法 3.3。

将同现变迁集中变迁分成(distribute)平行结构块可能的结果在图 3.15(a)、图 3.15(b)中都有体现,下面给出具体的分配平行结构块的算法。

算法 3.3　分配函数 Dist

输入:日志集 L,同现变迁集 $T'_i = \{e_1,e_2,\cdots,e_i,\cdots\}$。

输出:"T'_i 不构成平行结构"或结构→$(t_1, \wedge(\Sigma_1,\Sigma_2,\cdots), t_2, t_3, \cdots)$(变迁 $t_1, t_2, \cdots$ 是平行结构块 $\Sigma_1,\Sigma_2,\cdots$ 外的变迁)。

步骤 1:计算并列出日志集 L 的事件间弱序关系表。

步骤 2:枚举同现变迁集 T'_i 中元素,利用性质 1 计算平行结构块 $\Sigma_1,\Sigma_2,\cdots$ 外的变迁 $\varepsilon = \{t_1, t_2, \cdots\}$。

步骤 3：若 $\varepsilon = \varnothing$，输出"$T'_i$ 不构成平行结构"，算法结束，若 $\varepsilon \neq \varnothing$，跳至下一步。

步骤 4：按弱序关系表信息对 $\varepsilon = \{t_1, t_2, \cdots\}$ 排序，使得 $\forall i < j : t_i > t_j$。对变迁 t_i，t_{i+1}，枚举 $T'_i - \varepsilon$ 中变迁，构造满足 $e_i \in T'_i - \varepsilon : t_i > e_i \wedge e_i > t_{i+1}$ 的变迁集 $X = \{\cdots, e_i, \cdots\}$ 用于分配平行结构块 $\Sigma_1, \Sigma_2, \cdots$。

步骤 5：用变迁集 $\{\cdots, e_i, \cdots\}$ 在日志集 L 上做投影得投影日志集 $L(\{\cdots, e_i, \cdots\})$，并计算投影日志集首变迁类数与尾变迁类数的最小值：

$$N_0 = \mathrm{Min}(|\,\mathrm{Start}(L(\{\cdots, e_i, \cdots\}))\,|, |\,\mathrm{End}(L(\{\cdots, e_i, \cdots\}))\,|)$$

步骤 6：将满足变迁数为 N_0 的 $\mathrm{Start}(L(\{\cdots, e_i, \cdots\}))$ 或 $\mathrm{End}(L(\{\cdots, e_i, \cdots\}))$ 中变迁分配在 N_0 个结构块 $\Sigma_1, \cdots, \Sigma_{N_0}$ 中，并各自作为 $\Sigma_1, \cdots, \Sigma_{N_0}$ 中代表变迁，进一步将 X 中变迁分配在 $\Sigma_1, \cdots, \Sigma_{N_0}$ 中（e_i 分配在 Σ_i 中，若 e_i 与除 Σ_i 外的结构块中代表变迁均构成交叉关系）。

步骤 7：按流程树结构将 T'_i 中平行结构块及变迁集 ε 的关系表述出来。

步骤 8：对 Σ_i 重复以上算法，进一步分解出 Σ_i 中平行结构块，输出步骤(7)的结果及各结构块 Σ_i 中平行结构。

步骤 9：算法结束。

3. 平行关系 $\wedge$ 与 OR 选择关系 $\vee$

在 Petri 网模型 $(P, T; F)$ 中，若变迁 $a, b \in T$ 构成平行关系，则需条件：同现关系 $a \gg b$ 及弱序关系 $a > b$，$b > a$。而变迁 $a, b \in T$ 构成交叉序关系，只需弱序关系 $a > b$，$b > a$ 即可。

交叉序关系又称非排他关系，它与平行关系是密切联系的。互为交叉序关系的变迁 a，b 的存在形式有两种：

(1) 在发生序列 $\sigma_1, \sigma_2, \sigma_3, \cdots$ 中，$\forall \sigma_i : a \in \sigma_i \rightarrow b \in \sigma_i \wedge \exists \sigma_j, \sigma_k : a > b \in \sigma_j$，$b > a \in \sigma_k$；

(2) 在发生序列 $\sigma_1, \sigma_2, \sigma_3, \cdots$ 中，$\exists \sigma_i, \sigma_j : a \in \sigma_i, b \in \sigma_j \wedge \exists \sigma_k, \sigma_l : a > b \in \sigma_k, b > a \in \sigma_l$。

为此，模型 $(P, T; F)$ 中变迁的交叉序关系可以通过排他关系和平行关系表示，以图 3.16 为例，图 3.16(a) 中变迁 $D \parallel E$ 为第(1)类交叉关系，图 3.16(b) 中变迁 $D \parallel E$ 为第(2)类交叉关系，它们的关系均是由排他结构嵌在平行结构中产生的。结构块间的 OR 选择关系 $\vee$ 可由此给出：

结构块 Σ_1, Σ_2 是 OR 选择关系的，若 $\forall a \in \Sigma_1, b \in \Sigma_2 : a \parallel b$。

性质 3.2　若 Σ_1, Σ_2 是互为交叉序关系的结构块，则 $a, c \in \Sigma_1, b, d \in \Sigma_2$ 中关系 $a \parallel b, c \parallel d$ 同属于第一或第二类交叉序关系。

在 Petri 网模型 $(P, T; F)$ 中，对于 Σ'_1, Σ'_2，当 Σ'_1 或 Σ'_2 中有排他关系的变迁块，虽然变迁集 $\Sigma'_1 \cup \Sigma'_2$ 可能不为同现变迁集，但 Σ'_1, Σ'_2 可能是构成平行关系的结构块。而由日志同现关系出发得出的满足平行关系的结构块 Σ_1, Σ_2 中不含排他结构，故 Σ_1 和 Σ_2 应当嵌入不属于同现变迁集 $\Sigma_1 \cup \Sigma_2$ 中的变迁。以图 3.16 为例，$\{A, B, C, D, E, F, G, H, I, J\}$ 为同现变迁集，假定 $\Sigma_1 = \{A, B, C\}$，$\Sigma_2 = \{D, E, F, G\}$ 为分配函数分得的结构块，若存在同现变迁集外的变迁（如 $a, b, c, \cdots$）与结构块 $\Sigma_1 = \{A, B, C\}$ 中变迁相邻的现象，则这些变迁 a, b，$c, \cdots$ 应当以某种形式被嵌入 Σ_1 中。

(1) 若以顺序关系嵌入，因为存在相邻关系，不妨设 $A \mapsto a$，那么 A 与 $a, b, c, \cdots$ 是同现

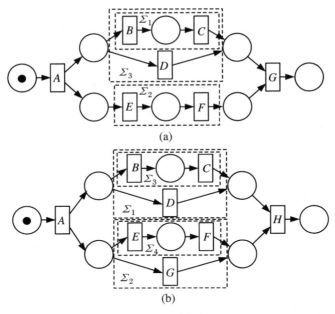

图 3.16　OR 选择关系图

的,故变迁 $a,b,c,\cdots$ 不能以顺序关系形式嵌入;

(2) 以个体形式的分析,与结论同顺序关系;

(3) 若以平行关系嵌入,$a,b,c,\cdots$ 中必有网关变迁,不妨设为 a,那么 a 与 A,B,C 是同现的,故变迁 $a,b,c,\cdots$ 不能以平行关系形式嵌入。

综上所述,一簇因相邻关系而被嵌入平行结构块中的变迁能且只能以排他关系嵌入。如图 3.17,$\{A,B,C,D,E,F,G,H,I,J\}$,$\{j,k,l,m\}$ 及 $\{K,L\}$ 为三个同现变迁集,对最前者,由分配函数得结构块 Σ_1,Σ_2,由相邻关系得 $\{a,b,c,\cdots\}$,因嵌入 Σ_1 中,故 $\{a,b,c,\cdots\}$ 构成的第一层结构一定是排他的,具体内容见算法 3.4。

4. 日志相邻关系与排他结构 ×

出现在日志中而不出现在其对应模型中的相邻关系,对文献[5]中提出的归纳挖掘方法有较大的干扰,而该方法利用日志(已扣除同现变迁集)的直接后继关系(directly-follows)分割模块则较为简单。

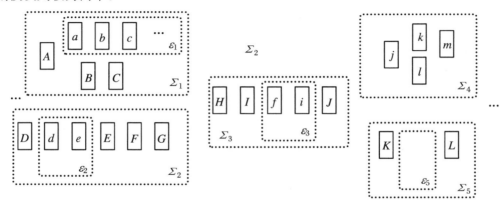

图 3.17　结构块模型的概述图

以图 3.16 中 Σ_1 为例,与 A,B,C 有相邻关系且不与 A,B,C 同现的变迁集为 $\{a,b,c,\cdots\}$,利用所有与 a,b,c 有关的相邻关系 $A\mapsto a$, $A\mapsto c$, $a\mapsto b$, $b\mapsto c$, $b\mapsto B$, $c\mapsto B$ 可得图 3.18(a)所示的直达图,再由 $\mathrm{Cut}(\overline{L})$ 函数分得图 3.18(b)中结构块及图 3.18(c)中排他结构块。其中 $\overline{L}=\{\langle\tau\rangle,\langle A\rangle,\langle A,a\rangle,\cdots,\langle A,c,B\rangle\}$ 为上述相邻关系所生成日志 $L=\{\langle A,a,b,B\rangle,\langle A,c,B\rangle\}$ 的多重前缀闭包集。

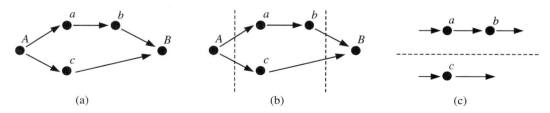

图 3.18　排他结构块与顺序结构块的切割

算法 3.4　结构块融合

输入:日志集 L,算法 1 得到的结构 $\rightarrow(t_1,\wedge(\Sigma_1,\Sigma_2,\cdots),t_2,t_3,\cdots)\cdots$ 及各层平行块内结构关系。

输出:日志集 L 对应的过程模型。

步骤 1:计算并列出日志集 L 的事件间弱序关系表及事件间相邻关系表。

步骤 2:寻找嵌入 Σ_i 的排他结构块:枚举 $\Sigma(L)$ 中除去输入结构中所有变迁,将满足 $\mathrm{Start}(\Sigma_i)\succ x\wedge x\succ\mathrm{End}(\Sigma_i)$ 条件的变迁置于 Σ_i' 中。用相邻关系表在 Σ_i 中寻找与 Σ_i' 中变迁有相邻关系的变迁并构成变迁集 A。

步骤 3:将 $\Sigma_i'\bigcup A$ 进一步切割成结构块。

步骤 4:将步骤 3 中排他结构块嵌入 Σ_i 中。

步骤 5:对变迁 t_i,t_{i+1},寻找嵌入的变迁集 B:枚举 $\Sigma(L)-\{\Sigma_1,\Sigma_2,\cdots\}-\{\Sigma_1',\Sigma_2',\cdots\}$ 中变迁,构造满足 $t_i\succ x\wedge x\succ t_{i+1}$ 的变迁并置于集合 B 中,将于集合 B 切割成块。

步骤 6:用步骤 4 中的方法将步骤 5 中块嵌入 $\varepsilon=\{t_1,\cdots,t_2,\cdots\}$ 中。

步骤 7:将嵌入过变迁集 Σ_i' 和变迁集 B 的结构 G_i 作为新的结构替代算法 3.4 的输入。

步骤 8:计算变迁集 $C=\Sigma(L)-\Sigma(\{G_1,G_2,\cdots\})$,若 $C\neq\varnothing$,寻找与其变迁有相邻关系的且在变迁集 $\Sigma(L)-C$ 中的变迁构成变迁集 D,并将 $C\bigcup D$ 分割成块 $g_1,g_2,\cdots$。

步骤 9:以步骤 7 得出的结构 $G_1,G_2,\cdots$,步骤 8 中的块 $g_1,g_2,\cdots$ 为对象,利用步骤 4 的方法将 $G_1,G_2,\cdots,g_1,g_2,\cdots$ 融合在一起,获得日志集 L 对应的过程模型。

步骤 10:若 $C=\varnothing$,以各 G_i 为单位判断各 G_i 间关系,获得日志集 L 对应的过程模型。

步骤 11:算法结束。

通过分析日志中事件关系及日志对应模型中变迁的关系,发现事件日志的不完整性会导致挖得模型的某些信息不准确。本小节将分析丢失信息对所挖模型的潜在影响,并给出模型中受影响部分的潜在演变。

5. 平行结构块的演变表达

上述分析已得出平行关系只具备演变为 OR 选择关系的潜力,而两个变迁的 OR 选择关系是由平行与排他构成的。以图 3.16 为例,假定日志 L(在事件上完整的)已确定了模型中的平行块 Σ_1,Σ_2,并已知 A 为 Σ_1 中变迁,若有信息使得 $A\notin\Sigma_1$,则日志 L 中一定丢失了

反映 A 不在同现变迁集中的信息或丢失了反映 A 为网关变迁的信息,对前者,需要存在一个新的变迁 Y 与 A 构成排他结构并嵌入 Σ_1 中,这与日志 L 是在事件上完整的相矛盾;而后者需要的信息与 $A /\!/ \Sigma_2$ 矛盾,故由算法 3.3 得出的平行结构块是最小的。

网关变迁是成对出现的,以图 3.16 中变迁 H 为例,所有 $H \in \Sigma_1$ 的条件中,"恰好丢失一条日志 $\langle \cdots, A, B, C, H, D, E, G, H, \cdots \rangle$"的概率最大,其值为 $1/(|T_i'| + 1)$。变迁 H 在 Σ_3 中的最小概率为 $1 - N_0/(|T_i'| + 1)$。同理,变迁 I 也相应地具备 $I \in \Sigma_1 \vee I \in \Sigma_2$ 的可能。

一般地,由分配函数 $\mathrm{Dist}(T_i')$ 得到的平行结构块外变迁(网关变迁除外)均具备被分配到平行结构块中的可能,且不改变平行块间的关系。对此,本节用演变符号 $\rightarrow_{[\wedge]}$ 表示模型中顺序关系 $\rightarrow$ 的潜在演变性质。

用流程树表达图 3.19 的结构块关系为 $\rightarrow(\Sigma_1, \wedge(\Sigma_2, \Sigma_3), \Sigma_4)$,即 $\Sigma_1, \wedge(\Sigma_2, \Sigma_3), \Sigma_4$ 是确定的顺序关系。为了表达模型的结构块 Σ_1 中 ε_1 部分有被分配到 Σ_2 或 Σ_3 中的可能,用关系 $\rightarrow(t_i, (\rightarrow_{[\wedge]}(\varepsilon_1, \wedge(\Sigma_2, \Sigma_3), \varepsilon_2), \Sigma_4)$ 替代 $\rightarrow(\Sigma_1, \wedge(\Sigma_2, \Sigma_3), \Sigma_4)$。其中符号 $\rightarrow_{[\wedge]}$ 中的关系 $[\wedge]$ 是为日志可能丢失的信息准备的,若日志是绝对完整的,符号 $[\wedge]$ 中的关系不赋予任何意义。

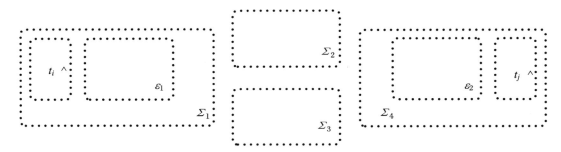

图 3.19   顺序关系到平行关系的演变图

6. 排他结构块不具备演变的潜能

与平行结构块不同,排他关系不仅具备演变为顺序关系的潜力,还具备演变为 or 选择关系的潜力。进一步分析图 3.16,其中 Σ_4, Σ_5 为排他结构块。以变迁 $j \in \Sigma_4$ 为例,j 与 Σ_4 中变迁有过同现关系,故 j 不在 Σ_4 中时也一定不与 Σ_4 构成排他关系,即不能属于 Σ_5。假定 $j \notin \Sigma_4$ 与 Σ_5 的关系继续为排他关系,这要求 j 不在 Σ_3 中,因为这使得关系 $\rightarrow(\Sigma_3, \Sigma_5)$ 不成立,即 j 只能在 Σ_4 中。假定 $j \notin \Sigma_4$ 与 Σ_5 的关系演变为 OR 选择关系,则在关系 $J \mapsto j$ 与 $J \mapsto K$ 的基础上又加了关系 $j \mapsto K$,只能是平行关系,这与 $\rightarrow(\Sigma_3, \times(\Sigma_4, \Sigma_5))$ 矛盾。故排他结构块不具备演变的潜能。对于构成排他结构块的网关变迁,就 $J \in \Sigma_3$ 而言,由于关系 $\rightarrow(\Sigma_3, \times(\Sigma_4, \Sigma_5))$,使得 J 不能在 Σ_4 或 Σ_5 中。

3.3.4   实例分析

以"错误! 书签自引用无效"的日志(表 3.21)为例,根据日志行为信息定义的概念,有同现变迁集 $T_1' = \{e_3, e_{21}, e_{22}, e_{23}\}$,$T_2' = \{e_4, e_5, e_6, e_7, e_8, e_9, e_{10}, e_{13}, e_{14}, e_{15}, e_{16}, e_{20}\}$,$T_3' = \{e_1, e_2, e_{24}\}$。$T_1'$ 输入算法 3.3:先计算事件间弱序关系表与事件间相邻关系表;枚举 T_1' 中变迁,可得结构块外变迁为 $\varepsilon = \{e_3, e_{23}\}$;由步骤 4 可知变迁集 $\{e_{21}, e_{22}\}$ 将用于平行结

构块 $\Sigma_1,\Sigma_2,\cdots$；由步骤 5、步骤 6 得 $N_0=2$ 且 $\Sigma_1=e_{21},\Sigma_2=e_{22}$；由步骤 6、步骤 7 得→$(e_3,$
$\wedge(e_{21},e_{22}),e_{23})$。$T_2'$ 输入算法 3.3：先计算事件间弱序关系表；枚举 T_2' 中变迁，可得结构块
外变迁为 $\varepsilon=\{e_4,e_5,e_{16},e_{20}\}$；由步骤 4，因为满足关系 $e_4\succ x\wedge x\succ e_5$ 和 $e_{16}\succ x\wedge x\succ e_{20}$
的变迁集均为空，故变迁集 $X=\{e_6,e_7,e_8,e_9,e_{10},e_{13},e_{14},e_{15}\}$ 将用于分配平行结构块；
$|\mathrm{Start}(L(X))|=3,|\mathrm{End}(L(X))|=4;\mathrm{Start}(L(X))=\{e_6,e_{10},e_{14}\},e_6,e_{10},e_{14}$ 分别作为
结构块 $\Sigma_3,\Sigma_4,\Sigma_5$ 的代表变迁；步骤 6 将 X 分配在 $\Sigma_3,\Sigma_4,\Sigma_5$ 中情况是 $\Sigma_3=\{e_6,e_7,e_8,$
$e_9\},\Sigma_4=\{e_{10},e_{13}\},\Sigma_5=\{e_{14},e_{15}\}$，及→$(e_4,e_5,\wedge(\Sigma_3,\Sigma_4,\Sigma_5),e_{16},e_{20})$，对 $\Sigma_3,\Sigma_4,\Sigma_5$ 由
步骤 7 进一步分解平行结构得 $\Sigma_3=$→$(e_6,e_7,\wedge(e_8,e_9)),\Sigma_4=$→$(e_{10},e_{13}),\Sigma_5=$→$(e_{14},$
$e_{15})$。T_3' 输入算法 3.3 得"T_i' 不构成平行结构"。

表 3.21　案例日志(不完整)

#	日志信息
33	$e_1\,e_2\,e_4\,e_5\,e_6\,e_{10}\,e_{11}\,e_{14}\,e_{15}\,e_7\,e_8\,e_9\,e_{13}\,e_{16}\,e_{17}\,e_{18}\,e_{19}\,e_{24}$
43	$e_1\,e_2\,e_4\,e_5\,e_{14}\,e_{10}\,e_6\,e_{15}\,e_{12}\,e_{13}\,e_7\,e_9\,e_8\,e_{16}\,e_{18}\,e_{17}\,e_{19}\,e_{24}$
17	$e_1\,e_2\,e_4\,e_5\,e_{10}\,e_{11}\,e_{13}\,e_6\,e_7\,e_8\,e_9\,e_{14}\,e_{15}\,e_{16}\,e_{18}\,e_{19}\,e_{17}\,e_{24}$
89	$e_1\,e_2\,e_3\,e_{21}\,e_{22}\,e_{23}\,e_{24}$
122	$e_1\,e_2\,e_3\,e_{22}\,e_{21}\,e_{23}\,e_{24}$
…	…

将日志集 L，平行结构块 $\Sigma_1=e_{21},\Sigma_2=e_{22},\Sigma_3=$→$(e_6,e_7,\wedge(e_8,e_9)),\Sigma_4=$→$(e_{10},$
$e_{13}),\Sigma_5=$→(e_{14},e_{15}) 及结构→$(e_4,e_5,\wedge(\Sigma_3,\Sigma_4,\Sigma_5),e_{16},e_{20})$，→$(e_3,\wedge(\Sigma_1,\Sigma_2),e_{23})$
输入算法 3.4：先计算日志集 L 的事件弱序关系表和事件相邻关系表；枚举 $\Sigma(L)$ 中除去输
入结构中所有变迁，寻找嵌入 Σ_i 中排他结构块得 $\Sigma_4'=\{e_{11},e_{12}\},\Sigma_i=\varnothing(i=1,2,3,5)$，根
据相邻关系表可计算与 Σ_4' 中变迁有相邻关系的为变迁集 $A=\{e_{10},e_{13}\}$；步骤 3，得 $\Sigma_i'\bigcup A$
切成→$(e_{10},\times(e_{11},e_{12}),e_{13})$；步骤 4 得 $\Sigma_4=$→$(e_{10},\times(e_{11},e_{12}),e_{13})$；进一步的，用步骤
5、步骤 6 寻找变迁集 B，得变迁集 $B=\{e_{17},e_{18},e_{19}\}$ 以→$(e_{16},\times(e_{17},$→$(e_{18},e_{19})),e_{20})$ 的
形式嵌入变迁 e_{16} 和 e_{20} 之间；由步骤 7 得到两个新的结构；由步骤 8，$C=\{e_1,e_2,e_{24}\}$，根据
相邻关系表中信息 $e_1\mapsto e_2,e_2\mapsto e_3,e_2\mapsto e_4,e_{20}\mapsto e_{24},e_{20}\mapsto e_{24}$ 得→$(e_1,e_2,\times(G_1,G_2),$
$e_{24})$。进一步将演变符号→$_{[\wedge]}$ 代入挖得的模型中，即得如图 3.20 所示的过程模型。

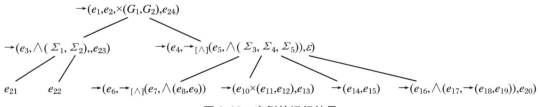

图 3.20　实例的运行结果

3.4 业务流程的时延预测多类型队列挖掘

这一节主要的研究内容包括两部分,第一部分提出了时延预测的多类别队列挖掘方法。方法的思想是在某一时刻下,对特定顾客进行基于队列长度时延预测,具体方法是通过顾客接受服务的平均时间以及服务台数量等参量,对特定顾客接受服务的时延进行预测。该方法在进行时延预测时,需要利用顾客到达队列时间的概率分布和服务时间的概率分布等排队系统中重要的参量,而不同的排队系统具有不同的参数,因此也就体现出不同的时延预测方法。本节提出的方法对现有队列挖掘在多队列类型方面存在的不足进行了补充,同时将顾客的不同类别对时延预测产生的影响考虑到该方法中,使得提出的预测方法更贴近实际。第二部分将完善后的多类别队列挖掘方法应用在过程模型挖掘方面(优化初始模型),并且通过实例检验了此方法和应用的有效性。

3.4.1 基于不同类别的队列系统进行时延预测

在这一部分中,根据排队论的知识以及 Kendall 在文献[24]中提出的关于队列系统的符号表示方法 $A/B/C/x/y/z$,将现实生活中的队列系统分类。本节结合实际情况,选取三种应用较广泛的排队系统,在此基础上针对特定顾客进行时延预测。其中包括:$G/M/s+M$,表示的是顾客到达时间的概率分布为泊松分布,顾客服务时间的概率分布为指数分布,并且与间隔时间是相互独立的,服务台个数为 s,队列容量是无限的,服务规则是"先到先得",顾客的放弃队列满足指数分布的排队系统;$D/M/c+M$ 表示的队列系统是:顾客到达时间为定长,服务时间为指数分布,服务台个数为 c,队列容量是无限的,服务规则是"先到先得",顾客的放弃满足指数分布的排队系统;$M/M/1$ 表示的是顾客到达时间与服务时间的概率分布都满足指数分布,不考虑放弃队列的,选取单服务台的排队系统。

图 3.21 给出了不同类型的排队系统的结构。图 3.21(a)中根据顾客到达时间不同的概率分布,可以表示出 $G/M/s+M$ 型和 $D/M/c+M$ 型两种队列系统的结构,同时考虑了放弃排队的情况。图 3.21(b)表示了单服务台且没有放弃队列情况的排队系统的结构。另外,队列系统的排队法则并不单一,除了"先到先得"外还有"后到先得"(例如流水线生产中先选取后到的物品)以及"混合制"规则("先到先得"规则结合优先权规则)。本节在讨论单一顾客类型的队列挖掘时,假设排队规则为"先到先得";在讨论多顾客类型时,假设排队规则为"混合制"规则。

本节提出的针对特定顾客进行时延预测的方法,是在概率学的基础上,运用排队理论的观点进行的时延预测。首先设定几个参量的定义:设 m 表示平均服务时间,假设服务过程中时间满足指数分布,且到达时间与服务时间相互独立。因此,某个服务台的服务率为 $\mu = 1/m$。在考虑顾客放弃队列的情况下,设定某个顾客放弃队列的概率为 θ。

1. 顾客类型单一的队列挖掘

(1)[25] $G/M/S+M$ 型排队系统的时延预测方法。

在时刻 t 下,运用队列观点来进行时延预测,从运用排队论方法表示队列长度以及服务

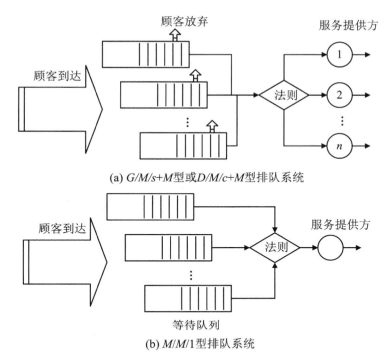

(a) *G/M/s+M* 型或 *D/M/c+M* 型排队系统

(b) *M/M/1* 型排队系统

图 3.21　多类型排队系统结构图

台的个数着手：

$$\hat{q}(t) = |\{s_1, \cdots, s_w\} \in \Pi \mid \varepsilon(s_w) = q\mathrm{Entry} \wedge \tau(s_w) \leqslant t\}|$$

$$\hat{s} = |\{(s_1, \cdots s_w) \in \Pi \mid \varepsilon(s_w) = s\mathrm{Start}\}|$$

在 t 时刻，队列长度用服务状态只是 $q\mathrm{Entry}$ 的服务日志的数量来表示，服务台的数量用接受服务的顾客数来表示。接下来再表示服务率 μ 和放弃率 θ，先给出辅助关系：

$$Q = \{(p_1 \times p_2) \in S \times S \mid \exists (s_1, \cdots, s_w) \in \Pi, i \in N^+, 1 \leqslant i \leqslant w, s_i = p_1 \wedge s_{i+1} = p_2$$

$$R_1 = \{(s_1, s_2) \in Q \mid \varepsilon(s_1) = s\mathrm{Start} \wedge \varepsilon(s_2) = s\mathrm{End}\}$$

$$R_2 = \{(s_1, s_2) \in Q \mid \varepsilon(s_1) = q\mathrm{Entry} \wedge (\varepsilon(s_2) = s\mathrm{Start} \vee \varepsilon(s_2) = q\mathrm{Abandon})\}$$

$$R_3 = \{(s_1, s_2) \in \Pi \mid \varepsilon(s_w) = q\mathrm{Abandon}\}$$

其中 Q 包含所有的事件对，它们同属于一个服务日志并且直接相邻。R_1 集合包含所有的变迁对，它们的服务状态相应的为服务开始和服务结束。R_2 集合包含所有的变迁对，它们的服务状态相应的为进入队列和服务开始或者放弃队列，也就是说此集合表示所有的在队列中等待的事件 s_1。R_3 集合包含所有放弃队列的事件。

用 R_1 来定义平均服务时间 m：

$$\hat{m} = \frac{\sum\limits_{(s_1, s_2) \in R_1} (\tau(s_2) - \tau(s_1))}{|R_1|}$$

用放弃队列的顾客数以及所有的接受服务和放弃队列的顾客的时延来定义放弃率 θ：

$$\hat{\theta} = \frac{\sum\limits_{(s_1, s_2) \in R_1} (\tau(s_2) - \tau(s_1))}{|R_3|}$$

运用以上给出的参量,在 t 时刻运用排队论观点对业务流程进行时延预测:

$$\psi(q(t)) = \sum_{i=0}^{q(t)} \frac{1}{s\mu + i\theta}$$

(2) $D/M/c + M$ 型排队系统的时延预测方法。

通过排队系统的比较得出,文章提出的是运用队列观点中事件以及服务日志的定义,基于队列长度来对队列中特定时刻进行时延预测的方法,因此到达时间对预测的影响很消极,即在给定的时刻下,不会影响队列长度的表示。所以时延预测表示为

$$\psi(q(t)) = \sum_{i=0}^{q(t)} \frac{1}{c\mu + i\theta}$$

此类型排队系统的队列挖掘主要运用在如流水线生产过程中。物品进入某工人负责的区域等待接收加工的时间间隔是一定的,而工人加工的时间是符合指数分布的。通过运用时延预测,对系统进行合理的分配,可以提升生产线的生产效率,同时能够为人员的管理工作提供数据支持。

(3) $M/M/1$ 型排队系统的时延预测方法。

该系统最大的不同就在队列挖掘的过程中不考虑放弃的情况。因此时延预测可以通过队列长度和平均服务时间表示:

$$\psi(q(t)) = \frac{q(t) + 1}{\mu}$$

$M/M/1$ 型排队系统是一种"出生 - 死亡过程"。该系统进行时延预测主要在于检测系统在单服务台情况下业务流程的执行状态,有利于分析业务流程执行事件的阈值与状态爆炸等问题。

2. 多顾客类别的队列挖掘

这类服务流程在现实中是常见的,比如在金融行业中,存在 VIP 顾客、普通顾客以及受限制顾客(黑名单顾客)。通过顾客类别的区分能够在提高服务效率,提升顾客的服务体验以及提升收益等方面发挥相当重要的作用。通过上一部分的研究发现 $G/M/s + M$ 类型更具有一般性,因此通过对此类型的队列进行分析,给出针对多类别顾客类型的队列挖掘方法。首先不同类别的顾客在服务流程执行的顺序不同,因此假设在服务流程中,优先权高的顾客总是先于优先权低的顾客接受服务。优先权相同的顾客按照排队准则(先到先得)接受服务。设顾客的优先权表示为 $\xi(s) = \{1, \cdots, k\}$,并且 1 表示最高优先权。

针对多类别的顾客进行队列挖掘,本节提出按照顾客的类别分别进行时延预测。在 t 时刻下,如果是对优先权最高的顾客进行时延预测,则只需要考虑此刻的队列中排在该顾客前面的,同样具有最高优先权的顾客接受服务所产生的时延。如果是对优先权次高的顾客进行时延预测,则分为两部分进行预测。现在给出具体的时延预测方法:

(1) 针对优先权最高的顾客进行时延预测。

挑选出优先权高的事件(顾客)集:$S_1 = \{s \in S \mid \xi(s) = 1\}$,在 S_1 的基础上给出在 t 时刻下,优先权为 1 的顾客队列的长度:

$$\hat{q}(t) = \mid \langle s_1, \cdots, s_w \rangle \in \Pi \mid \varepsilon(s_w) = q\text{Entry} \wedge \tau(s_w) \leqslant t \mid$$

同样在 S_1 的基础上再给出基于队列长度进行时延预测的其他辅助关系:

$$Q' = \{(p_1 \times p_2) \in S_1 \times S_1 \mid \exists (s_1, \cdots, s_w) \in \Pi, i \in N^+, 1 \leqslant i \leqslant w : s_i = p_1 \wedge s_{i+1} = p_2\}$$
$$R_1' = \{(s_1, s_2) \in Q' \mid \varepsilon(s_1) = s\text{Start} \wedge \varepsilon(s_2) = s\text{End}\}$$

$$R_2' = \{(s_1, s_2) \in Q \mid \varepsilon(s_1) = q\text{Entry} \wedge (\varepsilon(s_2) = s\text{Start} \vee \varepsilon(s_2) = q\text{Abandon})\}$$

$$R_3' = \{(s_1, s_2) \in \Pi \mid \varepsilon(s_w) = q\text{Abandon}\}$$

由此,根据排队理论给出平均服务时间和放弃率的计算方法,与前文中提到的相同。但它们有实质性的区别,本节给出的是基于优先权为 1 的事件的集合。最后给出在提取出事件集 S_1 下的时延预测:

$$\psi(q(t)') = \sum_{i=0}^{q(t)'} \frac{1}{s\mu' + i\theta'}$$

(2)针对优先权次高的顾客进行时延预测。

在 t 时刻,针对优先权次高的顾客进行时延预测可以分为两个部分:第一部分是整个队列系统中所有最高优先权的顾客执行产生的时延,第二部分是在这一时刻排在该特定顾客前面的,具有相同优先权的顾客执行产生的时延(这种预测方法的前提是队列系统严格按照"先到先得"的规则执行)。

由于第一部分的时延预测已经给出,现在着重介绍第二部分的时延进行预测。首先也同样提出去优先权为次高的事件集合: $S_2 = \{s \in S \mid \xi(s) = 2\}$。

根据排队系统的类型为 $G/M/s + M$,即不同类别的顾客到达队列系统的过程满足泊松分布,不妨设其概率为 $(\lambda_1, \cdots, \lambda_k)$,那么此时普通顾客(优先权次高的顾客)的队列长度表示为: $q(t) = \lambda_2 \cdot [t - \min\tau(s)]$。

其中 $s \in S_1$,且 $\tau(s) < t$。$[q(t)]$ 也可以解释为在 t 时刻到这一特定顾客开始接受服务的时间内,普通顾客到达队列的人数。

再给出普通顾客的平均服务时间,在不考虑此时普通顾客放弃队列的情况下,针对普通顾客的时延预测就可以给出。所以在 S_2 的基础下给出时延预测的辅助关系:

$$Q'' = \{(p_1 \times p_2) \in S_2 \times S_2 \mid \exists (s_1, \cdots, s_w) \in \Pi,$$
$$i \in N^+, 1 \leqslant i \leqslant w : s_i = p_1 \wedge s_{i+1} = p_2\}$$
$$R_1'' = \{(s_1, s_2) \in Q'' \mid \varepsilon(s_1) = s\text{Start} \wedge \varepsilon(s_2) = s\text{End}\}$$

由此可以定义出普通顾客的平均服务时间 m:

$$\hat{m}' = \frac{\sum\limits_{(s_1, s_2) \in R_1''} (\tau(s_2) - \tau(s_1))}{|R_1''|}$$

则在 t 时刻开始,队列中普通顾客的时延预测为

$$\psi(q(t))^G = \frac{\lambda_2 \cdot [t - \min\tau(s)]}{\mu}$$

综上所述,在 t 时刻下,针对优先权次高的顾客的时延预测为

$$\psi(q(t)) = \psi(q(t)') + \psi(q(t))^G$$

3.4.2　实例分析

本小节通过对某电话服务中心的实例分析,将提出方法应用到现实生活中,同时利用这一实例验证方法的有效性。首先,针对该电话中心的业务流程进行分析,运用现有的过程挖掘方法抽象出过程模型作为源模型,图 3.22 给出了该实例的源模型 M_0。在图 3.22 中,当顾客致电电话中心寻求服务后,如果选择智能语音服务能够解决问题,则流程结束;若不能解决则会重新选择人工服务,或者顾客在进入电话中心后直接选择人工服务。然后顾客接受服务,如果解决问题,则离开进程;若没能解决,则顾客可以重新选择服务人员服务或者直

接离开进程。

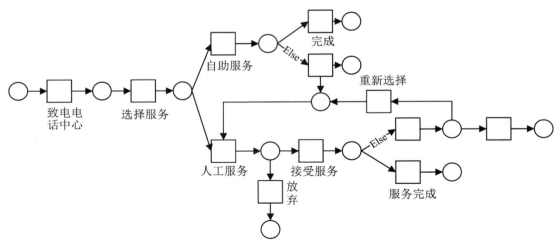

图 3.22　电话中心初始模型 M_0

图 3.22 中的源模型基本能将该系统的业务流程中的任务执行情况进行重放,但是在顾客"接受服务"环节的描述中存在局限性。考虑到同时打进该电话中心寻求服务的顾客人数,以及服务人员的数量问题,这一环节存在排队情况。而源模型 M_0 没能反映出此流程信息,因此需要优化。

现在运用多类别队列挖掘方法,对该过程模型进行挖掘。该电话中的业务流程可以用 $G/M/s+M$ 型进行预测。首先通过信息系统记录的数据,将该电话中心在一段时间内的事件进行整理,事件的信息在表 3.22 中给出。

表 3.22　电话中心事件表

时间戳	事件标识	服务过程	事件类别
201512081732	1	qEntry	普通
201512081734	2	qEntry	星级
201512081735	2	sStart	星级
201512081737	3	qEntry	普通
201512081740	4	qEntry	普通
201512081741	2	sEnd	星级
201512081741	1	sStart	普通
201512081744	5	qEntry	普通
201512081745	3	qAbandon	普通
201512081748	1	sEnd	普通
201512081748	4	sStart	普通
201512081755	4	sEnd	普通
201512081755	5	sStart	普通
201512081802	6	sEnd	普通

　　然后运用前文的时延预测方法对顾客分别进行预测发现：顾客 1 先于顾客 2 进入队列，但是顾客 1 接受服务的时延为 $10m$，而顾客 2 接受服务的时延为 $1m$。结合顾客的事件类别可以整理出顾客的行为信息：事件的执行顺序与事件的类别存在正相关的关系。即事件的类别越高，接受服务越快。

　　最后根据得到的顾客的行为信息优化源模型，得到的模型不仅能够重放业务流程中任务执行的各种状态，同时能够为管理流程结构提供动态的分析模型，而且还能表现出不同类别的事件，在存在时延的业务流程中所表现出的执行信息为业务流程管理提供了动态的数据支持。关于文章中的实例，图 3.23 给出了优化后的模型 M_1。

　　在这一部分中，主要通过挖掘不同顾客类型在业务流程中的执行信息来优化模型，由图 3.23 可以看出，优化后的模型不仅能够反映出该电话中心的业务流程的执行状态，同时能反映流程中的事件在执行过程中的行为和相互关系。这是源模型无法做到的，而这些信息对分析顾客、提高服务质量都有很大帮助。通过本节提出的多类别队列挖掘的方法所挖掘到的信息不局限于此。运用队列观点描述在 t 时刻下队列的长度，同样可以分析出顾客更多的行为信息。例如可以预测顾客放弃队列的时间，系统容量问题等。这些信息在管理业务流程方面有重要的指导意义。

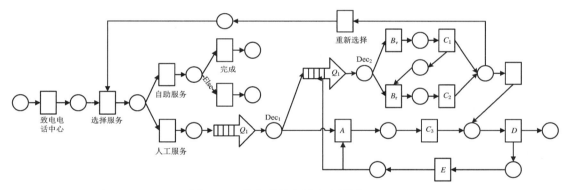

图 3.23　优化后的电话中心模型 M_1

3.5　基于接口变迁的模块网挖掘

　　将过程模型进行模块分解是查找和分析过程模型的变化域及变化域传播的核心内容之一，现存分解模块的方法主要是针对完整的过程模型，通过研究过程模型中各个活动之间存在的行为关系，将其分解成多个模块网。但是，在单纯的基于事件日志挖掘模块网方面，已有的模块分解挖掘方法具有一定的局限性。在上一章基于特征网的交互过程模型挖掘方法介绍中，主要阐述了接口变迁的查找方法以及特征网的挖掘过程，对于模块网的挖掘方法介绍地相对比较模糊，仅简单基于归纳挖掘算法给出了模块网的挖掘结果，并未给出具体操作过程。但是基于事件日志直接挖掘模块网有助于高效地分析交互过程模型中的变化传播，因此模块网挖掘方法的研究很有必要。

　　在此背景下，本节提出基于接口变迁的模块网挖掘方法。首先，基于局部有效的事件日志分析其中所包含的各个活动之间存在的前驱后继关系,并由此得到一个活动前驱后继关系表。其次,划分前驱后继关系相对频繁的活动区域,再根据接口变迁的定义查找接口变迁,同时考虑不存在后继变迁的活动。之后,分析接口变迁的每个前集变迁挖掘出模块网内的初始变迁,并通过活动间的前驱后继关系对各个初始变迁逐一增添活动,由此挖掘有效模块网。最后,基于具体实例分析本节所提出的挖掘方法的有效性。

3.5.1　动机例子

过程挖掘并非指定工作人员必须挖掘出一个完整的过程模型,主要还是根据用户需求。在一定的过程化语言中,用户需要系统产生一个能满足其多样化需求的模型,同时还要求该模型具有高运行效率。但是,当该模型内部发生一定的变化之后,用户的需求便不再得到满足。如果系统重新产生另一个符合要求的模型,则必定会增加系统的负担,且运行效率极低。可见,系统的完整性和用户使用的高效性之间是相互矛盾的。为了弱化这一矛盾,过程挖掘必须实现模块化挖掘,使得系统运行下的模型可以被分解为多个模块网的交互融合。基于接口变迁的模块网挖掘方法不仅能够进行模块划分,而且可以提高挖掘效率。其原因在于:

(1) 模块网的挖掘可以很好地避免基于事件日志优先挖掘完整的过程模型 Petri 网;

(2) 挖掘模块网可以更加清晰地观察过程模型的结构,便于分析各个模块之间的交互关系,从而匹配更多用户的需求;

(3) 当模型内存在变化时,模块网的存在可以使得系统更快速查找变化域以及该变化的传播路径,由此对模型进行修复完善。

在信息数据网络化的背景下,支付宝、储蓄卡等便捷支付方式已在各种场合下被顾客采用。以某个交易平台支付宝的支付系统作为动机例子,分析该系统内部运行下的事件日志(见表 3.23)。注意,表 3.23 中的日志并不包含支付系统运行的所有日志,并且其中可能存在不能在系统中重复的日志,即无效的事件日志。

表 3.23　支付系统的事件日志

案例	事件日志	案例	事件日志
1	*ABCDIJ*	8	*ABCDEIKLMOPQR*
2	*ACBDIJ*	9	*CABDIJ*
3	*ABCDEFGH*	10	*CABDIKLMNBCD*
4	*ABCDEFGLMOPQR*	11	*MOPABCDIKLQR*
5	*ACBDEFGH*	12	*MAPBCDEFGLQR*
6	*ACBDEFGMOLPQR*	13	*CABDIKMOLPQR*
7	*ACBDEIKMLOPQR*	14	*MOPCABDEFGLQR*

对于该系统的过程挖掘,现存的挖掘算法首先会分析表 3.23 中所有事件日志的行为弱序关系,利用特定的挖掘步骤来挖掘完整的过程模型,再对其进行模块分解得到相应的模块网。为了基于简单的日志信息直接挖掘模块网,对模型进行高效、合理的分解操作,本节提出了基于接口变迁的模块网挖掘方法。综上所述可知,挖掘模块网有助于有效地分析模型

的结构以及挖掘模型中变化的传播轨迹,并且有效的模块分解操作能够更准确地挖掘过程模型内的变化区域,从而很好地修复和优化原始模型。

3.5.2　基本概念

定义 3.15(事件日志)　假设 A 是一个有限活动集,那么迹可以被看作是 A 的一个有限序列,即 $\sigma \in A^*$。一个事件日志 L 是迹的一个多重集,即 $L \in M(A^*)$。

定义 3.16(标签 Petri 网)　网 $BN = (N, l)$ 是一个标签 Petri 网,其中 $N = (P, T; F)$ 是一个 Petri 网。标签函数 $l \in T \rightarrow U_A$,U_A 是活动名称集。一个标签 Petri 网 $BN = (N, l)$ 描述了 Petri 网 $N = (P, T; F)$ 中每个节点和流关系之间的一个有向图,网 N 中任意一个可见变迁 $t \in \mathrm{dom}(l)$ 都存在一个对应的活动标签 $l(t)$。另外,标签 Petri 网是 Petri 网的一个特殊子集,能够被用来构建合理的过程模型。在一个标签 Petri 网 BN 中,用 i 来表示初始标识,用 f 来表示终止标识。

定义 3.17(模块网)　$N = (P, T; F, l)$ 是一个标签 Petri 网:

(1) 一个模块网 $\overleftrightarrow{M} \subseteq N$ 是一个非空集合,其中每个活动节点的发生具有安全性,即其中均包含有且只有一个 token;

(2) 两个模块网 $\overleftrightarrow{M}, \overleftrightarrow{M'} \subseteq N$ 重叠,当且仅当两个模块网交叉且均不是另一个模块网的子集;

(3) 一个模块网 $\overleftrightarrow{M} \subseteq N$ 是一个强模块,当且仅当不存在另一个模块网 $\overleftrightarrow{M'} \subseteq N$,使得模块 $\overleftrightarrow{M}$ 和 $\overleftrightarrow{M'}$ 重叠;

(4) 空集 $\varnothing$ 和网 N 中的所有活动集 T_A 所对应的模块网,是网 N 的平凡模块网,其他均为非平凡模块网。

3.5.3　基于接口变迁逐步挖掘模块网

现存的模型模块网的挖掘方法主要是在完整过程模型的基础上,本小节基于 Petri 网的接口变迁介绍一种挖掘过程模型模块网的新算法。该算法以有效事件日志作为一个初始条件,首先分析每个事件对应活动存在的前驱、后继关系,绘制前驱后继关系表。基于这个关系表,结合定义挖掘接口变迁以及初始变迁。其次,以挖掘出的初始变迁作为开始变迁,按照其后继关系对其逐个添加后继活动,由此挖掘过程模型模块网。但是,不能严格保证该算法挖掘出的所有模块网均为一个合理的模型,为了检验该模型的有效性,下面给出一个完全过程模型的相关定义。

定义 3.18(完全过程模型)　模型 $N = (P, T; F, L)$ 是一个带标签的过程模型,$M: P \rightarrow \{0, 1, \cdots\}$ 是过程模型中的一个标识,χ 是一个标识集合,N 是一个完全过程模型,当且仅当对 $\forall M \in \chi, M_0 \xrightarrow{\sigma_i} M$,总存在 $\exists \sigma_j$ 使得 $M \xrightarrow{\sigma_j} M_f (i, j \geqslant 1)$。

一个模型为完全过程模型,即对于该模型的任意标识 M,总存在一个迹(发生序列)使得初始标识得以发生到达标识 M,且同时存在另一个发生序列使得标识 M 得以发生,最终达到终止标识。

定义 3.19(前驱后继关系)　模型 $N = (P, T; F, L)$ 是一个带标签的过程模型,对任意变迁 $t \in T$ 总是存在一个或者多个前驱变迁以及后继变迁。其中前驱变迁 $\overleftarrow{t} \in {}^{\cdot}t$,而且前驱变迁 $\overleftarrow{t}$ 存在直接流关系到变迁 $t(\overleftarrow{t} \to t)$;后继变迁 $\overrightarrow{t} \in t^{\cdot}$,同样的,变迁 t 存在直接流关系到后继变迁 $\overrightarrow{t}(t \to \overrightarrow{t})$。

这里介绍的前驱后继关系与前文介绍的行为轮廓关系之间存在异同,行为轮廓关系和前驱后继关系均表示活动之间的一种弱序关系,但是前者存在三种弱序关系,即严格序(逆严格序)、排他序以及交叉序,且这种弱序关系可以存在于同一个活动之间,比如 $t + t$、$t \parallel t$。而后者只存在一种弱序关系,即严格序(逆严格序),这里的严格序关系(逆严格序)要比行为轮廓中的严格序关系(逆严格序)更严格,只有具有直接流关系的活动之间存在前驱或者后继关系。

算法 3.5:模型模块网的挖掘算法

输入:事件日志 L_i。

输出:模块网 $\overleftrightarrow{M}_p$。

步骤 1:检验输入的事件日志 L_i 均为有效日志。即所有事件日志都能够在系统中被有效重放。若检验为无效的事件日志,则删除;若有效,则保留。转步骤 2。

步骤 2:分析步骤 1 中所有被保留的日志,挖掘其中各个事件所对应活动之间的前驱以及后继关系,并绘制出相应的关系表,记作活动前驱后继关系表。转步骤 3。

步骤 3:由步骤 3 所得的关系表,很容易查找出前驱、后继关系相对紧密的活动范围,在表格中用方框标记出该区域。转步骤 4。

步骤 4:分析方框区域内的所有变迁,挖掘接口变迁。若表格中方框区域内活动 $e_j(j \geqslant 1)$ 不存在后继活动 $\overrightarrow{e}_j$,则将该活动标记为接口变迁 $\widetilde{t}_j$。转步骤 5。

步骤 5:逐一分析前驱后继关系表格内不存在后继活动的活动 $\widetilde{e}_j$。若在该活动的至多 5 个连续的前驱活动中,至少有一个活动 e 满足不发生活动 $\widetilde{e}_j$ 仍然存在合理发生序列 σ_j,则判定 $\widetilde{e}_j$ 是因为不满足变迁发生规则(即 token 数目不够)所以不存在后继活动。同时,活动 $\widetilde{e}_j$ 与接口变迁 $\widetilde{t}_j$ 存在直接流关系,则称 $\widetilde{e}_j$ 为 $\widetilde{t}_j$ 的前驱活动,标记 $\overleftarrow{e}_j$。否则将 $\widetilde{e}_j$ 定义为结束变迁 t_e。转步骤 6。

步骤 6:挖掘初始变迁 t_s。在接口变迁的所有前集变迁中,定义后继活动最多的、总在某前集变迁之前发生的变迁为模型模块网的一个初始变迁。转步骤 7。

步骤 7:结合步骤 2 绘制的关系表,由步骤 6 挖掘的初始变迁作为开始变迁对其逐个增添活动,直到无后继活动的变迁或是结束变迁。转步骤 8。

步骤 8:检验所有模块网 $\overleftrightarrow{M}_p$ 所对应的过程模型均是完全过程模型,即在每个模块网中,对任意的可达标识(除终止标识),总存在发生序列 σ 使得该标识到达下一个标识状态,直至终止标识。若满足,则输出事件日志下的模块网 $\overleftrightarrow{M}_p$,算法结束;否则,移除不满足完全过程模型的模块网,转步骤 7(算法流程图如图 3.24 所示)。

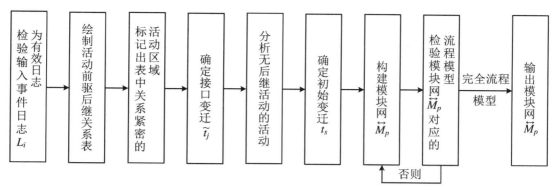

图 3.24　算法流程图

3.6　基于模块行为轮廓的过程模型挖掘

过程模型的挖掘旨在尽可能多地发现事件日志集中的行为特征,并用恰当的过程模型体现出来。本节从捕捉事件日志集中的腰事件和模块行为轮廓角度入手,提出了基于模块行为轮廓的过程模型挖掘算法,克服了传统挖掘方法在分析日志行为特征上的局限性。首先,找出对过程挖掘有特殊影响的腰事件,利用腰事件间的潜在顺序,通过设计特征集使得模块严格序关系能在模块集序列中体现;其次,利用事件相邻关系和行为轮廓关系对特征集进行改进,使得新模块集包含事件全集 U_E 中所有元素且满足模块行为轮廓关系;然后,按照控制流结构对模块序列集中的模块展开;最后,通过流程树表达出过程模型中事件的行为特征。

3.6.1　基本概念

下面具体描述工作流网、事件日志集、行为轮廓关系、模块网、流程树的概念。

定义 3.20(工作流网)　对 Petri 网 $N=(P,T;F)$,网 $N=(P,T;F,i,o)$ 为工作流网 (WF-nets),当且仅当:

(1) 只有一个库所 i 满足 $\{i\}=\{p\in P\mid {}^{\bullet}p=\varnothing\}$;

(2) 只有一个库所 o 满足 $\{o\}=\{p\in P\mid p^{\bullet}=\varphi\}$;

(3) 任意从 i 到 o 的路径,对其上的任意点 $n\in P\cup T$ 有 $(i,n)\in F^*$,$(n,o)\in F^*$,其中 F^* 为流关系 F 的自反传递闭包。

定义 3.21(事件日志集)　$L=\{\sigma_1,\sigma_2,\sigma_3,\cdots\}$ 为事件日志(event logs),其中 $\sigma_i=(E_i,$ act,→) 为 L 中的一条日志,$\sigma_i=(E,$act,→),有如下规定:

(1) $E_i\subseteq U_E$ 是一个事件集,其中 U_E 为全部可能事件的标识符;

(2) act$\in U_E:\mapsto T$,即每个事件都对应着模型的一个变迁;

(3) →$\subseteq(E_i\times E_i)$ 定义了事件出现的顺序关系;

(4) L_C 为完整的事件日志集(complete),L 包含对于模型上的任意轨迹(trace)。

定义 3.22（行为轮廓）　　$R_{BP} = \{\rightarrow, +, \parallel\}$ 是建立在弱序关系＞上的行为轮廓（behavioral profiles）：

(1) 弱序关系 $e_i \succ e_j$：对于 $e_i, e_j \in U_E$，存在发生序列 σ（一条事件日志 σ），有事件 $e_i \in \sigma$ 先于事件 $e_j \in \sigma$ 发生；

(2) 严格序关系 $e_i \rightarrow e_j$：e_i, e_j 间存在关系 $e_i \succ e_j$ 且不存在关系 $e_j \succ e_i$，即 $e_i \succ e_j$；

(3) 排他序关系 $e_i + e_j$：e_i, e_j 间既无关系 $e_i \succ e_j$ 也无关系 $e_j \succ e_i$，即 $e_i \nsucc e_j$；

(4) 交叉序关系 $e_i \parallel e_j$：e_i, e_j 间既存在关系 $e_i \succ e_j$ 又存在关系 $e_j \succ e_i$。

定义 3.23（模块网）　　四元组 $N = \langle \bar{M}, \bar{F}, m, c \rangle$ 为模块网（module nets），若组内元素满足：

(1) $\bar{M} = \{M_1, M_2, \cdots\}$ 为一有限非空模块集；

(2) $\bar{F} = \{F_1, F_2, \cdots\}$ 为一有限非空特征集；

(3) m 是 $\bar{M}$ 到 $\bar{F}$ 的映射，即 $\bar{M}: \mapsto \bar{F}$ 将网中的模块与特征元素对应起来（本节利用的模块网中映射 m 为单射）；

(4) $c = \{R(M_i, M_j), R(M_p, M_q), \cdots\}$ 为联系模块间关系集合。

由于特征集 $\bar{F}$ 中的特征元素决定着模块集 $\bar{M}$ 中的模块，而映射 m 及模块关系集 c 完全可在特征集 $\bar{F}$ 和模块集 $\bar{M}$ 上枚举而来。

定义 3.24（流程树）　　二元数组 $\langle L_e, B \rangle$ 构成流程树（process tree），当且仅当：

(1) 树叶（leaf）集 L_e 为有限非空集合；

(2) 枝干（branch）结构集 $B = \{\circlearrowleft, \rightarrow, \wedge, \vee, \times\}$ 中符号元素分别代表循环、顺序、平行、选择和排他结构；

(3) 若用 Petri 网 $\langle P, T; F \rangle$ 中变迁集 T 替代结构树中的树叶集 L，则枝干结构集 B 中元素与控制流结构有图 3.25 所示的对应关系。

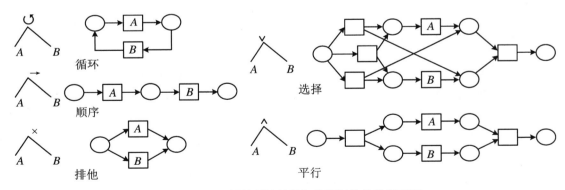

图 3.25　Petri 网控制流结构与流程树结构的关系图

3.6.2　动机例子

图 3.26 是挖掘表 3.24 事件日志集得到的流程图，观察 Petri 网模型中变迁的地位不难发现，某些变迁对应的事件对模型的影响相对弱一些，如变迁 E 的缺失会导致流程不能运转，而变迁 F 的缺失并不是致命的。并且这一特点恰好能够在事件日志集中体现出来，表

3.24 中的每一条日志都包含与变迁 E 对应的事件,与变迁 F 对应的事件则在某些日志中不出现。为此,本节分析事件体现在日志中的特殊性质,并与流程中事件间的行为轮廓关系联系起来,将这些特征用合法的过程模型语言表达出来,服务于模型的挖掘。

表 3.24　动机例子的事件日志集

轨迹									#
A	B	C	D	E	H	F	I	J	3
A	C	B	D	E	G	H	I	J	6
A	D	B	C	E	H	G	I	J	2
A	C	D	B	E	F	H	I	J	5
A	B	D	C	E	G	H	I	J	4
A	D	C	B	E	H	G	I	J	4
A	C	B	D	E	H	F	I	J	3
A	D	B	C	E	G	H	I	J	5
A	C	D	B	E	H	G	I	J	5
A	B	D	C	E	F	H	I	J	4
...									

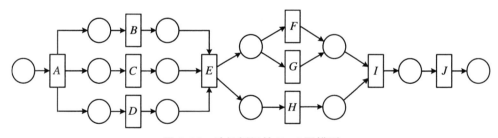

图 3.26　动机例子的 Petri 网模型

对于事件日志,捕捉任意两个事件 e_1, e_2 的弱序关系是容易的,并且在完整事件日志集 L_C 中,日志捕捉的弱序关系与行为轮廓关系 $R_{\mathrm{BP}}(A, B)$ 有表 3.25 所示的对应关系。那么由完整事件日志集 L_C 容易获取任意两事件间的行为轮廓关系,如表 3.24 中的完整事件日志对照表 3.25 可得到如表 3.26 所示的行为轮廓关系表。

表 3.25　L_C 上的弱序关系与行为轮廓关系对应表

弱序关系	$R_{\mathrm{BP}}(A, B)$
有 $A > B$,无 $B > A$	$A \to B$
有 $A > B$,无 $B > A$	$A \parallel B$
有 $B > A$,无 $A > B$	$B \to A$
无 $A > B$,无 $B > A$	$A + B$

表 3.26　行为轮廓关系表

	A	B	C	D	E	F	G	H	I	J
A		→	→	→	→	→	→	→	→	→
B	←		‖	‖	→	→	→	→	→	→
C	←	‖		‖	→	→	→	→	→	→
D	←	‖	‖		→	→	→	→	→	→
E	←	←	←	←		→	→	→	→	→
F	←	←	←	←	←		+	+	→	→
G	←	←	←	←	←	+		+	→	→
H	←	←	←	←	←	+	+		→	→
I	←	←	←	←	←	←	←	←		→
J	←	←	←	←	←	←	←	←	←	

3.6.3　基于腰事件的过程模型挖掘方法

本节介绍了一种基于事件日志集模块的流程挖掘方法。首先,捕捉日志中具备特殊性质的腰事件,并利用特征集构造所需要的模块集;其次,改进特征集使其对应的模块集既包含日志中的平凡事件又满足模块行为轮廓的特点;然后,对特殊的模块建立满足模块行为轮廓特点的子模块集,用排他序的控制流结构作为框架添加模块集外的所有事件;最后,运用定义 3.24 中流程树五个结构与 Petri 网控制流结构的关系挖掘体现日志行为特征的过程模型。

1. 基于腰事件的模块分类

像叶与枝干在树结构中有不同作用一样,前文已叙述了事件全集 U_E 中的事件对过程挖掘的作用并不都是一样的,为区分事件在模型挖掘上的层次作用,本节提出以下概念。

定义 3.25(腰事件)　在完整事件日志 L_C 中,E_w 称为腰事件集,若 E_w 中的任意事件 e' 均属于每个事件集 E_i,即对任意 $E_i(i \in n)$,均有 $E_w \subseteq E_i$,则 E_w 中元素称为腰事件,U_E 内 E_w 外元素称为平凡事件。

由定义可知,$E_w = E_1 \bigcap E_2 \bigcap \cdots \bigcap \cdots \bigcap E_n$,即 L_C 中的腰事件集 E_w 可由 E_i 的交集获得。图 3.27 为事件全集 U_E 与腰事件集 E_w 间的形象关系。其中,所有代表事件的矩形方块均为事件全集 U_E 的元素,$U_E = \{\cdots, W_p, \cdots, e_{i+1}, \cdots, W_{p+1}, W_{p+2}, \cdots, e_{j+1}, \cdots\}$;有 W 字样的事件为腰事件,$E_w = \{\cdots, W_p, W_{p+1}, W_{p+2}, \cdots, W_q, \cdots\}$。

挖掘过程中,腰事件的特殊地位在图 3.27 中形象地体现了出来,过程模型从左向右是通过一个腰事件所在的区(要塞)再经过一个平凡事件所在的区(非要塞),为合理描述区分腰事件所在的区和平凡事件所在的区,引用模块网对聚集后有特殊性质的腰事件加以分析。依据选用的定义 3.25,将腰事件集分割成块,可通过构造特征集来确定每个模块。为此,本节从行为轮廓关系入手并结合事件间相邻关系 $\mapsto$ 给出各模块的对应特征。

腰事件同时存在于任意 E_i 上,故任意两腰事件间的行为轮廓关系不包括排他序关系,记 $R(E_w) = \{\parallel, \rightarrow \bigcap \mapsto, \rightarrow \bigcap \nmapsto\}$。如图 3.27 中的 W_{p+3} 和 W_{p+4} 为交叉序关系,W_{p+1} 和

W_{p+2} 的关系为相邻 + 严格序, W_p 和 W_{p+1} 的关系为不相邻 + 严格序。用腰事件间的关系确定特征集 $\overline{F} = \{F_1, F_2, F_3\}$:

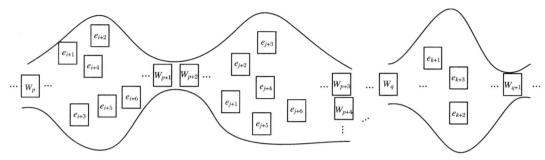

图 3.27　事件与过程模型关系的概念图

（1）F_1 型特征:模块中任意两腰事件均为交叉序关系。由映射 m,则对应的模块为 $\{e' \in E_w \mid$ 若存在 $e'_p, e'_q \in M$ 有 $R(e'_p, e'_q) = \{\parallel\}$,则任意 $e'_m, e'_n \in M$ 均有 $R(e'_m, e'_n) = \{\parallel\}\}$;

（2）F_2 型特征:模块中任意两相邻腰事件均为严格序关系。由映射 m,则对应模块为 $\{e' \in E_w \mid$ 若存在 $e'_p, e'_q \in M$ 有 $R(e'_p, e'_q) = \{\rightarrow\}$ 则 M 中相邻 $e'_m e'_n$ 均有 $R(e'_m, e'_n) = \{\rightarrow\}\}$;

（3）F_3 型特征:模块中有且只有一个元素 e',且不与任何 e' 以外的腰事件构成交叉序关系。由映射 m,则对应模块为 $\{e' \in M \mid |M| = 1$ 且任意 $e'_p \in E_w/e'$,有 $R(e'_m, e'_n) \neq \{\parallel\}\}$。

2. 基于行为轮廓的模块关系

模块网用于挖掘模型时,当事件被分成若干模块后,为整合模块成过程模型需进一步分析模块内部事件关系以及模块间关系,为此,本节分析了行为轮廓关系的相互制约与影响,并由此提出模块行为轮廓的概念。

定义 3.26(模块行为轮廓)　$R_M = \{\rightarrow_M, +_M, \wedge_M\}$ 为模块间的行为轮廓(behavioral profiles of module):

（1）$R_{BP} = \{\rightarrow, +, \parallel\}$ 为定义 3 中的行为轮廓;

（2）严格序关系 $M_i \Rightarrow_M M_j$:若任意 $e_i \in M_i, e_j \in M_j$ 有 $R_{BP}(e_i, e_j) = \{\rightarrow\}$,且 $M_i \bigcap M_j = \varnothing$;

（3）排他序关系 $M_i +_M M_j$:若任意 $e_i \in M_i, e_j \in M_j$ 有 $R_{BP}(e_i, e_j) = \{+\}$,且 $M_i \bigcap M_j = \varnothing$;

（4）平行序关系 $M_i \wedge_M M_j$:若任意 $e_i \in M_i, e_j \in M_j$ 有 $R_{BP}(e_i, e_j) = \{\parallel\}$,且 $M_i \bigcap M_j = \varnothing$。

图 3.28 所示的结构为某流程图中的一部分,考虑 e'_1, e'_2, e'_3, e'_4 为事件全集 U_E 中的四个腰事件,显然模块 $\{e'_1, e'_2, e'_3\}$ 与 $\{e'_1, e'_2, e'_4\}$ 为 F_1 型模块,$\{e'_3, e'_4\}$ 为 F_2 型模块。为避免在模块网中各模块间存在交集的现象,并确保腰事件的特殊地位能在图 3.27 所示的概念流程图中体现出来,本小节通过以下途径对特征集 $\overline{F} = \{F_1, F_2, F_3\}$ 中的特征元素加以改进:

（1）若两个 F_1 型模块有交集,合并两模块并称为 F_1^{1+1} 型模块;

（2）F_1 型模块与 F_2 型模块有交集,合并两模块并称为 F_1^{1+2} 型模块;

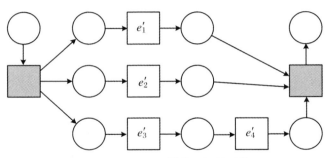

图 3.28   用以分析模块特征的结构图

（3）将 F_1 型模块中并入 F_1^{1+1} 及 F_1^{1+2} 型模块的那些模块去掉，余下的模块称为 F_2^+ 型；

（4）将 F_2 型模块中并入 F_1^{1+2} 型模块的那些模块去掉，余下的模块称为 F_2^+ 型；

（5）F_3 型模块不变。

改进的特征集 $\overline{F} = \{F_1^+, F_2^+, F_3\}$ 所对应的模块集 $\overline{M}$ 中的模块有：

性质 1：由 $\overline{F} = \{F_1^+, F_2^+, F_3\}$ 决定的模块网中任意两模块间的模块行为轮廓关系为 $\Rightarrow_M$。

性质 2：对特征集 $\overline{F} = \{F_1^+, F_2^+, F_3\}$ 分割腰事件集 E_w 获得的模块网 N，任意腰事件属于且只属于模块集中的一个模块。

对性质 2，相邻关系 $\mapsto$ 恰好分割了腰事件关系的笛卡尔积 $e_i' \times e_j'$；严格序、排他序和交叉序恰好分割了事件间关系的笛卡尔积 $e_i \times e_j$ [26]，而任意腰事件间无排他关系，故严格序和交叉序恰好分割了腰事件关系的笛卡尔积 $e_i' \times e_j'$。一方面，特征集 $\overline{F} = \{F_1, F_2, F_3\}$ 由关系 $R(E_w)$，即 $\{\|, \rightarrow \cap \mapsto, \rightarrow \cap \mapsto\}$ 决定模块，故任意腰事件必属于模块集中的一个模块。另一方面，作为改进的特征 $\overline{F} = \{F_1^+, F_2^+, F_3\}$ 决定的模块集是对有交集的模块提取并得到的，即 $\overline{F} = \{F_1, F_2, F_3\}$ 中出现的腰事件属于不同模块的问题已被解决。

对 $\overline{F} = \{F_1^+, F_2^+, F_3\}$ 决定的模块网，由性质 1，模块集 $\{\cdots, M_i', \cdots, M_j', \cdots\}$ 通过排序，可得到一模块序列 $\cdots, M_i, \cdots, M_j, \cdots$，它满足 $M_i \rightarrow_M M_j, i < j$。

性质 3：对任意平凡事件 $e \in U_E \setminus E_w$，要么存在 i，有 $M_i \rightarrow M_e \rightarrow_M M_{i+1}$（单个 e 视为模块）；要么存在 j，有 e 与 M_j 中两腰事件 e_p', e_q' 构成 $R(e, e_p') = \{\rightarrow\}$，$R(e_q', e) = \{\rightarrow\}$ 关系。对固定的 i，所有满足 $M_i \rightarrow M_e \rightarrow M M_{i+1}$ 的平凡事件 e 归为一个模块，记作 $M_{i,i+1}$（F_e 型）；对固定的 j，所有能与 M_j 中两腰事件 e_p', e_q' 构成 $R(e, e_p') = \{\rightarrow\}$，$R(e_q', e) = \{\rightarrow\}$ 关系的平凡事件 e 归到模块 M_j 中，此时模块 M_j 内包含腰事件和平凡事件，称为 F_1^{++} 型。图 3.29 为事件全集 U_E 上，特征集 $\overline{F} = \{F_1^*, F_2^+, F_3, F_e\}$ 对应的模块网，它包含了 U_E 上的所有事件，展示了各模块类型间的演化关系：

（1）模块 $M_{i,i+1}, i = 1, 2, \cdots$ 为 F_e 型模块，当且仅当 $M_{i,i+1}$ 中只包含平凡事件；

（2）F_1, F_1^+, F_1^{++} 型模块统称为 F_1^* 型模块；

（3）模块集 $\overline{M} = \{M_1, M_{1,2}, M_2, \cdots, M_i, M_{i,i+1}, M_{i+1}, \cdots\}$。

现对图 3.29 中模块内部事件间行为关系进行展开。因为 F_e 型模块 $M_{i,i+1}$ 都只包含平凡事件，所以对任意 $e_p \in M_{i,i+1}$ 都存在 $e_q \in M_{i,i+1}$ 有 $e_p + e_q$。故有：F_e 型模块中至少存在一个事件集 $E_+ = \{e_i \in M_{i,i+1} \mid$ 任意 $e_i, e_j \in M_{i,i+1}$ 有 $R(e_i, e_j) = \{+\}, i \neq j\}, |E_+| = \kappa \geqslant$

2(性质 4)。

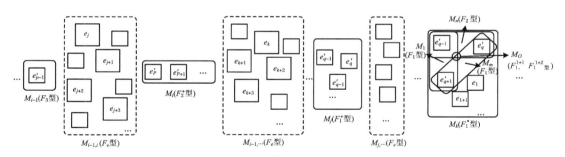

图 3.29　模块的特征类型图

对每个模块 $M_{i,i+1}$，κ 取最大值 κ_0 时的 E_+ 是有意义的。由模块间的行为轮廓关系 $+_M$ 可知，$M_{i,i+1}$ 中有 κ_0 个子模块构成子模块集，子模块集中任意两模块间均为排他关系 $+_M$。显然子模块集是在满足 $|E_+| = \kappa_0$ 的 E_+ 上构造的：从控制流角度，若 $E_+ = \{e_1, e_2, e_3, e_4, \cdots\}$，$\kappa_0$ 个子模块分别包含事件 $e_1, e_2, e_3, e_4, \cdots$，若 $e_i \in M_{i,i+1} \backslash E_+$ 与 E_+ 中 e_j 外的 $\kappa_0 - 1$ 个事件构成排他序，e_j 置于 e_i 所在的子模块，子模块中事件个数为 $1, 2, \cdots,$ $|M_{i,i+1}| - \kappa_0 + 1$。这样 $M_{i,i+1}$ 中就找到了 κ_0 个互为排他序关系的子模块构成的子模块集 $\overline{M_S} = \{M_{S_1}, M_{S_2}, \cdots, M_{S\kappa_0}\}$。

若视模块为一个变迁事件，忽略模块内部关系，则模块行为轮廓 $\langle \rightarrow_M, +_M \rangle$ 即 $\langle \rightarrow, + \rangle$，本小节构造的模块集序列 $M_1, M_{1,2}, M_2, \cdots, M_i, M_{i,i+1}, M_{i+1}, \cdots$（$M_i \rightarrow_M M_j, i < j$）满足图 3.30(a) 所示的顺序结构；构造的 $M_{S_1}, M_{S_2}, \cdots, M_{S\kappa_0}$（$R_M(M_{S_i}, M_{S_j}) = \{+_M\}, i \neq j$）满足图 3.30(b) 所示的排他结构；$F_1$ 型 F_1^{1+1} 型 F_1^{1+2} 型模块中的腰事件满足图 3.30(c) 所示的平行结构。对既在 $M_{i,i+1}$ 内又在子模块集外的平凡事件在控制流结构中的位置：对事件集 $E_+ = \{e_1, e_2, e_3, e_4, \cdots\}$，相互间的排他序关系构成图 3.31(a) 所示的控制流结构；如图 3.31(b) 所示，若 e_i 与事件集 $e_1, e_2, e_3, e_4, \cdots$ 的某几个事件（不妨设 e_2, e_3）构成非排他序关系，即 e_i 既在 e_2, e_3 构成的排他序结构外，又在 $e_1, e_2, e_3, e_4, \cdots$ 构成的排他序结构内，由 $e_2 \rightarrow e_i (e_i \rightarrow e_2)$ 可推出 $e_3 \rightarrow e_i (e_i \rightarrow e_3)$（性质 5）；如图 3.31(c) 所示，$e_i$ 既在 e_2, e_3 构成的排他序结构外，又在 $e_1, e_2, e_3, e_4, \cdots$ 构成的排他序结构内，由 $e_3 \parallel e_i$ 可推出 $e_i \parallel e_2$（性质 6）。图 3.31(d) 描述的控制流结构同时包含图 3.30(b) 和图 3.30(c) 的复杂情况下的行为轮廓关系。分析 F_1^* 型模块中的平凡事件与腰事件关系有：腰事件构成平行结构，平凡事件与腰事件间无排他关系（性质 7），对 F_1^* 型模块中平凡事件位置的确定，本小节采用与处理既在 $M_{i,i+1}$ 内又在子模块集外的平凡事件的类似方法，即严格序决定平凡事件在 F_1^* 型模块中平行结构的位置。

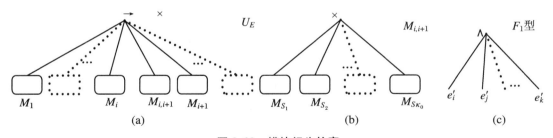

图 3.30　模块行为轮廓

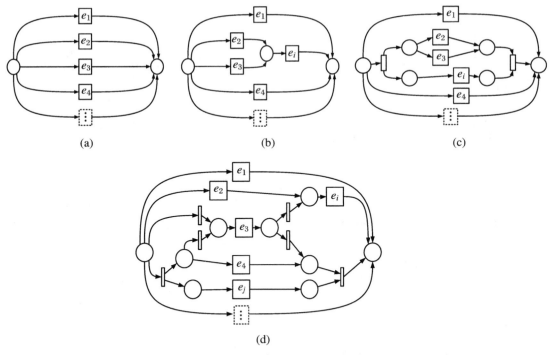

图 3.31　基于排他序结构的控制流图

算法实现

输入:事件日志。

输出:过程模型。

步骤 1:确定每条事件日志的事件集 E_i;计算出事件全集 U_E 以及任意两事件间的行为轮廓关系,制作表 3.26 所示的行为轮廓关系表。

步骤 2:利用 $E_w = \cdots \bigcap E_i \bigcap E_{i+1} \bigcap \cdots$ 关系确定腰事件集 E_w。

步骤 3:对 E_w 分割出 F_1,F_2,F_3 三种型模块,从分割出的模块中找出能用于合成 F_1^{1+1},F_1^{1+2} 类型模块的模块,并构造出新特征集 $\overline{F} = \{F_1^+, F_2^+, F_3\}$ 对应的模块集 $\{\cdots, M_i', \cdots, M_j', \cdots\}$。

步骤 4:用模块行为轮廓关系 $\rightarrow_M$ 将模块集 $\{\cdots, M_i', \cdots, M_j', \cdots\}$ 重新排序,得到满足 $M_i \rightarrow_M M_j (i < j)$ 的模块集 $\{\cdots, M_i, \cdots, M_j, \cdots\}$。

步骤 5:由性质 3 所述的平凡事件集 $U_E \setminus E_w$ 中事件与 F_1^+, F_2^+, F_3 三种类型模块的关系,将平凡事件按条件或合并成模块 $M_{i,i+1}$ 或归到 F_1^+ 型模块中,得到特征集 $\overline{F} = \{F_1^*, F_2^+, F_3, F_e\}$ 对应的新模块集 $\overline{M} = \{M_1, M_{1,2}, M_2, \cdots, M_i, M_{i,i+1}, M_{i+1} \cdots\}$。

步骤 6:利用模块行为轮廓关系 $\Rightarrow M$ 以及树的顺序结构画出图 3.30(a)所示的基于模块的流程树。

步骤 7:展开 F_1^* 型模块,由模块中腰事件构成的平行控制流结构,依照性质 7 确定平凡事件在控制流结构中的位置。

步骤 8:展开 F_e 型模块,依照性质 4 和模块行为轮廓关系 $+M$ 找出 F_e 型模块 $M_{i,i+1}$ 的最大子模块集,并在排他序控制流结构上按性质 5、性质 6 添加子模块集外的平凡事件。

3.6.4　实例分析

由于实例中事件日志集较大,表 3.27 只显示出完整事件日志集的一小部分事件日志,假定通过计算已获得 $E_1, E_2, E_3, \cdots$。

表 3.27　事件日志

事件日志	#
e_1 e_4 e_5 e_4 e_5 e_4 e_6 e_7 e_{10} e_8 e_9 e_{12} e_{13} e_{15} e_{16} e_{17} e_{20} e_{26} e_{27} e_{31} e_{32}	3
e_1 e_2 e_6 e_7 e_8 e_9 e_{12} e_{11} e_{14} e_{17} e_{16} e_{18} e_{21} e_{29} e_{31} e_{32}	4
e_1 e_3 e_6 e_7 e_{10} e_9 e_{12} e_{14} e_{16} e_{17} e_{19} e_{21} e_{30} e_{28} e_{31} e_{32}	2
e_1 e_4 e_6 e_7 e_{11} e_8 e_9 e_{12} e_{13} e_{15} e_{17} e_{16} e_{20} e_{23} e_{28} e_{31} e_{32}	6
e_1 e_4 e_5 e_4 e_6 e_7 e_8 e_9 e_{12} e_{14} e_{16} e_{17} e_{18} e_{25} e_{23} e_{31} e_{32}	4
e_1 e_2 e_6 e_{12} e_7 e_{11} e_8 e_9 e_{14} e_{16} e_{17} e_{19} e_{22} e_{24} e_{31} e_{32}	2
e_1 e_2 e_6 e_9 e_{12} e_8 e_7 e_{10} e_{13} e_{15} e_{17} e_{20} e_{24} e_{25} e_{31} e_{32}	6
e_1 e_3 e_6 e_9 e_8 e_7 e_{12} e_{10} e_{15} e_{16} e_{17} e_{21} e_{23} e_{25} e_{31} e_{32}	3
e_1 e_4 e_6 e_7 e_8 e_{11} e_9 e_{14} e_{16} e_{17} e_{21} e_{26} e_{27} e_{31} e_{32}	8
e_1 e_4 e_5 e_4 e_9 e_7 e_{10} e_{12} e_8 e_{15} e_{17} e_{16} e_{18} e_{21} e_{29} e_{31} e_{32}	5
e_1 e_3 e_6 e_8 e_7 e_9 e_{12} e_{11} e_{14} e_{16} e_{17} e_{19} e_{22} e_{29} e_{31} e_{32}	5
e_1 e_6 e_7 e_9 e_{12} e_8 e_{10} e_{13} e_{17} e_{16} e_{20} e_{25} e_{24} e_{31} e_{32}	3
e_1 e_2 e_6 e_8 e_9 e_{12} e_7 e_{11} e_{13} e_{15} e_{17} e_{16} e_{22} e_{24} e_{25} e_{31} e_{32}	8
e_1 e_3 e_6 e_{12} e_{10} e_9 e_7 e_{14} e_{16} e_{17} e_{21} e_{23} e_{28} e_{31} e_{32}	3
e_1 e_4 e_5 e_4 e_5 e_4 e_6 e_9 e_7 e_{11} e_{12} e_{13} e_{15} e_{17} e_{16} e_{18} e_{22} e_{25} e_{23} e_{31} e_{32}	9
...	

由 $E_1, E_2, \cdots$ 得 $U_E = \{e_1, e_2, e_3, \cdots, e_{31}, e_{32}\}$。特征集 $\{F_1, F_2, F_3\}$ 确定模块集 $\overline{M_1} = \{\{e_7, e_8, e_9\}, \{e_7, e_8, e_{12}\}, \{e_{16}, e_{17}\}, \{e_6, e_9, e_{12}\}, \{e_6, e_7\}, \{e_6, e_8\}, \{e_{31}, e_{32}\}, \{e_1\}\}$,其中前三个模块为 F_1 型,中间四个为 F_2 型,最后一个为 F_3 型。由特征集 $\overline{F} = \{F_1^+, F_2^+, F_3\}$,找出能用于合成 F_1^{1+1}, F_1^{1+2} 类型模块的模块,即模块 $\{e_6, e_8\}, \{e_7, e_8, e_9\}, \{e_7, e_8, e_{12}\}, \{e_6, e_9, e_{12}\}, \{e_6, e_7\}$。再产生模块集 $\overline{M_2} = \{\{e_6, e_7\}, \{e_6, e_7, e_8, e_9, e_{12}\}, \{e_{31}, e_{32}\}, \{e_1\}\}$,其中前两个为 F_1^+ 型模块,中间一个为 F_2^+ 型,最后一个为 F_3 型。按模块行为轮廓关系 $\rightarrow_M$ 对 $\overline{M_2}$ 排序得 $\{e_1\}, \{e_6, e_7, e_8, e_9, e_{12}\}, \{e_6, e_7\}, \{e_{31}, e_{32}\}$。用特征集 $\overline{F} = \{F_1^*, F_2^+, F_3, F_e\}$ 考虑平凡事件,得到分割 U_E 的模块 $\overline{M_3} = \{\{e_1\}, \{e_2, e_3, e_4, e_5\}, \{e_6, e_7, e_8, e_9, e_{12}\}, \{e_{13}, e_{14}, e_{15}\}, \{e_6, e_7\}, \{e_{18}, e_{19}, \cdots, e_{30}\}, \{e_{31}, e_{32}\}\}$ 构成图 3.32 所示模块严格序关系 $\rightarrow_M$。分别利用性质 7 和性质 5、性质 6 对 F_1^* 型和 F_e 型模块展开得到如图 3.32 所示的模块内部结构,F_2^+ 型模块展开后是一个串,F_3 型模块展开是一个腰事件。

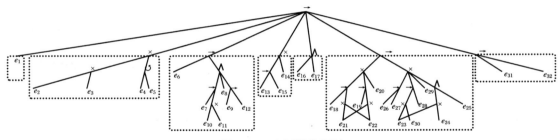

图 3.32　实例的流程树

3.7　基于行为特征网的过程模型分解挖掘

过程模型挖掘是基于系统运行记录下的事件日志还原过程模型的技术。已有的挖掘方法多针对包含活动数目较少的事件日志,在处理包含活动数目较多的事件日志方面具有一定的局限性。本节提出了一种基于行为特征网的过程模型分解挖掘方法。首先,基于活动日志确定各活动间的行为足迹关系,推得相应的行为矩阵;其次,结合行为矩阵计算行为关系图,从而产生活动聚类;然后,通过现存挖掘算法过滤子日志挖掘子网,并对子网添加接口库所形成子网行为特征网;最后,在行为特征网的基础上,运用合成网的观点合成整网,以此挖掘过程模型。本节通过仿真分析验证该分解挖掘方法的有效性。

本节研究内容的重要贡献在于:

一是介绍了在分解挖掘过程中比较严谨的活动聚类技术。不同活动间的行为关系存在差异,其对应行为矩阵的挖掘存在一定的挑战,因此在划分活动聚类的过程中,不仅明确了行为足迹与行为矩阵的映射关系,还对行为关系图定义了关于弧的等价类,由此对行为关系图划分活动聚类集。

二是提出了基于行为特征网分解挖掘模型的方法。在完成活动聚类挖掘后,首先基于每个聚类过滤子日志挖掘子网,使得挖掘操作分块同步进行,保证挖掘时间的高效性。再利用行为特征网接口库所之间能够两两匹配的耦合性,实现各个子网的融合,有效完成整个挖掘过程。

3.7.1　动机例子

分解挖掘算法具有一定的可选择性,即在分解挖掘的过程中,分解形式的确定存在很多手段。比如,ILP 挖掘算法可能通过许多个 ILP 去解决问题,这些 ILP 的大小主要取决于事件日志中不同活动的数量,也有少部分由事件日志中迹的个数确定。ILP 的划分关系到整个挖掘算法的有效进行,例如 2014 数据集 IS 的 $57/52/n$ 事件日志[27]。这个日志中包含了 2 000 个迹,57 个活动,平均每个迹的长度为 52 以及一些噪声。对于这些事件日志,经过反复过滤,最后可以从这 2 000 个迹中产生 9 个较小的事件日志。利用过程模型挖掘框架 ProM6,基于这些日志 ILP 挖掘算法所需要的计算机运行时间如图 3.33 所示。图 3.33 中显示的数据表明,以这样的方式分解日志并不能有效地提高 ILP 挖掘算法的运行效率。虽然,挖掘一个仅包含 200 个迹的子日志的运行时间远小于挖掘包含 2 000 个迹的完全日志。但是如果这样的挖掘需要重复运行 10 次,则运行时间并未被有效缩短。对于同一组事件日志,如果基于 5 个随机的活动,经过反复的过滤可以产生 10 个较小的事件日志。同样的,图 3.34 显示了 ILP 挖掘算法所需要的运行时间。图 3.34 中数据显示,如果可以将事件日志分解为 5 个包含 17 个活动的子日志,则 ILP 挖掘算法的线性运行时间可以由之前的 1 400 s 大幅度降低至 60 s。

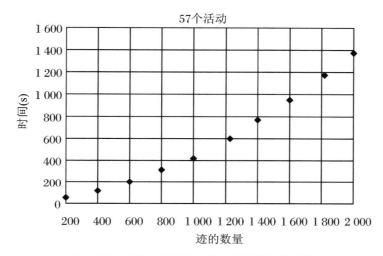

图 3.33　迹数量的不同对 ILP 挖掘算法的影响

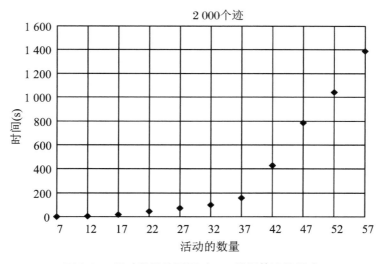

图 3.34　活动数量的不同对 ILP 挖掘算法的影响

基于不同的分解方式,本节提出基于行为特征网的过程模型分解挖掘方法。在介绍行为特征网之前,本节首先介绍了基于行为矩阵挖掘活动聚类的方法,分类同步挖掘的方法使得现存挖掘算法可以更高效地处理包含活动数目多的事件日志,从而降低了挖掘过程的计算复杂度并扩大了挖掘算法的适用范围。

3.7.2　基本概念

在介绍本节提出的分解挖掘算法之前,首先介绍本节所涉及的基本概念。

行为轮廓是 Petri 网中的一个基本定义。从 Johannes Koskinen 等人提出行为轮廓的概念开始,以及 Kimmo Kiviluoma 等人对该概念的进一步完善,到最后 Matthias Weidlich 等人对其的深入研究与应用,虽然行为轮廓日益被人作为一种工具来研究流程中的行为关系,或是被用来约束行为,但其严格性相对较弱。比如,行为轮廓关系简单地基于一种活动间的弱序关系,即只要一个活动对之间存在弱序关系,则可以说该活动对之间存在行为轮廓关系。这在挖掘算法的构建过程中缺少一定的严谨性,所以本节介绍一个相对于行为轮廓严格性更高的概念,该概念强调了一种直接跟随关系,包括在第 2 章提到的过程模型 Petri 网的相关概念。下面给出关于本节基于行为特征网挖掘过程模型的基础定义。

定义 3.27（行为足迹）　$P = (P, T; F)$ 是一个 Petri 网,对任意的变迁对 $(x, y) \in (T \times T)$,运用直接跟随关系,α 算法定义了三种关系 →、+ 以及 ∥:

(1) 严格行为关系 →,当且仅当变迁对中任意变迁与另一个变迁以唯一方向跟随,即 $xFy \vee yFx$;

(2) 排他行为关系 +,当且仅当变迁对中任意变迁可能不跟随另一个变迁,即 $xFy \vee yFx$;

(3) 交叉行为关系 ∥,当且仅当变迁对中任意变迁与另一个变迁以两种方向跟随,即 $xFy \wedge yFx$。

称 $BF = \{\to, +, \|\}$ 为 Petri 网的行为足迹,$BF = \{\to, +, \|\}$ 和逆严格行为关系 $\leftarrow = \{(x, y) \in T \times T \mid (y, x) \in \to\}$ 可分割笛卡尔积。

定义 3.28（活动日志）　一个活动日志 L 是系统实际运行事件日志的抽象。即活动日志是迹 σ 的一个集合,其中每个迹都是活动的一个发生序列。

3.7.3　过程模型的分解挖掘算法

分解挖掘的目的是将现有的挖掘算法运用于子日志集,而不是整个系统的完整日志,其中子日志包含的活动数远小于完整日志中的活动数,这就使得现存的挖掘算法可以更高效地用于过程模型挖掘。分解挖掘算法定义了不同活动的较小的集合,活动间相互跟随具有行为足迹关系。这些活动集在本节余下部分被称作活动聚类。首先,分解挖掘算法基于行为足迹挖掘活动聚类;其次,通过挖掘出的聚类过滤完整活动日志得到子日志,从而产生子网;然后,利用现存挖掘算法对子网添加接口库所挖掘各个子网的行为特征网;最后,在行为特征网的基础上,运用合成网的观点将子网行为特征网合成为一个完整网。

1. 基于行为足迹挖掘活动聚类

挖掘活动聚类的目的是要从完整的活动集中获得一个尽可能小而且有效的聚类。首先,挖掘给定活动日志 L(见表 3.28)的行为矩阵,这个矩阵显示了每个活动对中从一个活动到另一个活动的行为足迹关系强度。其次,根据行为矩阵计算行为关系图,确定活动聚类,其中只包含关系强度大于预设值的行为足迹关系。

表 3.28　活动日志 L 的表格形式

迹	频率
$\langle a_1,a_2,a_3,a_4,a_6,a_8,a_2,a_3,a_4,a_6,a_7\rangle$	3
$\langle a_1,a_2,a_3,a_4,a_6,a_8,a_2,a_3,a_5,a_6,a_8,a_3,a_2,a_4,a_6,a_7\rangle$	2
$\langle a_1,a_2,a_3,a_4,a_6,a_7\rangle$	1
$\langle a_1,a_3,a_2,a_4,a_6,a_7\rangle$	1
$\langle a_1,a_3,a_2,a_5,a_6,a_8,a_3,a_2,a_4,a_6,a_7\rangle$	1
$\langle a_1,a_2,a_3,a_5,a_6,a_7\rangle$	2
$\langle a_1,a_3,a_2,a_4,a_6,a_8,a_3,a_2,a_4,a_6,a_8,a_2,a_3,a_5,a_6,a_7\rangle$	1
$\langle a_1,a_3,a_2,a_5,a_6,a_7\rangle$	1

表 3.29　活动的行为足迹

F/T	a_1	a_2	a_3	a_4	a_5	a_6	a_7	a_8
a_1	+	→	→					
a_2	←	+	‖	→	→			←
a_3	←	‖	+			→		←
a_4		←		+	+	→		
a_5		←		+	+			
a_6		←	←	←		+	→	→
a_7						+		
a_8		→	→					+

定义 3.29(行为矩阵)　给定一个活动日志 L,行为矩阵 M 是活动对间行为足迹 BF 估计强度的一个映射 $BF_{(x,y)} \to M_{(x,y)}$:① $x \to y \to M_{(x,y)} \in [0.75,1.00]$;② $x \parallel y \to M_{(x,y)} \in [-0.30,0.30]$;③ $x + y \to M_{(x,y)} \in [-1.00,-0.30]$;④ $x \leftarrow y \lor xFy \to M_{(x,y)} = -1.00$。

为了从一个行为矩阵中精确计算得出一个行为关系图,下面给出零值转换的定义。

定义 3.30(零值转换)　M 是一个行为矩阵,给定一个零值 $z \in (-1.00,1.00)$,行为矩阵 M 被按照以下规则 R 转换为 M_z:

$$
M_{z(x,y)} = \begin{cases}
1.0, & \text{若 } M_{(x,y)} = 1.0 \\
\dfrac{M_{(x,y)} - z}{1.0 - z}, & \text{若 } M_{(x,y)} \in (z,1.0) \\
0.0, & \text{若 } M_{(x,y)} = z \\
\dfrac{M_{(x,y)} - z}{1.0 + z}, & \text{若 } M_{(x,y)} \in (-1.0,z) \\
-1.0, & \text{若 } M_{(x,y)} = -1.0
\end{cases}
$$

活动日志 L 的行为足迹 BF 如表 3.29 所示,基于活动的行为足迹通过定义 3.29 推得活动的行为矩阵 M 如表 3.30 所示,其中每个数字均表示从第一个活动到第二个活动的行为足迹关系强度。然后,根据定义 3.30 的零值转换规则 R,通过移除相对阈值 z 行为足迹关系强度较小的关系（即保留行为足迹关系强度值大于 z 的行为足迹关系，否则将被删除）得到如图 3.35 所示的活动行为关系图。算法 3.6 描述了具体的算法步骤。

表 3.30　活动的行为矩阵

F/T	a_1	a_2	a_3	a_4	a_5	a_6	a_7	a_8
a_1	-0.39	0.83	0.76	-1.00	-1.00	-1.00	-1.00	-1.00
a_2	-1.00	-0.67	0.21	0.79	0.91	-1.00	-1.00	-1.00
a_3	-1.00	-0.14	-0.48	-1.00	-1.00	1.00	-1.00	-1.00
a_4	-1.00	-1.00	-1.00	-0.88	-1.00	0.86	-1.00	-1.00
a_5	-1.00	-1.00	-1.00	-1.00	-0.73	0.87	-1.00	-1.00
a_6	-1.00	-1.00	-1.00	-1.00	-1.00	-0.64	0.93	0.82
a_7	-1.00	-1.00	-1.00	-1.00	-1.00	-1.00	-0.71	-1.00
a_8	-1.00	0.91	0.89	-1.00	-1.00	-1.00	-1.00	-0.69

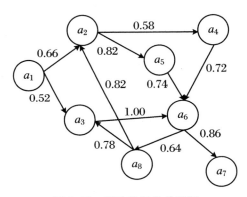

图 3.35　活动的行为关系图

算法 3.6　从一个活动对的行为迹中推导出一个行为矩阵 M。

1：activity x, activity y, thresholds ω

2：$M_{(x,y)} \in [0.75, 1.00] \Leftrightarrow x \rightarrow y$

3：$M_{(x,y)} \in [-0.30, 0.30] \Leftrightarrow x \parallel y$

4：$M_{(x,y)} \in [-1.00, -0.30] \Leftrightarrow x + y$

5：$M_{(x,y)} = -1.00 \Leftrightarrow x \leftarrow y \vee xFy$

6：if $M_{(x,y)} = 1.00$ then

7：return 1.00

8：if $M_{(x,y)} \in (\omega, 1.00)$ then

9：return $\dfrac{M(x,y) - \omega}{1.0 - \omega}$

10：if $M_{(x,y)} = \omega$ then

11：return 0.00

12：if $M_{(x,y)} = (-1.00, \omega)$ then

13：return $\dfrac{M(x,y) - \omega}{1.0 + \omega}$

14：if $M_{(x,y)} = -1.00$ then

15：return -1.00

从一个行为矩阵中挖掘一个初始活动聚类,要求这些活动聚类通过在行为关系图的弧上分配一个等价类产生。对于这个等价类,任意两条弧等价当满足以下条件之一时：

(1) 输入弧：两条弧有相同的源节点(开始节点)。例如图 3.35 中弧 (a_2, a_4) 和 (a_2, a_5) 同属一个等价类,因为两条弧都以活动 a_2 作为源节点；

(2) 输出弧：两条弧有相同的汇节点(终止节点)。例如图 3.35 中弧 (a_3, a_6), (a_4, a_6) 和 (a_5, a_6) 同属一个等价类,因为两条弧都以活动 a_6 作为汇节点。

弧的等价类具有传递性。即 f_1 等价 f_2 且 f_2 等价 f_3,则 f_1 等价 f_3。例如图 3.35 中弧 (a_1, a_2) 与弧 (a_1, a_3) 同属一个等价类,则弧 (a_1, a_2) 与弧 (a_8, a_3) 同属一个等价类。由此,图 3.36 表示图 3.35 所示的行为关系图的活动聚类集。

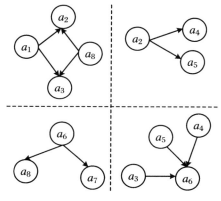

图 3.36 活动聚类集

2. 过滤子日志挖掘子网

过滤子日志的目的是对每个活动聚类,将完整的活动日志分解为一个子日志。子日志的排序与活动聚类中日志的排序相同,即第一个子日志对应第一个活动聚类,第二个子日志对应第二个活动聚类,等等。对于一个给定的活动聚类,通过保留活动对应聚类中的节点从日志中获得子日志。例如,表 3.31 表示利用图 3.36 活动聚类集从活动日志 L 过滤出的子日志。

表 3.31 活动聚类下活动日志的子日志

聚类 $\{a_1, a_2, a_3, a_8\}$	聚类 $\{a_2, a_4, a_5\}$	聚类 $\{a_6, a_7, a_8\}$	聚类 $\{a_3, a_4, a_5, a_6\}$
$\langle a_1, a_2, a_3, a_8, a_2, a_3\rangle$	$\langle a_2, a_4, a_2, a_4\rangle$	$\langle a_6, a_8, a_7\rangle$	$\langle a_3, a_4, a_6, a_3, a_4, a_6\rangle$
$\langle a_1, a_2, a_3, a_8, a_2, a_3, a_8, a_3, a_2\rangle$	$\langle a_2, a_4, a_2, a_5, a_2, a_4\rangle$	$\langle a_6, a_8, a_6, a_8, a_6, a_7\rangle$	$\langle a_3, a_4, a_6, a_3, a_5, a_6, a_3, a_4, a_6\rangle$
$\langle a_1, a_2, a_3\rangle$	$\langle a_2, a_4\rangle$	$\langle a_6, a_7\rangle$	$\langle a_3, a_4, a_6\rangle$
$\langle a_1, a_3, a_2\rangle$	$\langle a_2, a_4\rangle$	$\langle a_6, a_7\rangle$	$\langle a_3, a_4, a_6\rangle$
$\langle a_1, a_3, a_2, a_8, a_3, a_2\rangle$	$\langle a_2, a_5, a_2, a_4\rangle$	$\langle a_6, a_8, a_6, a_7\rangle$	$\langle a_3, a_5, a_6, a_3, a_4, a_6\rangle$
$\langle a_1, a_2, a_3\rangle$	$\langle a_2, a_5\rangle$	$\langle a_6, a_7\rangle$	$\langle a_3, a_5, a_6\rangle$
$\langle a_1, a_3, a_2, a_8, a_3, a_2, a_8, a_2, a_3\rangle$	$\langle a_2, a_4, a_2, a_4, a_2, a_5\rangle$	$\langle a_6, a_8, a_6, a_8, a_6, a_7\rangle$	$\langle a_3, a_4, a_6, a_3, a_4, a_6, a_3, a_5, a_6\rangle$
$\langle a_1, a_3, a_2\rangle$	$\langle a_2, a_5\rangle$	$\langle a_6, a_7\rangle$	$\langle a_3, a_5, a_6\rangle$

通过混合 ILP 挖掘算法,挖掘过滤出的子日志对应的子网。其中,算法挖掘出的子网中可能存在一个活动既出现在一个迹的结尾又出现在另一个迹的中间,例如聚类$\{a_1, a_2, a_3, a_8\}$对应子日志中迹 $\sigma_1 = \{a_1, a_2, a_3\}$和迹 $\sigma_2 = \{a_1, a_3, a_2\}$,其中活动 $a_2(a_3)$既出现在迹 σ_1 的中间(结尾)又出现在迹 σ_2 的结尾(中间)。为了避免这个问题,可以在每个聚类对应的子日志中人为地添加一个开始活动 ζ 和一个终止活动 ε,从而通过算法挖掘出带有开始活动 ζ 和终止活动 ε 的子网。例如,对聚类$\{a_1, a_2, a_3, a_8\}$对应子日志挖掘出的子网如图 3.37 所示,同样的方法可以挖掘其他聚类对应子日志的子网。为了提高挖掘效率,该过程可以在不同的机器上同时运行。

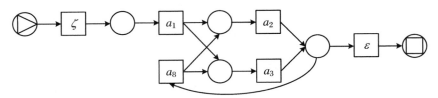

图 3.37　聚类$\{a_1, a_2, a_3, a_8\}$对应子日志的子网

3. 挖掘子网行为特征网

定义 3.31(行为特征网)　$L \in T^*$ 是一个活动日志,$\hat{F} \in T$ 是子网中的一部分特征(这里特征对应子网中变迁),$(\rightarrow, +, \parallel)_l$ 为其相应的行为足迹。行为特征网 N_F 是一个开放 Petri 网 $OPN = (P, I, O, T, F; i, f)$,当:

(1) $P = \overline{P}, T = \overline{T'}, i = [\overline{i}], f = [\overline{f}]$;

(2) $I = \{p_{A-F^*} \mid A \rightarrow F^*\}$;

(3) $O = \{p_{F^*-A} \mid F^* \rightarrow A\}$;

(4) $F^* = \{\overline{F} \bigcup (t, p_{F^*-A}) \mid t \in T, \lambda(t) = A, F^* \rightarrow A\} \bigcup \{(p_{A-F^*}, t) \mid t \in T, \lambda(t) = A, A \rightarrow F^*\}$。

其中,t 是变迁集 T 中的一个变迁;λ 是映射函数,将变迁 t 映射到相应的特征 A;$\langle \overline{P}, \overline{T'}, \overline{F}, \overline{i}, \overline{f} \rangle$ 是被挖掘出的工作流网。行为特征网是基于不同活动之间的行为足迹关系挖掘网结构,而特征网则是针对不同特征之间存在的通信行为轮廓所建立的网结构,存在本质上的区别。

令活动 $a_1, a_2, a_3, a_4, a_5, a_6, a_7, a_8$ 分别对应特征 B, C, D, E, G, H, J, K,则基于接口库所和行为特征网的定义,通过归纳挖掘方法,得到聚类$\{a_1, a_2, a_3, a_8\}$对应子日志的子网的行为特征子网如图 3.38 所示,同样的方法可以挖掘其他子网的行为特征网。为了提高挖掘效率,该过程也可以在不同的机器上同时运行。

4. 融合子网行为特征网

在利用归纳挖掘方法挖掘出的行为特征网(如图 3.39 所示,(a)、(b)、(c)、(d)分别为表 3.31 各个聚类下子网的行为特征网,为了方便合成过程,其中接口库所标记为蓝色)的基础上,通过将每个开放 Petri 网所对应的接口库所两两匹配合成,从而得到最终完整的过程模型,如图 3.40 所示。移除挖掘过程中人为添加的开始活动 ζ 和终止活动 ε,并将初始标识和终止标识转换为 token 添加至过程模型的初始库所,确保模型的正常运行。由此,该过程模型所对应的简化 Petri 网如图 3.41 所示。基于行为特征网完整的过程模型分解挖掘算法见算法 3.7。

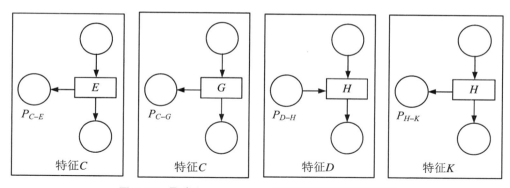

图 3.38　聚类 $\{a_1, a_2, a_3, a_8\}$ 下子网的行为特征子网

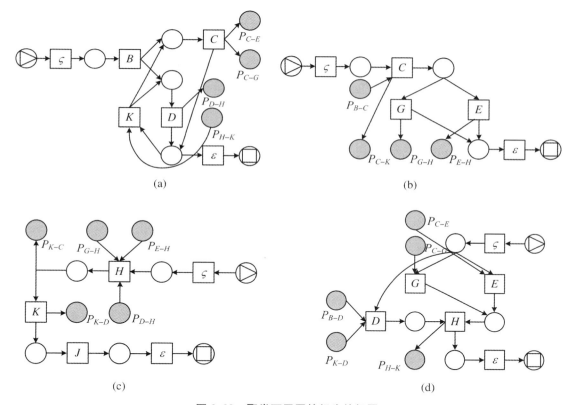

图 3.39　聚类下子网的行为特征网

算法 3.7　分解挖掘过程模型

输入：活动日志 L。

输出：过程模型。

步骤 1：分析活动日志 L 中不同活动之间的行为足迹关系 $BF = \{\rightarrow, +, \|\}$，通过定义给定的行为足迹和行为矩阵间的映射关系 $BF_{(x,y)} \rightarrow M_{(x,y)}$ 得到行为矩阵 M，转步骤 2。

步骤 2：利用零值转换规则 R，通过保留行为矩阵 M 中 $M_{(x,y)}$ 大于 z 的行为足迹 $BF_{(x,y)}$，移除相对阈值 z 行为足迹关系强度较小的行为足迹，将步骤 1 推得的行为矩阵 M

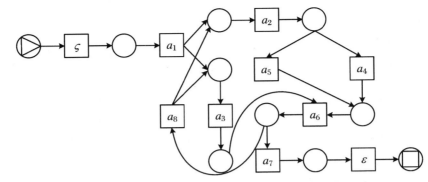

图 3.40　完整过程模型

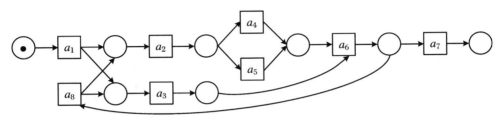

图 3.41　简化 Petri 网

转换为行为关系图,转步骤 3。

步骤 3:通过划分行为关系图中弧的等价类,即图中有相同的源节点的输入弧或有相同的汇节点的输出弧,挖掘活动聚类集,转步骤 4。

步骤 4:基于聚类过滤子日志,即移除活动日志 L 中不包含该聚类的活动,由此得到各个聚类下的子日志,再通过混合 ILP 挖掘算法,挖掘过滤出的子日志所对应的子网,转步骤 5。

步骤 5:对步骤 4 中挖掘的子网,先映射所有活动到具体特征,然后通过归纳挖掘方法,对子网中各个特征添加相应的接口库所 $I \cup O$ 挖掘子网行为特征网,转步骤 6。

步骤 6:将步骤 5 中行为特征网所对应的接口库所进行两两匹配合成,得到完整的过程模型。再移除挖掘过程中人为添加的开始活动 ς 和终止活动 ε,并将初始标识和终止标识转换为 token 添加至过程模型的初始库所,转步骤 7。

步骤 7:输出过程模型,终止算法。

3.7.4　实例分析

为了验证本节提出分解挖掘方法的有效性,下面利用某城市中两个快递服务点已有的数据包进行仿真实验分析。该平台数据来自国内快递服务日常的运作系统,包括系统运行记录下的所有事件日志。其活动日志分别由两个快递服务点提供的事件日志抽象得出,分别为 Express Service 平台数据 Log Data 1 和 Log Data 2。其中,Log Data 1 中包含了不超过 97 个不同的活动,而 Log Data 2 中包含了不少于 166 个不同的活动。

针对 Log Data 1 环境,分别运用本节所给的分解挖掘方法和文献[28]中的挖掘方法对系统中日志进行挖掘。为了更好地验证本节分解挖掘算法的有效性,假设在两个数据环境

Log Data 1 和 Log Data 2 日志等迹（日志中包含迹的个数相同，均为 2 000 个）的情况下运行挖掘算法，根据挖掘所需要的时间得到如图 3.43 所示的实验结果。图中的横坐标表示事件日志包含的活动数量，例如 30 代表该事件日志中包含了 30 个不同的活动；纵坐标则表示挖掘该数据平台所需的运行时间（以秒为单位）。

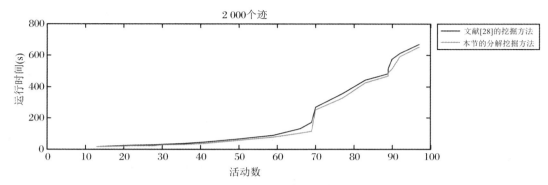

图 3.42　Log Data 1 数据平台上运行时间分析结果

同时，在等迹的情况下通过计算子行为间的一致性度和模型与迹间的匹配花费[29]，分别得到如图 3.43 和图 3.44 所示的实验结果。图中的横坐标仍表示事件日志包含的活动数量，纵坐标分别表示算法挖掘出的过程模型与日志行为间的一致性度（0～1）和过程模型与各个迹之间的匹配花费数。针对 Log Data 2 环境，同 Log Data 1 数据的仿真得到的实验结果如图 3.45、图 3.46 和图 3.47 所示。

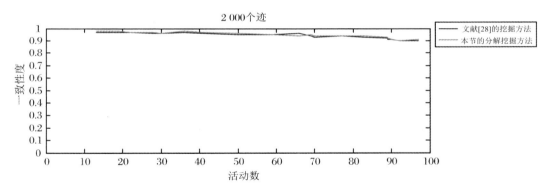

图 3.43　Log Data 1 数据平台上一致性分析结果

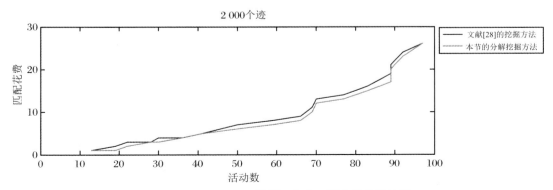

图 3.44　Log Data 1 数据平台上匹配花费分析结果

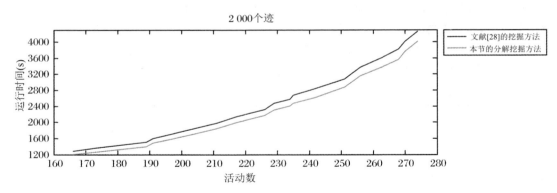

图 3.45　Log Data 2 数据平台上运行时间分析结果

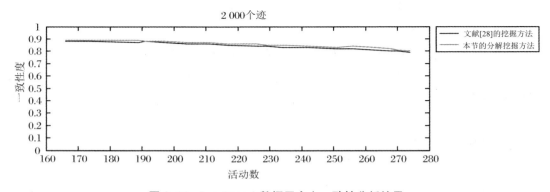

图 3.46　Log Data 2 数据平台上一致性分析结果

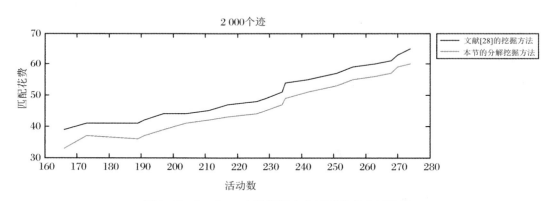

图 3.47　Log Data 2 数据平台上匹配花费分析结果

　　本节的分解挖掘方法和文献［28］中的挖掘方法均基于特征网,但是本节的分解挖掘方法在挖掘子网前过滤了每个活动聚类的子日志,参考文献中的挖掘方法则是基于系统运行记录下的所有特征挖掘模块网。所以,由图 3.42 和图 3.45 可以看出,虽然本节的分解挖掘方法和文献中的挖掘方法在挖掘过程模型的过程中,所需要的系统运行时间均随着时间日志中活动数目的增长而成近似指数增长。但是对比两个实验结果,相同活动数下本节的分解挖掘算法所需要的运行时间大大少于文献中的挖掘方法所需要的运行时间。并且活动数越多,系统运行所需要的时间差别就越大。

可以看到图 3.43 和图 3.46 中两条曲线近乎重合,这说明本节的分解挖掘方法和文献中的挖掘方法所挖掘出的过程模型与日志行为之间具有很好的匹配度,即这两种挖掘方法均可以基于事件日志挖掘有效的过程模型图,该有效性受日志中包含的不同活动数量的影响较小,基本可以忽略不计。

图 3.44 和图 3.47 的实验结果表明,本节的分解挖掘方法和文献中的挖掘方法挖掘出的过程模型在与各个迹之间进行匹配时均存在一定的花费,只是相对于文献[28]中的挖掘方法,本节的分解挖掘方法所挖掘出的过程模型与各个迹之间的匹配花费数较小,随着日志中不同活动数的不断增大,花费间的差距越明显。这是因为本节的分解挖掘方法基于活动日志在挖掘活动聚类时,严格按照活动间的行为足迹关系,并明确定义了行为矩阵的零值转换规则(算法 3.6),使得整个挖掘过程相对严谨。而文献[28]中的挖掘方法只是简单通过特征间的通信行为轮廓关系挖掘模块网,并没有严格的模块划分规则。

通过仿真实验可以得到:在活动日志包含较多不同活动数目的情况下,本节提出的基于行为特征网的过程模型分解挖掘方法,系统运行所需要的时间明显减少。同时,挖掘出的过程模型服从度更高。

本章小结

目前过程模型管理在各个领域占据核心地位,并在各个业务领域发挥至关重要的作用。它既确保了企业系统的正常运行,还可以为企业准确、高效的运行提供保障。因此,根据系统保留记录的事件日志信息,快速、有效地挖掘合理的过程模型 Petri 网成为了目前国内外关注的研究课题,本章主要基于行为依赖关系进行了以下研究。

3.2 节中,在已有的挖掘模型的研究基础上,提出了基于日志自动机的形态学片段挖掘过程模型的方法。该方法首先从已有的事件日志中,将事件日志转换成日志自动机的模型,利用日志自动机中非频繁弧的计算公式将事件日志中属于噪音的部分过滤。将过滤后的日志自动机再转换成无噪音的事件日志序列,利用行为轮廓关系将事件日志中各个子模块的过程模型建立出来。通过模块间的关联度计算公式,将有关联部分的各个模块找出,再计算各个模块内部活动变迁的关联度。通过形态学片段数值计算公式进一步计算,将结果相同的数值所对应的活动进行连接,实现了子模块之间的连接,对剩下的子模块迭代操作该步骤,从而得到最终的目标模型。并通过实例分析证明了该方法的可行性。

3.3 节中,研究了日志的不完整性对过程模型挖掘的影响,利用结构块巧妙地将具有位置演变潜能的变迁置于模型的同类位置,并用演变符号表示变迁位置演变的潜能。同时,在已给定日志信息的基础上提出了能容纳更多潜在日志信息的挖掘算法。但在构造结构块时,该方法只涉及了模块间的顺序、排他、平行及 OR 选择关系,虽然分析了潜在的日志信息对这四种关系相互转化的影响,算法也只适用于建立非循环结构的模型。

此外,虽然排他结构块中变迁位置是固定的,但当日志集较小时,由概率行为关系可知,根据给定日志确定出的排他结构块间的排他关系的概率小于 1,未来的工作是将概率行为关系引入非循环模型的挖掘中,这使得排他关系被概率行为关系所替代。

3.4 节中,在过程挖掘技术不断需要完善的研究背景下,本节将排队论的观点与过程挖掘相结合,提出了针对存在时延的业务流程进行过程挖掘方法,针对不同的队列系统进行相应的队列挖掘。首先在排队论的基础上,根据事件和服务日志所记录的信息,结合概率论知识,在某一时刻下针对特定顾客接受服务的时延进行基于队列长度的预测。同时,提出了基于队列挖掘优化过程模型的方法,即在将时延信息整合为顾客行为信息后,在 Petri 网以及行为轮廓的技术支持下优化流程源模型。本节通过实例应用也证实了这一方法的有效性。

3.5 节提出了利用接口变迁挖掘模块网的方法。该方法有着传统分解挖掘方法无法比拟的优势,例如,活动间的前驱、后继关系浅显易懂,具有坚实的理论依据,提高了挖掘算法的精确度;接口变迁的挖掘形式简单,易于操作;基于简单的日志信息进行挖掘,避免了挖掘整网的工作量,适用范围更广。但是,该方法同样存在一定的缺点,其中最常见的是日志信息中包含的活动数量不宜过多。

3.6 节在已有研究的基础上提出基于模块行为轮廓的过程模型挖掘方法,从捕捉日志中腰事件及模块行为轮廓关系的新角度入手,克服了传统挖掘方法分析日志行为特征的局限性。以腰事件集为主线,使得符合模块严格序关系的模块集很快被分割出来,极大程度地降低了挖掘过程中的计算复杂度,保证过程模型挖掘的对象不受行业和领域的限制。

3.7 节提出的算法 3.6 不仅详细描述了行为矩阵中各个数值的确定步骤,还给出了活动间行为足迹关系与行为矩阵之间存在的严格映射关系,这在一定程度上增强了算法的严谨性,同时使得本节所提出的分解挖掘算法具有更高的准确性。另外,本节给出了算法 3.7,该算法包含了行为关系的图的计算、活动聚类的挖掘、子网以及子网行为特征网的挖掘、融合各个子网等步骤。其中,子网以及子网行为特征网的挖掘是本节分解挖掘算法的核心内容,虽然事件日志中所包含的活动数目较多,但是基于子日志过滤子网的分解方法,使得本节的挖掘方法有效地降低了挖掘过程所需要的运行时间,由仿真实验可以验证本节所提出的分解挖掘算法在运行时间、匹配花费以及一致性等方面均具有一定的有效性。

参考文献

[1]　Assy N,Gaaloul W,Defude B. Mining configurable process fragments for business process design [C]//Advancing the Impact of Design Science:Moving from Theory to Practice. Cham:Springer International Publishing,2014:209-224.

[2]　Wang K,Sadredini E,Skadron K. Hierarchical pattern mining with the automata processor[J]. International Journal of Parallel Programming,2018,46(2):376-411.

[3]　Leemans S J J,Fahland D,van der Aalst W M P. Scalable process discovery and conformance checking[J]. Software & Systems Modeling,2018,17(2):599-631.

[4]　Rozinat A,van der Aalst W M. Conformance testing:measuring the fit and appropriateness of event logs and process models[C]//Business Process Management Workshops. Berlin,Heidelberg:Springer,2006:163-176.

[5]　Leemans S J,Fahland D,van der Aalst W M. Discovering block-structured process models from incomplete event logs[C]//Application and Theory of Petri Nets and Concurrency. Berlin,Heidelberg:Springer,2014:91-110.

[6]　Boushaba S,Kabbaj M I,Bakkoury Z. Process discovery-automated approach for block discovery [C]//Proceedings of the 9th International Conference on Evaluation of Novel Approaches to Software Engineering. Lisbon,Portugal:SCITEPRESS,2014:1-8.

[7]　Medeiros A K,Weijters A,van der Aalst W M. Genetic process mining:a basic approach and its

challenges[C]//Business Process Management Workshops. Berlin, Heidelberg: Springer, 2006: 203-215.

[8] Weidlich M, Mendling J, Weske M. Efficient consistency measurement based on behavioral profiles of process models[J]. IEEE Transactions on Software Engineering, 2011, 37(3): 410-429.

[9] Buijs J C A M, La Rosa M, Reijers H A, et al. Improving business process models using observed behavior[C]//Lecture Notes in Business Information Processing. Berlin, Heidelberg: Springer Berlin Heidelberg, 2013: 44-59.

[10] Kalenkova A A, Lomazova I A. Discovery of cancellation regions within process mining techniques [J]. Fundamenta Informaticae, 2014, 133(2-3): 197-209.

[11] Gallai T. Transitiv orientierbare Graphen [J]. Acta Mathematica Academiae Scientiarum Hungaricae, 1967, 18(1-2): 25-66.

[12] 方贤文, 陶小燕, 刘祥伟. 基于微分 Petri 网的业务流程模块适配方法[J]. 电子学报, 2017, 45(4): 777-781.

[13] Smirnov S, Weidlich M, Mendling J. Business process model abstraction based on synthesis from well-structured behavioral profiles[J]. International Journal of Cooperative Information Systems, 2012, 21(01): 55-83.

[14] Hermosillo G, Seinturier L, Duchien L, et al. Analyzing method of change region in BPM based on module of Petri net[J]. Information Technology Journal, 2013, 12(8): 1655-1659.

[15] Verbeek H M W, Buijs J C A M, van Dongen B F, et al. XES, XESame, and ProM 6[C]//Progress in Pattern Recognition, Image Analysis, Computer Vision, and Applications. Hammamet, Tunisia: Springer, 2011: 60-75.

[16] van der Aalst W M P. Process mining: discovery, conformance and enhancement of business processes[M]. 1st ed. Berlin, Heidelberg: Springer, 2011.

[17] van der Aalst W M P, Kalenkova A, Rubin V, et al. Process discovery using localized events[C]// Application and Theory of Petri Nets and Concurrency. Cham: Springer, 2015: 287-308.

[18] Buijs J C A M, van Dongen B F, van der Aalst W M P. Mining configurable process models from collections of event logs[C]//Proceeding of the 11th International Conference on Business Process Management, BPM 2013. Beijing, China: Springer, 2013: 33-48.

[19] J M E M van der Werf B F V D. Process discovery using integer linear programming[J]. Fundamenta Informaticae, 2009, 94(3/4).

[20] Leszek Rutkowski, Korytkowski Marcin, Scherer Rafał, et al. Artificial intelligence and soft computing: 13th International Conference, ICAISC 2014, Zakopane, Poland, June 1-5, 2014, Proceedings, Part I[M]. Cham: Springer International Publishing AG, 2014.

[21] van Der Aalst W M. A general divide and conquer approach for process mining[C]//Krakow, Poland: IEEE, 2013: 1-10.

[22] van der Aalst W M P. Decomposing Petri nets for process mining: A generic approach[J]. Distributed and Parallel Databases, 2013, 31(4): 471-507.

[23] Clempner J. Structure vs. Trajectory tracking methods: soundness verification of business processes [J]. IEEE Latin America Transactions, 2015, 13(12): 3980-3986.

[24] Kendall D G. Stochastic processes occurring in the theory of queues and their analysis by the method of the imbedded markov chain[J]. The Annals of Mathematical Statistics, 1953, 24(3): 338-354.

[25] Senderovich A, Weidlich M, Gal A, et al. Queue mining for delay prediction in multi-class service processes[J]. Information Systems, 2015, 53: 278-295.

［26］ Fang X,Wu J,Liu X. An optimized method of business process mining based on the behavior profile of Petri nets［J］. Information Technology Journal,2013,13(1):86-93.

［27］ Munoz-Gama J,Carmona J,van der Aalst W M P. Single-entry single-exit decomposed conformance checking［J］. Information Systems,2014,46(12):102-122.

［28］ van der Werf J M E,Kaats E. Discovery of functional architectures from event logs［C］//Brussels, Belgium:CEUR-WS. org,2015,1372:227-243.

［29］ Polyvyanyy A,Aalst W M P V D,Hofstede A H M T,et al. Impact-driven process model repair［J］. ACM Transactions on Software Engineering and Methodology,2017,25(4):1-60.

第4章 基于间接依赖关系的过程挖掘

随着信息技术的快速发展，业务流程管理在企业管理中起着越来越重要的作用。业务流程管理的核心内容之一就是从业务流程事件日志中挖掘过程模型。从事件日志中对模型进行分析，检验挖掘得到的模型是否存在行为异常或偏差，并基于事件日志提出新的见解和方法，从而达到对模型优化的目的。间接继承最早由 van der Aalst 提出，根据事件日志任务的可达性挖掘过程模型。他提出的挖掘过程模型算法在处理少量事件日志时是有效的，但随着事件日志生成的信息系统变得越来越强大，越来越多的事件数据被记录，过程模型变得越复杂，则传统的过程挖掘方法处理这些庞大的数据量存在困难。

4.1 基于间接依赖关系的过程挖掘概述

目前，关于过程挖掘的研究已做了相当多的工作。文献[1]中的流程发现旨在从给定事件日志中更好地获取描述过程模型的行为，然而不频繁行为的存在影响获取模型的精确性。通过 Inductive Miner，利用切操作过滤不频繁行为，挖掘得到合理的过程模型。把该方法和现有的挖掘方法在质量和性能方面作对比，说明该方法的有效性。文献[2]中描述从不完备的事件日志中发现过程模型结构，分析不完备日志对过程发现的影响，引入概率行为关系，利用这些关系处理不完备日志，给出一个基于这些概率关系的算法，用作重新发现过程模型语言。文献[3]考虑在间接继承的基础上，把日志作为输入，利用矩阵表示日志的可达到关系，顺序，排他，循环，平行，把日志分离成子日志，不断迭代，自动发现过程模型块结构。文献[4]提出了一种基于定位事件日志的通用的过程发现方法。该方法已经在 ProM 中执行，实验结果表明，位置信息确实有助于提高发现模型的质量。文献[5]提出了一种通用的流程挖掘框架预测、关联和聚集基于事件日志的动态行为。文献[2]提出了一种可构成的方法，从事件日志中发现块结构的过程模型。文献[6]利用整数线性规划的方法挖掘过程模型。

为了避免域理论导致过拟合的情况，文献[7]提出了一种基于区域理论的基于 ILP 的过程发现方法，该方法保证了工作流网络的宽松性。此外还设计了一种基于 ILP 公式内部工作原理的滤波算法，该算法能够处理不经常出现的行为。在文献[8]中介绍一种局部过程模型（LPM），它描述在较少的结构化业务流程中，所发生的结构片段的过程行为，并提出一个基于通用函数和约束条件的目标驱动的 LPM 发现框架。文献[9]中研究了从日志中发现过程模型，提出了能够系统地处理生命周期信息的过程发现及影响的方法，以及一种能够处理生命周期数据并区分并发和交错的过程发现技术。文献[10]中提出了判定日志与模型一致性的分析方法，通过日志序列在模型中重放来计算其合理性和适当性。文献[11]则提出了一种挖掘带有并行结构的整合的挖掘方法，这种方法是遗传算法、改进粒子群算法以及微分进化算法的整合。文献[12]中提出了一种能够处理选择和同步这两种依赖关系的算法,并且该算法已在 ProM 框架中实现,实验结果表明,该算法确实显著改进了现有的过程挖掘技术。

4.2   基于拟间接依赖的过程挖掘分析

业务流程挖掘旨在从记录的事件日志中挖掘出满足人们需求的过程模型。以往的方法多是根据事件之间的直接依赖关系建立过程模型,具有一定的局限性,本节提出了基于拟间接依赖的流程挖掘优化分析方法。首先,依据事件日志,以行为轮廓为基础,构建初始模型。然后,在执行日志下,通过基于整数线性规划流程发现算法的基本约束体查找出具有拟间接依赖关系的变迁对,并对模型进行完善,挖掘出优化模型。最后,通过具体的实例分析验证该方法的有效性。

本节依据文献[13]提出了基于拟间接依赖的过程挖掘优化分析的新方法。该方法以 Petri 网的行为轮廓理论为基础,建立初始模型。通过基于整数线性规划的约束条件找出具有拟间接依赖的变迁(事件)对,并对初始模型进行调整。最后挖掘出符合需求的过程模型。

4.2.1   基本概念

定义 4.1(**事件日志**) T 是任务集,$\sigma \in T^*$ 是一个执行迹,. $L \in P(T^*)$. 是一个事件日志。$P(T^*)$. 是 T^* 的幂集,$L \subseteq T^*$。

定义 4.2(**前缀闭包**)   设 $L = [\langle ABC \cdots XYZ \rangle^{1\,002}, \langle ACB \cdots YXZ \rangle^{1\,262}, \cdots, \langle ABC \cdots ZXY \rangle^{1\,232}]$ 是事件日志,$A, B, C, \cdots, Y, Z$ 均是事件即任务,则 L 的前缀闭包是:

$$\overline{L} = \{\varepsilon, \langle A \rangle, \langle AB \rangle, \langle AC \rangle, \langle ABC \rangle, \langle ACB \rangle, \cdots,$$
$$\langle ABC \cdots XYZ \rangle, \langle ACB \cdots YXZ \rangle, \cdots, \langle ABC \cdots ZXY \rangle\}$$

其中,ε 是空序列。

4.2.2   基于拟间接依赖的流程挖掘分析方法

1. 事件间拟间接依赖关系

任何一个过程模型的两个事件间都存在两种因果依赖关系:直接依赖关系和间接依赖关系。如果仅仅考虑事件之间的直接因果关系,则不能够准确地从事件日志中挖出业务流程来满足组织或者企业的需求,因此,还需要查找出事件之间的间接依赖关系。事件之间拟间接依赖关系的概念如定义 4.3 所示。

定义 4.3(**拟间接依赖关系**) T 是事件集(任务集),$L \in P(T^*)$ 是事件日志,. $\overline{L}$. 是事件日志 L 的前缀闭包,设 $t_1, t_2 \in T$ 是 T 中的两个事件(Petri 网模型的两个变迁),t_1, t_2 之间具有拟间接依赖关系,记作 $t_1 \infty t_2$,当且仅当不等式组

$$\begin{cases} x_1(t_1) + y_1(t_2) \geqslant 0 \\ x_2(t_1) + y_2(t_2) \geqslant 0 \\ \cdots\cdots \\ x_n(t_1) + y_n(t_2) \geqslant 0 \end{cases}, \quad n \in (1,2,3,\cdots) \text{ 成立}$$

其中,对于 L 的前缀闭包 $\overline{L}$ 中的每一条执行的事件日志,$x_i(t_1)$,$y_i(t_2)$ 的值可能不同,当 t_1 发生时,$x_i(t_1)$ 是两个事件(变迁对)之间的库所的输入弧数目;当 t_2 发生时,$y_i(t_2)$ 是两个事件(变迁对)之间的库所的输出弧的数目,$i \in (1,2,\cdots,n)$,$n \in (1,2,3,\cdots)$。

　　从事件之间拟间接依赖关系的定义可知,$t_1 \infty t_2$,称 t_1 与 t_2 满足拟间接依赖关系,即 t_2 对于 t_1 有依赖关系,通俗地说,t_2 是否发生取决于 t_1。由此可知,t_1 与 t_2 之间存在着一个库所,使 t_1 与 t_2 之间形成另一条通路,这个库所的存在保证了 t_1 与 t_2 之间的拟间接依赖关系。具体的拟间接依赖关系可以参考图 4.1,图中的变迁对 A 与 C 之间存在库所 p_1,B 与 D 之间存在库所 p_2,A 与 C 之间以及 B 与 D 之间均具有拟间接依赖关系。

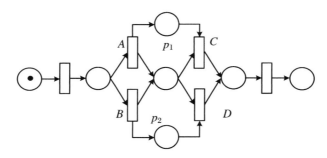

图 4.1　拟间接依赖关系的 Petri 网模型

2. 基于拟间接依赖的流程挖掘优化分析算法

　　对于基于整数线性规划流程发现算法的基本约束体,由于每条执行日志不同,则一个库所前后变迁 t_1,t_2 发生的 $x_i(t_1)$,$y_i(t_2)$ 的值不同,$i \in (1,2,\cdots,n)$,$n \in (1,2,3,\cdots)$,则对应的线性不等式 $x_i(t_1) + y_i(t_2) \geqslant 0 \{i \in (1,2,\cdots,n), n \in (1,2,3,\cdots)\}$ 也不一样。若每个线性不等式的右边部分大于等于零即不等式组成立,则该库所可以添加到过程模型中的这两个变迁 t_1,t_2 之间且 t_1,t_2 具有拟间接依赖性关系,这样就挖掘出了两个变迁的拟间接依赖关系(文中的事件集以 Petri 网的变迁集为例)。

　　有关业务流程挖掘的研究已做了相当多的工作。其中,α 算法能够从事件日志中挖掘出合理的模型,但是,当涉及挖掘特殊的流程模式(例如拟间接依赖关系)时,它具有很大的局限性。由此,提出了基于整数线性规划流程发现算法的基本约束条件集,找出过程模型中的具有拟间接依赖关系的变迁对,并且接受该变迁对间的库所,最终挖掘出过程模型中的拟间接依赖关系。

　　本节提出的基于拟间接依赖的流程挖掘优化分析的算法是以事件日志的行为轮廓关系为基础,首先分析事件日志的行为轮廓,根据行为轮廓关系建立初始模型。然后找出具有拟间接依赖的变迁对,并在执行具有拟间接依赖的变迁对的日志下,建立基于整数线性规划流程发现算法的基本约束表,通过不等式的成立验证具有拟间接依赖的变迁对之间的库所的存在性。最后得出符合需要的过程模型。具体的算法如算法 4.1 所示。

算法 4.1　基于拟间接依赖的流程挖掘优化

输入:事件日志。

输出:Petri 网模型。

步骤 1:处理所有提取到的事件日志 L,按照实例数从大到小排列日志,例如 $\langle \tau_1, \tau_2, \cdots, \tau_n \rangle$, $n \in (1,2,3,\cdots)$, $\tau_1, \tau_2, \cdots, \tau_n \in L$。

步骤 2:遍历每个事件日志,计算出事件日志的行为轮廓关系,即各个变迁对 t^1, t^2(其中 $t^1, t^2 \in L$)的行为轮廓关系,得出行为轮廓关系表(这里仅给出主要的关系,即 $\rightarrow$, $+$, $\parallel$),然后建立初始 Petri 网模型 M_0。

步骤 3:在初始模型 M_0 的基础上,找出预拟间接依赖关系的变迁对 t_1, t_2。t_1 是该库所前变迁,t_2 是该库所后变迁,然后执行含有此变迁对的迹,得到执行日志,建立执行日志表格。

步骤 4:对于由步骤 3 得到的执行日志,求出其前缀闭包 $\overline{L}$,即执行日志的子日志集。根据子日志集,找出基于整数线性规划的流程发现算法的基本约束条件体 $C_1, C_2, \cdots, C_n$,其中 $n \in \{1,2,3,\cdots\}$。计算预拟间接依赖关系的变迁对间的库所的输入弧和输出弧的数目(分别记为 $x(t_1), y(t_2)$,其中,t_1 是该库所前变迁,t_2 是该库所后变迁)。然后建立约束体表格,转入步骤 5。

步骤 5:根据步骤 4 中的约束体表格,可知对于不同的执行的日志,计算得到的 $x(t_1)$, $y(t_2)$ 可能不同。为此,对于每一条日志,得到不同的约束条件 C_i, $i \in (1,2,\cdots,n)$, $n \in (1,2,3,\cdots)$,变迁对之间的库所的输入弧和输出弧的数目分别记作 $x_i(t_1), y_i(t_2)$, $i \in (1,2,\cdots,n)$, $n \in (1,2,3,\cdots)$。然后计算不等式组

$$\begin{cases} x_1(t_1) + y_1(t_2) \geqslant 0 \\ x_2(t_1) + y_2(t_2) \geqslant 0 \\ \cdots\cdots \\ x_n(t_1) + y_n(t_2) \geqslant 0 \end{cases}$$

若不等式组成立,则该库所被该模型接受,且与该库所直接相连的变迁对具有拟间接依赖关系。否则,该库所被拒绝。执行步骤 6。

步骤 6:步骤 5 中得到的被接受的库所则保留在该模型中,即挖掘出符合需求的模型。最后,输出最终符合需求的 Petri 网优化模型 M_1。

4.2.3　实例分析

为验证上述算法的可行性,在这一部分给出简单的实例,即衣服购买业务流程。记录的事件日志包括以下事件,分别用大写英文字母表示,其中,A 顾客存包,B 进入商场,C 挑选衣服,D 完成挑选,E 新顾客选择支付方式,F 老顾客选择支付方式,H 刷 VIP 卡,I 银行卡支付,J 走出商场。具体的事件日志如表 4.1 所示。

表 4.1　事件日志

实例数	事件轨迹
2 017	*ABCDEGIJ*
2 000	*ACBDFGHJ*
157	*ACBDJ*
2 015	*ABCDKCDFGHJ*
1 997	*ABCDKCDKCDEGIJ*
2 013	*ACBDKCDKCDFGHJ*
256	*ABCDKCDKCDKCDJ*

首先将事件轨迹按照实例数从大到小排列，结果如下：

$\{ABCDEGIJ$（2 017），$ABCDKCDFGHJ$（2 015），$ACBDKCDKCDFGHJ$（2 013），$ACBDFGHJ$（2 000），$ABCDKCDKCDEGIJ$（1 997），$ABCDKCDKCDKCJ$（256），$ACBDJ$（157）$\}$，依次记为 $\tau_1,\tau_2,\tau_3,\tau_4,\tau_5,\tau_6,\tau_7$。根据这些日志的行为轮廓关系，建立行为轮廓关系表，如表 4.2 所示。

表 4.2　行为轮廓关系表

	A	B	C	D	E	F	G	H	I	J	K
A	+	→	→	→	→	→	→	→	→	→	→
B		+	‖	→	→	→	→	→	→	→	→
C			‖	→	→	→	→	→	→	→	‖
D				‖	→	→	→	→	→	→	‖
E					+	+	→	→	→	→	
F						+	→	→	→	→	
G							+	→	→	→	
H								+	+	→	
I									+	→	
J										+	
K					→	→	→	→	→	→	‖

根据事件日志的行为轮廓关系，可以得到衣服购买的初始 Petri 网模型 M_0，如图 4.2 所示。

从初始模型 M_0 中可以发现变迁对 F 和 H，E 和 I 具有预拟间接依赖关系，执行含有该变迁对的序列，可以得到执行日志，如表 4.3 所示。

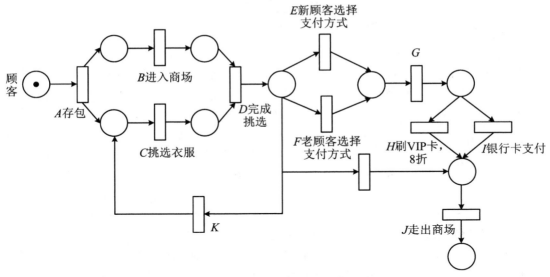

图 4.2　初始模型

表 4.3　执行日志

实例数	事件轨迹
2 017	*ABCDEGIJ*
2 000	*ACBDFGHJ*
157	*ACBDJ*
2 015	*ABCDKCDFGHJ*
1 997	*ABCDKCDKCDEGIJ*
2 013	*ACBDKCDKCDFGHJ*
256	*ABCDKCDKCDKCDJ*
2 015	*ACBDKCDFGHJ*
2 776	*ACBDFHJ*
1 994	*ABCDEIJ*

计算上面执行日志的前缀闭包,即

$$\overline{L} = \{\varepsilon, \langle A \rangle, \langle AB \rangle, \langle AC \rangle, \langle ABC \rangle, \cdots, \langle ACBDFGHJ \rangle,$$
$$\langle ABCDKCDFGHJ \rangle, \langle ABCDKCDKCDEGIJ \rangle,$$
$$\langle ACBDKCDKCDFGHJ \rangle, \langle ABCDKCDKCDKCDJ \rangle\}$$

其中,ε 是空序列。由其前缀闭包可以得到基于整数线性规划流程发现算法的基本约束体表格,如表 4.4 所示。分别计算不等式

$$\begin{cases} x_1(F) + y_1(H) \geqslant 0 \\ x_2(F) + y_2(H) \geqslant 0 \\ \cdots\cdots \\ x_{28}(F) + y_{28}(H) \geqslant 0 \end{cases}, \quad \begin{cases} x_1(E) + y_1(I) \geqslant 0 \\ x_2(E) + y_2(I) \geqslant 0 \\ \cdots\cdots \\ x_{28}(E) + y_{28}(I) \geqslant 0 \end{cases}$$

且这两个不等式组均成立,则 F 和 H 之间的库所 p_1,E 和 I 之间的库所 p_2 都可以被接受,说明变迁对 F 和 H 以及 E 和 I 都有拟间接依赖关系。由此实例可知,老顾客购买衣服付款时可以直接选择刷 VIP 卡,享受 8 折优惠,而新顾客则不可以享受优惠政策。最后,挖掘出具有拟间接依赖关系的 Petri 网优化模型 M_1 如图 4.3 所示。

对于上述实例,如果用 α 算法可以从事件日志中挖掘出合理的初始模型 M_0,但变迁对 F 和 H 以及变迁对 E 和 I 的拟间接依赖关系被忽视。而通过基于整数线性规划流程发现算法的基本约束条件集可以找出 F 和 H 以及 E 和 I 的拟间接依赖关系,从而得到符合需求的过程模型。

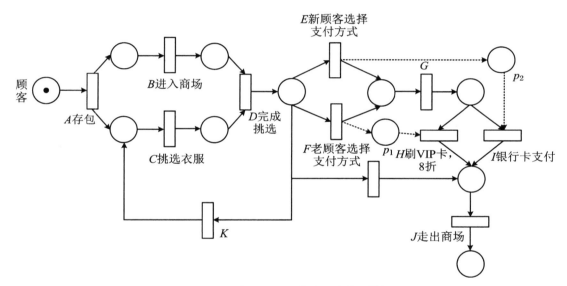

图 4.3　具有拟间接依赖关系的优化模型

表 4.4　基于整数线性规划流程发现算法的约束体

	m	$x(A)$	$x(B)$	$x(C)$	$x(D)$	$x(E)$	$x(F)$	$x(G)$	$x(H)$	$x(I)$	$x(J)$	$x(K)$	$y(A)$	$y(B)$	$y(C)$	$y(D)$	$y(E)$	$y(F)$	$y(G)$	$y(H)$	$y(I)$	$y(J)$	$y(K)$		
c_1	1					0	0														0	0			≥ 0	$\langle A\rangle$
c_2	1					0	0														0	0			≥ 0	$\langle AB\rangle$
c_3	1					0	0														0	0			≥ 0	$\langle AC\rangle$
c_4	1					0	0														0	0			≥ 0	$\langle ABC\rangle$
c_5	1					0	0														0	0			≥ 0	$\langle ACB\rangle$
c_6	1					0	0														0	0			≥ 0	$\langle ABCD\rangle$
c_7	1					0	0														0	0			≥ 0	$\langle ACBD\rangle$
c_8	1					1	0														0	0			≥ 0	$\langle ABCDE\rangle$
c_9	1					0	1														0	0			≥ 0	$\langle ACBDF\rangle$
c_{10}	1					0	0														0	0			≥ 0	$\langle ACBDJ\rangle$
c_{11}	1					0	0														0	0			≥ 0	$\langle ABCDK\rangle$
c_{12}	1					0	1														0	0			≥ 0	$\langle ABCDF\rangle$
c_{13}	1					1	0														0	0			≥ 0	$\langle ABCDEG\rangle$
c_{14}	1					0	1														0	0			≥ 0	$\langle ACBDFG\rangle$
c_{15}	1					0	0														0	0			≥ 0	$\langle ABCDKC\rangle$
c_{16}	1					1	0														0	-1			≥ 0	$\langle ABCDEI\rangle$
c_{17}	1					0	1														0	0			≥ 0	$\langle ABCDFH\rangle$
c_{18}	1					1	0														0	-1			≥ 0	$\langle ABCDEGI\rangle$
c_{19}	1					0	1														-1	0			≥ 0	$\langle ACBDFGH\rangle$
c_{20}	1					0	0														0	0			≥ 0	$\langle ABCDKCD\rangle$
c_{21}	1					1	0														0	-1			≥ 0	$\langle ABCDEIJ\rangle$
c_{22}	1					0	1														-1	0			≥ 0	$\langle ABCDFGI\rangle$
c_{23}	1					1	0														0	-1			≥ 0	$\langle ABCDEGIJ\rangle$
c_{24}	1					0	1														-1	0			≥ 0	$\langle ACBDFGHJ\rangle$
c_{25}	1					0	1														0	0			≥ 0	$\langle ABCDKCDF\rangle$
c_{26}	1					0	1														0	0			≥ 0	$\langle ABCDKCDFG\rangle$
c_{27}	1					0	1														-1	0			≥ 0	$\langle ABCDKCDFGH\rangle$
c_{28}	1					0	1														-1	0			≥ 0	$\langle ABCDKCDFGHJ\rangle$

4.3　基于间接继承的过程挖掘

本节提出以 Petri 网行为轮廓为基础,提出从事件日志任务的间接继承关系中挖掘过程模型。根据事件日志任务的间接依赖关系,将大量事件日志任务分为不同活动集群及对应的区域,在此基础上将不同活动集群转化为间接矩阵值,再对应 Petri 网形成过程子模型框架,建立区域过程子模型,然后再利用各个活动集群模型交互关系得到完整的各个模型。

4.3.1　基本概念

定义 4.4(过程模型的 Petri 网)　一个流程 Petri 网模型是一个六元组 $PM=(S,T;F,C,x,y)$,满足以下条件:

(1) S 是有限非空库所集合,T 是有限非空活动变迁集合,且 $S\bigcap T=\varnothing$;

(2) $F\subseteq(S\times T)\bigcup(T\times S)$,为 PM 的流关系;

(3) $\cdot x=\{y\mid(y\in S\bigcup T)\bigcap(y,x)\in F\}$ 称为 x 的前集,$x\cdot=\{y\mid(y\in S\bigcup T)\bigcap(y,x)\in F\}$ 称为 x 的后集;

(4) $x\in T$ 是开始活动变迁,$y\in T$ 是终止活动变迁;

(5) $\mathrm{dom}(F)\bigcup\mathrm{cod}(F)=P\bigcup T$,其中 $\mathrm{dom}(F)=\{x\in P\bigcup T\mid\exists y\in P\bigcup T:(x,y)\in F\}$,$\mathrm{cod}(F)=\{x\in P\bigcup T\mid\exists y\in P\bigcup T:(y,x)\in F\}$;

(6) $C=\{\mathrm{od,or,pl,cy}\}$ 是流程网的结构类型,即顺序、选择、并行、循环四种结构,其中并行和循环都属于交叉结构。

在过程模型的 Petri 网 PM 中存在一种弱序关系,即 $T\times T$ 包含了所有的变迁 (x,y),存在一个发生序列 $\sigma=t_1t_2\cdots t_n$ 当 $i\in\{1,2,\cdots,n-1\}$ 时,$i<j\leqslant n$,有 $t_i=x$ 且 $t_j=y$,$x>y$。

定义 4.5(间接继承矩阵)　A 是一组活动变迁,$M(A)=(A\times A)\to[-1.0,1.0]$ 表示事件日志间接继承值,对于活动 $a,a'\in A$ 和 $M\in M(A)$,$M(a,a')$ 表示从活动 a 到 a' 的间接继承值。

定义 4.6(间接继承图)　A 是一组活动变迁,$G(A)$ 表示一组关于活动的间接继承图。关于 A 的间接继承图 $G\in G(A)$ 是二元组 $G=(V,E)$,$V\in A$ 是一组活动节点,$E\in(V,V)$ 是一组活动边界,$G=(V,E)\in G(A)$ 是关于 A 的间接继承图和间接继承矩阵参数 $\tau\in[-1.0,1.0]$,当且仅当 $E=\{(a,a_1)\in A\times A\mid M(a,a')>\tau\}$ 且 $V=\bigcup_{(a,a')\in E}^{(a,a')}$ 对于每一组活动 $(a,a')\in A$ 在 G 中存在边,当且仅当间接继承矩阵值满足 τ。

定义 4.7(活动集群)　A 是一组活动变迁,$C(A)$ 表示一组活动群,一个活动集群 $C\in C(A)$ 是活动 A 的子集,所以 $C\subseteq A$。

定义 4.8(活动聚类)　A 是一组活动变迁,$\hat{C}(A)$ 表示一组活动聚类,一个活动聚类 $\hat{C}\in\hat{C}(A)$ 是一组活动集群。活动 Ak-聚类 $\hat{C}\in\hat{C}(A)$ 表示聚类的大小,例如 $|\hat{C}|=k$。$\|\hat{C}\|=|c|$ 表示活动聚类中的活动数量,例如 $\|\hat{C}\|$ 表示活动聚类 $\hat{C}$ 仅有的数量。

4.3.2　基于活动集群的间接继承过程模型挖掘方法

将大量事件日志分为不同的活动集群,根据事件日志任务间的间接继承值建构间接矩阵,根据间接继承值确定事件日志的间接继承关系,进而建构活动集群间的过程模型。

1. 基于活动集群的间接继承过程模型基本结构

基于 Petri 网中行为轮廓的各种结构利用事件日志任务继承矩阵表示日志的可达性如下:

(1) 顺序模式。

在 Petri 网中事件日志任务 A,B,C,D 顺序模式如图 4.4 所示。

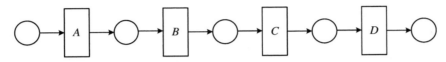

图 4.4　顺序模式 Petri 网图

表 4.5　顺序模式对应的继承矩阵

	A	B	C	D
A	0	1	1	1
B	0	0	1	1
C	0	0	0	1
D	0	0	0	0

(2) 选择模式。

选择模式相互排斥,在 Petri 网中事件日志任务 A,B,C,D 如图 4.5 所示。

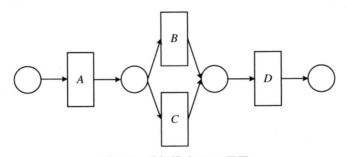

图 4.5　选择模式 Petri 网图

表 4.6　选择模式对应的继承矩阵

	A	B	C	D	$B{\oplus}C$
A	0	1	1	1	1
B	0	0	0	1	1
C	0	0	0	1	1
D	0	0	0	0	1
$B{\oplus}C$	1	1	1	1	

（3）循环模式。

在 Petri 网中事件日志任务 B,C 循环发生，如图 4.6 所示。

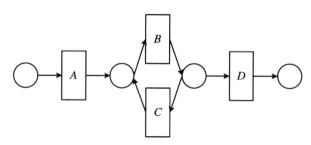

图 4.6 循环模式 Petri 网图

表 4.7 循环模式对应的继承矩阵

	A	B	C	D
A	0	1	1	1
B	0	1	1	1
C	0	1	1	1
D	0	0	0	0

（4）平行模式。

在 Petri 网中事件日志任务 B,C 同时发生，如图 4.7 所示。

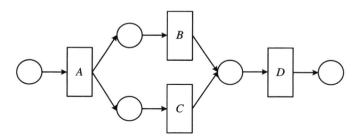

图 4.7 平行模式 Petri 网图

表 4.8 平行模式对应的继承矩阵

	A	B	C	D
A	0	1	1	1
B	0	0	1	1
C	0	1	0	1
D	0	0	0	0

事件日志继承关系的确定将会取转换值 $M\perp_z(a,a')$ 且被定义如下：

$$M \perp_z (a, a') = \begin{cases} 1.0, & \text{若 } M(a, a') = 1.0 \\ \dfrac{M(a, a') - z}{1.0 - z}, & \text{若 } M(a, a') \in (z, 1.0) \\ \dfrac{M(a, a') - z}{1.0 + z}, & \text{若 } M(a, a') \in (-1.0, z) \end{cases}$$

2. 活动集群的间接继承关系的确定

实际上,根据事件日志,将事件日志分为不同的活动聚类,首先必须了解活动聚类的特性,活动聚类的第一个特性是内聚力,表示平均每个活动集的平均内聚性。具有良好内聚性的聚类(聚合 1)表示同一集群中的活动之间的因果关系是较优的,然而不良的内聚性(内聚性 0)表示无因果关系的活动聚集在一起。

定义 4.9（内聚性） A 是一组活动变迁,$M \in M(A)$ 是间接继承矩阵且 $\hat{C} \in \hat{C}_v(A)$ 是活动变迁的有效集群,聚类 $\hat{C}$ 在矩阵 M 的内聚性表示为 $(\hat{C}, M)$,定义如下:

$$内聚性(\hat{C}, M) = \frac{\sum\limits_{c \in \hat{C}} (C, M)}{|\hat{C}|}$$

$$内聚性(C, M) = \frac{\sum\limits_{c_1, c_2 \in C} \max(M(c_1, c_2), 0)}{|C \times C|}$$

第二个集群属性称为耦合,并且也被表示为 0 和 1 之间的数。好的耦合(耦合 1)表示跨集群活动之间的因果关系被最小化。坏的耦合(耦合 0)表示在不同的集群活动之间有很多因果关系。

定义 4.10（耦合性） A 是一组活动变迁,$M \in M(A)$ 是间接继承矩阵且 $\hat{C} \in \hat{C}_v(A)$ 是活动变迁的有效集群,聚类 $\hat{C}$ 在矩阵 M 的耦合性表示为 $(\hat{C}, M)$,定义如下:

$$耦合性(\hat{C}, M) = \begin{cases} 1, & \text{若 } |\hat{C}| \leqslant 1 \\ 1 - \dfrac{\sum\limits_{C_1, C_2 \in \hat{C} \wedge C_1 \neq C_2} \text{coupling}(C_1, C_2, M)}{|\hat{C}| \cdot (|\hat{C}| - 1)}, & \text{若 } |\hat{C}| > 1 \end{cases}$$

$$耦合性(C_1, C_2, M) = \frac{\sum\limits_{c_1 \in C_1, c_2 \in C_2} [\max(M(c_1, c_2), 0) + \max(M(c_1, c_2), 0)]}{2 \times |C_1 \times C_2|}$$

注意,权重的计算中使用的继承关系是内聚和耦合,因此不完全确定的关系(或弱的关系)对这些属性的影响小于较强的关系。一个活动的平衡集群是第三个属性。好的平衡集群的集群大小基本相同。内聚和耦合,平衡也为 0 和 1 之间的数字,一个良好的平衡(平衡 1)意味着所有集群是同样的大小,一个糟糕的平衡(平衡 0)意味着集群大小有很大不同。较低的活动分解成集群平衡(例如 k-clustering 在一个大集群持有几乎所有的活动和 $(k-1)$ 个集群只有几个活动),不会加速发现或一致性检查,整个分解方法没有用。同时找到一个集群与完美的平衡(所有集群有相同的大小)将最有可能分解过程,如过程通常有不同大小的区域日志。

定义 4.11（平衡性） A 是一组活动变迁,$M \in M(A)$ 是间接继承矩阵且 $\hat{C} \in \hat{C}_v(A)$ 是

活动变迁的有效集群，聚类 $\hat{C}$ 的矩阵平衡性表示为 $(\hat{C})$，定义如下：

$$平衡性(C) = 1 - \frac{2 \times \sigma(\hat{C})}{\| \hat{C} \|}$$

$\sigma(\hat{C})$ 表示各个活动集群大小的偏差。

为了评估一个特定的基于聚类的分解特性，我们使用加权得分函数，一个活动集群加权得分在 0（不好的集群）和 1（好的集群）之间。重量为每个聚类属性，可以根据它们的相对重要性设置。

定义 4.12（聚类加权分）　　A 是一组活动变迁，$M \in M(A)$ 是间接继承矩阵且 $\hat{C} \in \hat{C}_V(A)$ 是活动变迁的有效集群，聚类 $\hat{C}$ 在矩阵 M 的聚类加权分表示为 $(\hat{C}, M)$，定义如下：

$$加权分(\hat{C}, M) = 内聚(\hat{C}, M) \times \left(\frac{Cohw}{Cohw + Couw + Balw} \right)$$
$$+ 耦合(\hat{C}, M) \times \left(\frac{Couw}{Cohw + Couw + Balw} \right)$$
$$+ 平衡性(\hat{C}, M) \times \left(\frac{Balw}{Cohw + Couw + Balw} \right)$$

$Cohw$，$Couw$，$Balw$ 分别表示内聚、耦合、平衡性的权重。

3. 基于活动集群的过程模型挖掘算法

如前文所述，创造一个良好的活动集群本质上是一个图划分问题。继承活动图需要分区的部分应凝聚力好，有良好的耦合性和平衡性。现有的最大分解方法通常会导致一个细化的分解，即太细粒度。凝聚力和平衡集群发现这种方法通常是不错的，因为所有集群仅包括少数相关的活动。然而，耦合本质上是糟糕的，因为有很多重叠集群，以及活动有许多继承关系跨集群。这种分解方法会导致潜在的模型质量下降。因此想找一个非最大分解优化 3 个聚类属性。将获得的重组活动集群 vertex-cut 分解，因为它是最大的（不存在较小的有效聚类），可以创建一个集群。更少更大的集群需要更短的处理时间发现最终的模型，因为开销以及集群重叠都减少了。此外，因为更多的活动集群和集群之间的低耦合，所以模型的质量可能会增加。

算法 4.2　基于活动集群间接继承的过程模型挖掘算法

输入：处理过的日志。

输出：Petri 网模型。

步骤 1：对提取的所有有效的事件日志进行预处理，去除不完备的事件日志轨迹且合并日志。

步骤 2：根据事件日志的间接继承关系，建立间接继承关系表，然后根据活动集群满足 3 个特性建立活动集群。

步骤 3：计算活动集群的聚类加权分 $(\hat{C}, M)$，并计算 $M \perp_z (a, a')$。

步骤 4：若 $(\hat{C}, M) > 0.5$，则进入步骤 5，否则活动集群将会被重组被筛选，转入步骤 2。

步骤 5：在 $(\hat{C}, M) > 0.5$ 的情况下，计算 $M \perp_z (a, a')$，若 $M \perp_z (a, a') > 0.5$，活动集群的事件日志继承关系将会被筛选，进入步骤 6，否则进入步骤 2。

步骤 6：将活动集群根据间接继承的基本结构转化为子模型，再根据活动集群的耦合性，即

$$耦合性(\hat{C}, M) = \begin{cases} 1, & 若\,|\hat{C}| \leqslant 1 \\ 1 - \dfrac{\sum\limits_{C_1, C_2 \in \hat{C} \wedge C_1 \neq C_2} \mathrm{coupling}(C_1, C_2, M)}{|\hat{C}| \times (|\hat{C}| - 1)}, & 若\,|\hat{C}| > 1 \end{cases}$$

合成过程模型 M_O。

4.3.3　实例分析

为了验证上述算法的可行性,在这一部分将给出两个实例,基于活动集群事件日志的过程挖掘的过程模型。

1. 基于少量的事件日志迹过程建模

为了验证基于活动集群事件间接继承过程挖掘算法,给出分别对应 *ABDEFI*, *ABCDEFI*, *ABCBDHI*, *ABDGI*, *ABCBDHI*, *ABCBDGI* 的 6 个事件日志迹,分别将 6 个事件日志轨迹分为不同区域,分别对应区域 r_1, r_2,如图 4.8 所示。

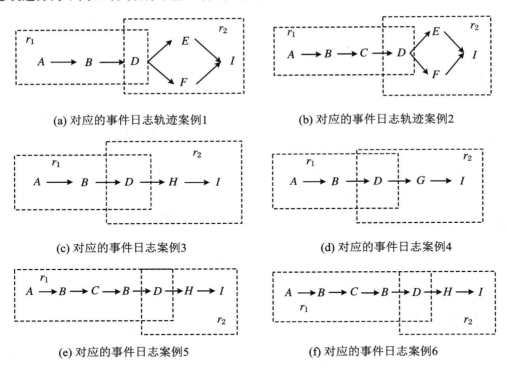

(a) 对应的事件日志轨迹案例1　　　　　　(b) 对应的事件日志轨迹案例2

(c) 对应的事件日志案例3　　　　　　(d) 对应的事件日志案例4

(e) 对应的事件日志案例5　　　　　　(f) 对应的事件日志案例6

图 4.8　对应的区域事件日志

将图 4.8 中各事件日志迹分别对应的区域的事件日志用继承矩阵表示。

将事件日志迹对应的 r_1 区域,用矩阵表示,如表 4.9 所示。

表 4.9　间接继承矩阵

	A	B	C	D
A	0	1	1	1
B	0	1	1	1
C	0	1	1	1
D	0	0	0	0

图 4.9 中可以得出 B, C 之间的间接继承关系是循环关系, 且 A, B, C, D 之间的间接继承关系是顺序关系。

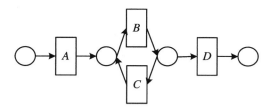

图 4.9　r_1 区域过程模型

事件日志迹对应的 r_2 区域的间接继承矩阵, 如表 4.10 所示。

表 4.10　间接继承矩阵

	D	E	F	G	H	I	Σ	$E \oplus F$
D	0	1	1	1	1	1	5	1
E	0	0	1	0	0	1	2	0
F	0	1	0	0	0	1	2	0
G	0	0	0	0	0	1	1	1
H	0	0	0	0	0	1	1	1
I	0	0	0	0	0	0	0	1
Σ	0	2	2	1	1	5		
$E \oplus F$	1	0	0	1	1	1		

由表 4.10 得 E, F 事件日志任务的间接继承关系是平行关系, 且对 D, G, H, I 间接继承值是相同的, 由此分析得出事件日志任务 E, F 的间接继承关系为平行关系, 则事件日志任务 E, F 分为一类, 接着用间接继承矩阵表达在日志中 D, EF, G, H, I 的关系。

由表 4.11 得出 G, H 为选择关系, 且对 D, EF, I 的影响值相同。

表 4.11　间接继承矩阵(减少)

	D	EF	G	H	I	Σ	$G \oplus H$
D	0	1	1	1	1	4	1
EF	0	0	0	0	1	1	1
G	0	0	0	0	1	1	1

续表

	D	EF	G	H	I	Σ	G⊕H
H	0	0	0	0	1	1	1
I	0	0	0	0	0	0	1
Σ	0	1	1	1	4		
G⊕H	1	1	1	1	1		

由表 4.12 得出事件日志任务 E 和 F，G 和 H 为选择关系，且对事件日志任务 D，EF，GH，I 的间接继承矩阵值相同，由上图得出事件日志任务 E，F 的间接继承关系为平行关系，事件日志任务 G，H 的间接继承关系为选择关系，则事件日志任务 E，F 和 G，H 间接继承关系为选择关系，如图 4.10 所示。

表 4.12   间接继承矩阵（减少）

	D	EF	GH	I	Σ	EF⊕GH
D	0	1	1	1	3	1
EF	0	0	0	1	1	1
GH	0	0	0	1	1	1
I	0	0	0	0	0	1
Σ	0	1	1	3		
EF⊕GH	1	1	1	1		

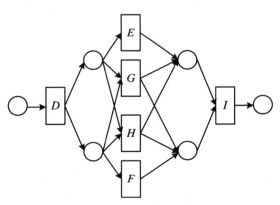

图 4.10 r_2 区域过程模型

2. r_1 区域和 r_2 区域

由表 4.13 矩阵值得出事件日志任务 A，B，C 和 D，E，F，G，H，I 的间接继承关系为顺序关系，由此得出事件日志任务的过程子模型 Petri 网图如图 4.11 所示。

表 4.13   间接继承矩阵

	ABC	DEFGHI
ABC	0	1
DEFGHI	0	0

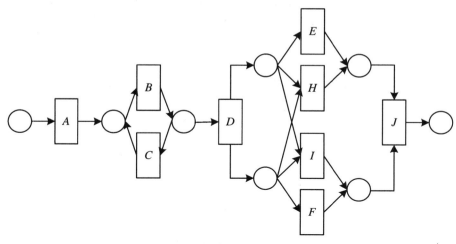

图 4.11　融合区域的过程模型

3. 基于大量的事件日志过程模型建模

表 4.14 中包含了事件日志 L 中所含有的事件日志任务 $a_1, a_2, a_3, a_4, a_5, a_6, a_7, a_8$ 包含的迹及事件日志任务迹发生的频率。根据事件日志迹包含的事件日志任务可达性的行为关系，转化为事件日志任务间接继承矩阵值。

表 4.14　事件日志 L

迹	频率
$\langle a_1, a_2, a_4, a_5, a_6, a_2, a_4, a_5, a_6, a_4, a_2, a_5, a_7 \rangle$	1
$\langle a_1, a_2, a_4, a_5, a_6, a_3, a_4, a_5, a_6, a_4, a_3, a_5, a_6, a_2, a_4, a_5, a_7 \rangle$	1
$\langle a_1, a_2, a_4, a_5, a_6, a_3, a_4, a_5, a_7 \rangle$	1
$\langle a_1, a_2, a_4, a_5, a_6, a_3, a_4, a_5, a_8 \rangle$	2
$\langle a_1, a_2, a_4, a_5, a_6, a_4, a_3, a_5, a_7 \rangle$	1
$\langle a_1, a_2, a_4, a_5, a_8 \rangle$	4
$\langle a_1, a_3, a_4, a_5, a_6, a_4, a_3, a_5, a_8 \rangle$	1
$\langle a_1, a_3, a_4, a_5, a_8 \rangle$	1
$\langle a_1, a_4, a_2, a_5, a_6, a_4, a_2, a_5, a_6, a_3, a_4, a_5, a_6, a_2, a_4, a_5, a_8 \rangle$	1
$\langle a_1, a_4, a_2, a_5, a_7 \rangle$	1
$\langle a_1, a_4, a_2, a_5, a_8 \rangle$	3
$\langle a_1, a_4, a_3, a_5, a_7 \rangle$	1
$\langle a_1, a_4, a_3, a_5, a_8 \rangle$	1
$\langle a_1, a_3, a_4, a_5, a_6, a_4, a_3, a_5, a_7 \rangle$	1

根据表 4.15 及各区域事件日志任务的间接继承值，产生因果关系图，如图 4.12 所示。

表 4.15　事件日志的间接继承矩阵图

	a_1	a_2	a_3	a_4	a_5	a_6	a_7	a_8
a_1	-0.41	0.91	0.75	0.88	-1.00	-1.00	-1.00	-1.00
a_2	-1.00	-0.79	-1.00	0.29	0.88	-1.00	-1.00	-1.00
a_3	-1.00	-1.00	-0.76	0.10	0.86	-1.00	-1.00	-1.00
a_4	-1.00	-0.29	-0.13	-0.86	1.00	-1.00	-1.00	-1.00
a_5	-1.00	-1.00	-1.00	-1.00	-1.00	0.93	0.90	0.92
a_6	-1.00	-0.75	0.83	0.86	-1.00	-0.60	-1.00	-1.00
a_7	-1.00	-1.00	-1.00	-1.00	-1.00	-1.00	-0.62	-1.00
a_8	-1.00	-1.00	-1.00	-1.00	-1.00	-1.00	-1.00	-0.63

　　计算事件日志的聚类加权分,将事件日志 L 分为 3 个不同区域,分别为区域 $C_1\{a_1,a_2,a_3,a_4,a_6\}$、区域 $C_2\{a_2,a_3,a_4,a_5\}$、区域 $C_3\{a_5,a_6,a_7,a_8\}$,如表 4.16 所示。

表 4.16　事件日志活动集群 C

区域 $C_1\{a_1,a_2,a_3,a_4,a_6\}$	区域 $C_2\{a_2,a_3,a_4,a_5\}$	区域 $C_3\{a_5,a_6,a_7,a_8\}$
$\{a_1,a_2,a_4,a_6,a_2,a_4,a_6,a_4,a_2\}$	$\{a_2,a_4,a_5,a_2,a_4,a_5,a_4,a_2,a_5\}$	$\{a_5,a_6,a_5,a_6,a_5,a_7\}$
$\{a_1,a_2,a_4,a_6,a_3,a_4,a_6,a_4,a_3,a_6,a_2,a_4\}$	$\{a_2,a_4,a_5,a_3,a_4,a_5,a_4,a_3,a_5,a_2,a_4,a_5\}$	$\{a_5,a_6,a_5,a_6,a_5,a_6,a_5,a_7\}$
$\{a_1,a_2,a_4,a_6,a_3,a_4\}$	$\{a_2,a_4,a_5,a_3,a_4,a_5\}$	$\{a_5,a_6,a_5,a_7\}$
$\{a_1,a_2,a_4,a_6,a_3,a_4\}$	$\{a_2,a_4,a_5,a_3,a_4,a_5\}$	$\{a_5,a_6,a_5,a_8\}$
$\{a_1,a_2,a_4,a_6,a_4,a_3\}$	$\{a_2,a_4,a_5,a_4,a_{,3},a_5\}$	$\{a_5,a_6,a_5,a_7\}$
$\{a_1,a_2,a_4\}$	$\{a_2,a_4,a_5\}$	$\{a_5,a_8\}$
$\{a_1,a_3,a_4,a_6,a_4,a_3\}$	$\{a_2,a_4,a_5,a_4,a_3,a_5\}$	$\{a_5,a_6,a_5,a_7\}$
$\{a_1,a_3,a_4,a_6,a_4,a_3\}$	$\{a_2,a_4,a_5,a_4,a_3,a_5\}$	$\{a_5,a_6,a_5,a_8\}$
$\{a_1,a_3,a_4\}$	$\{a_3,a_4,a_5\}$	$\{a_5,a_8\}$
$\{a_1,a_4,a_2,a_6,a_4,a_2,a_6,a_3,a_4,a_6,a_2,a_4\}$	$\{a_4,a_2,a_5,a_4,a_2,a_5,a_3,a_4,a_5,a_2,a_4,a_5\}$	$\{a_5,a_6,a_5,a_6,a_5,a_6,a_5,a_8\}$
$\{a_1,a_4,a_2\}$	$\{a_4,a_2,a_5\}$	$\{a_5,a_7\}$
$\{a_1,a_4,a_2\}$	$\{a_4,a_2,a_5\}$	$\{a_5,a_8\}$
$\{a_1,a_4,a_3\}$	$\{a_4,a_3,a_5\}$	$\{a_5,a_7\}$
$\{a_1,a_4,a_3\}$	$\{a_4,a_3,a_5\}$	$\{a_5,a_8\}$

　　根据各区域事件日志的因果关系图及群与群之间的交互关系及耦合性值,将区域 $C_1\{a_1,a_2,a_3,a_4,a_6\}$ 和区域 $C_2\{a_2,a_3,a_4,a_5\}$ 相结合形成因果关系图,如图 4.13 所示。

　　基于事件日志继承矩阵值及 $M\perp_z(a,a')>0.5$,将活动群集区域 $C_1\{a_1,a_2,a_3,a_4,$

a_6}、区域 C_2{a_2,a_3,a_4,a_5}、区域 C_3{a_5,a_6,a_7,a_8}转化为 Petri 网子图,形成子模型,如图 4.14 所示。

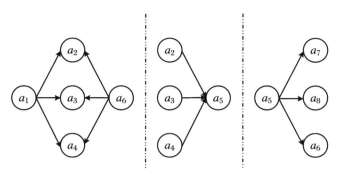

图 4.12　因果关系图

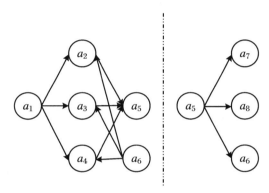

图 4.13　聚合因果关系图

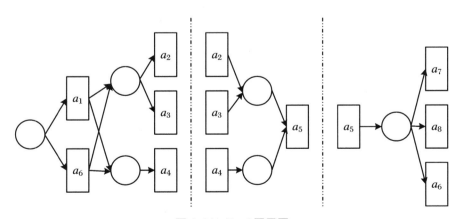

图 4.14　Petri 网子图

根据区域 C_1{a_1,a_2,a_3,a_4,a_6}、区域 C_2{a_2,a_3,a_4,a_5}、区域 C_3{a_5,a_6,a_7,a_8}之间的关系,由基于活动集群间接继承的过程模型的挖掘算法产生的过程模型如图 4.15 所示。

为了确定区域之间的交互关系,假设通过算法发现了两个 Petri 网子模型,将两个子模型与初始模型合并,合并后的模型如图 4.16 所示。在这一步中,由于子模型间可能存在标签重复的变迁,对于重复出现在不同子模型中的标签相同的变迁,在将子模型与初始模型合并后,将仅保留一个同标签的变迁,如变迁 a_5。

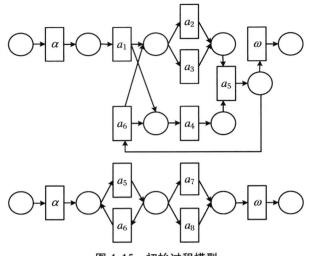

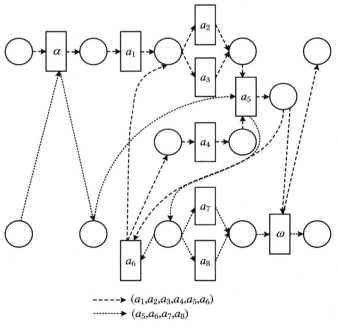

图 4.15　初始过程模型

- - - - → $(a_1,a_2,a_3,a_4,a_5,a_6)$
········→ (a_5,a_6,a_7,a_8)

图 4.16　所有的子网合并

通过移除流程模型中的不可见变迁,保留可见变迁,由此产生最终的流程模型,如图 4.17、图 4.18、图 4.19 所示。

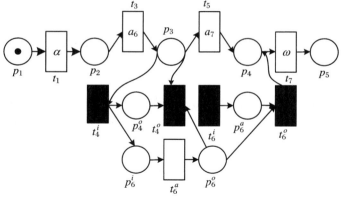

图 4.17　含一种不可见转换标签

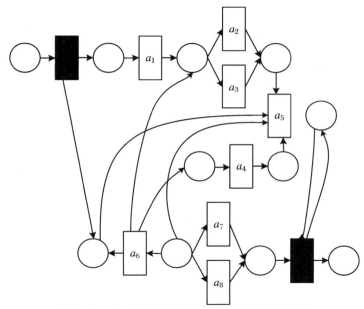

图 4.18　Petri 网过程模型隐藏不可见转换标签

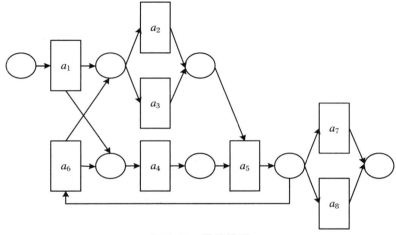

图 4.19　最终模型

4.4　基于拟间接依赖的过程挖掘

本节以 Petri 网行为轮廓为基础,提出基于拟间接依赖的挖掘含有间接依赖的过程模型的新方法。进行模型挖掘时先根据行为轮廓建立初始模型,然后找出具有拟间接依赖关系的变迁对并对模型进行调整,最后根据计算适合性和行为适当性用增量日志来调整模型,直到得出符合需要的过程模型。

4.4.1　基本概念

定义 4.13(流程 Petri 网模型)　一个流程 Petri 网模型是一个六元组 $PM = (S, T; F, C, s, e)$,满足以下条件:

(1) S 是有限非空库所集合,T 是有限非空活动变迁集合,且 $S \cap T = \varnothing$;

(2) $F \subseteq (S \times T) \cup (T \times S)$,为 PM 的流关系;

(3) $C = \{\mathrm{od}, \mathrm{or}, \mathrm{pl}, \mathrm{cy}\}$ 是流程网的结构类型,即顺序、选择、并行、循环四种结构,其中并行和循环都属于交叉结构;

(4) $s \in T$ 是开始活动变迁,$e \in T$ 是终止活动变迁。

定义 4.14(基于弱序关系扩展的次序关系)　设 $L \subseteq P(T^*)$ 是流程 Petri 网模型 $PM = (S, T; F, C, s, e)$ 中的执行日志,$\sigma = t_1 t_2 \cdots t_n$ 为执行日志 L 中的一条事件轨迹,则一个活动变迁对 $(x, y) \in (T_L \times T_L)$ 是下列关系中的一种:

(1) 直接弱序 $\succ_d$:存在 $\sigma = t_1 t_2 \cdots t_n, \sigma \in L, i \in \{1, 2, \cdots, n-1\}$,使得 $t_i = a, t_{i+1} = b$,则 $a \succ_d b$;

(2) 间接弱序 $\succ_{id}$:存在 $\sigma = t_1 t_2 \cdots t_n, \sigma \in L$,使得 $t_i = a, t_j = b$,其中 $i, j : i \in \{1, 2, \cdots, n-2\}, j \in \{i+2, i+3, \cdots, n\}$,则 $a \succ_{id} b$;

(3) 弱循环 $\leftrightarrow$:存在 $\sigma = t_1 t_2 \cdots t_n, \sigma \in L, i \in \{1, 2, \cdots, n-2\}$,使得 $t_i = t_{i+2} = a, t_{i+1} = b$,则 $a \leftrightarrow b$;

(4) 直接严格序关系 $\rightarrow_d$:若 $a \succ_d b \wedge b \nsucc_d a \wedge a \neg \leftrightarrow b \wedge b \neg \leftrightarrow a$,则 $a \rightarrow_d b$;

(5) 间接严格序关系 $\rightarrow_{id}$:若 $a \succ_{id} b \wedge b \nsucc_{id} a \wedge a \neg \leftrightarrow b \wedge b \neg \leftrightarrow a$,则 $a \rightarrow_{id} b$;

(6) 并行交叉序 $\parallel_p$:若 $a \succ_d b \wedge b \succ_d a \wedge a \neg \leftrightarrow b \wedge b \neg \leftrightarrow a$,则 $a \parallel_p b$;

(7) 循环交叉序 $\parallel_c$:若 $a \succ_d b \wedge b \succ_d a \wedge a \leftrightarrow b \wedge b \leftrightarrow a$,则 $a \parallel_c b$;

(8) 排他序关系 $\otimes$:若 $a \nsucc_d b \wedge b \nsucc_d a \wedge a \nsucc_{id} b \wedge b \nsucc_{id} a$。

定义 4.15(适合性)

$$a_p = 2 \frac{|\{(a, b) \mid R_M(a, b) = R_L(a, b)\}|}{|T_M \times T_M||T_L \times T_L|}$$

其中,$R_M(a, b) \in \{\rightarrow_d, \rightarrow_{id}, \parallel_p, \parallel_c, \otimes\}$ 表示过程模型中 a 和 b 的关系,$R_L(a, b) \in \{\rightarrow_d, \rightarrow_{id}, \parallel_p, \parallel_c, \otimes\}$ 表示执行日志中 a 和 b 的关系。

行为适当性:

$$a_B = \frac{\sum_{i=1}^{k} n_i (\mid T_V \mid - x_i)}{(\mid T_V \mid - 1) \sum_{i=1}^{k} n_i}$$

其中, k 为给定的执行日志的不同事件轨迹数, n_i 表示第 i 类事件轨迹中所包含的过程实例数, T_V 为过程模型中可见任务的集合, x_i 表示当前事件轨迹重放时就绪变迁的平均个数。

4.4.2　基于拟间接依赖的过程模型挖掘方法

1. 任务间拟间接依赖关系的确定

实际上, 无论在哪个进程模型中, 任务间都只存在直接依赖关系和间接依赖关系这两种因果依赖关系。如果只考虑任务间的直接依赖关系不能准确无误地从事件日志中挖掘出过程模型, 必须还要考虑任务间的间接依赖关系, 为了准确找出具有间接依赖关系的变迁对, 下面提出拟间接依赖关系的概念。

定义 4.16（拟间接依赖关系）　设 $L \subseteq B(T^*)$ 是流程 Petri 网模型 $PM = (S, T, F, C; s, e)$ 中的事件日志, $\sigma_i = t_1 t_2 \cdots t_n$ 为事件日志 L 中的日志序列, 则一个活动变迁对 $(a, b) \in (T_L \times T_L)$（不考虑在每条日志序列中都共同出现的活动对）具有拟间接依赖关系, 记为 $a \infty b$, 当且仅当:

$$P(a, b) = \frac{\sum_{i=1}^{k} n_i r(b, \sigma_i)}{\sum_{i=1}^{k} n_i R(a \to_{id} b, \sigma_i)} = 1$$

其中, k 为给定的执行日志的不同日志序列数; n_i 表示第 i 类日志序列中所包含的过程实例数; $r(b, \sigma_i)$ 用来判断活动变迁 b 是否在 σ_i 中出现, 若 b 在 σ_i 中出现, 则 $r(b, \sigma_i) = 1$, 若不出现, 则 $r(b, \sigma_i) = 0$; $R(a \to_{id} b, \sigma_i)$ 用来判断 a 和 b 是否以间接严格序关系出现, 若是, 则 $R(a \to_{id} b, \sigma_i) = 1$, 若不是, 则 $r(a \to_{id} b) = 0$。

从拟间接关系的定义可知, 若 $a \infty b$, 则变迁 b 对变迁 a 是依赖关系, 即 b 是否发生取决于 a, 因此 a 和 b 之间必有一个库所直接将它们相连以保证它们之间的这种依赖关系, 也即是 $a \cdot \cap \cdot b \neq \varnothing$, 又因为 $a \to_{id} b$, 由间接依赖关系的定义可知, 若 $a \infty b$, 则 a 和 b 具有间接依赖关系。

如图 4.20 所示, 变迁 A 和 B, B 和 D, C 和 D 等是直接依赖关系; B 和 E, C 和 F 则是间接依赖关系。

2. 基于拟间接依赖的过程模型挖掘算法

本节提出的基于拟间接依赖的过程模型挖掘算法是以日志改进的行为轮廓为基础, 首先分析事件日志改进的行为轮廓, 根据日志改进的行为轮廓建立初始模型, 然后找出具有拟间接依赖关系的变迁对并对模型进行调整, 最后根据计算适合性和行为适当性用增量日志来调整模型, 直到得出符合需要的过程模型。下面是具体的业务流程挖掘算法, 步骤如图 4.21 所示。

算法 4.3　基于拟间接依赖的过程模型挖掘算法

输入: 处理过的事件日志。

输出: Petri 网模型。

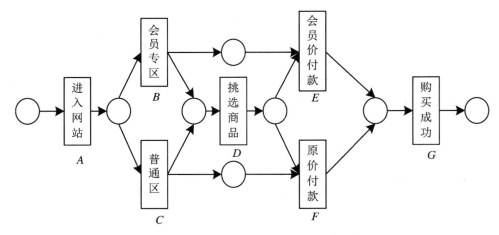

图 4.20　含有直接依赖和间接依赖的过程模型

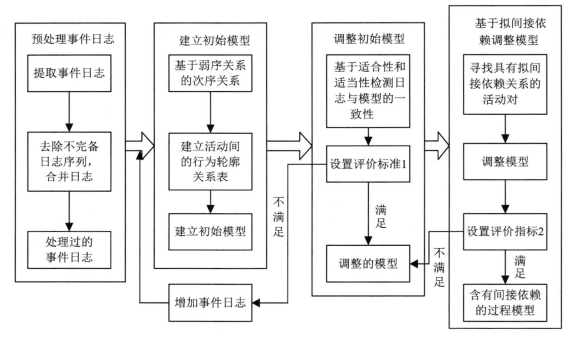

图 4.21　过程模型挖掘步骤

步骤1:对提取到的所有日志进行预处理,去除不完备的事件轨迹且合并日志。

步骤2:遍历每条事件轨迹,根据定义,计算日志改进的行为轮廓,建立行为轮廓关系表(仅列出主要的关系即可,如 $\rightarrow_d$,$\|_p$,$\|_c$,$\otimes$),然后根据日志改进的行为轮廓关系表建立初始模型 M_0。

步骤3:计算模型的适合性 a_p。

步骤4:若 $1 - a_p < 0.1$,则进入步骤5;否则新增一个日志来调整模型 M_0 得到模型 M_1,令 $M_0 = M_1$,转入步骤3。

步骤5:在适合性接近1的情况下,计算行为适当性 a_B,若 $a_B(M_0, L) < 0.9$,则新增一个日志转入步骤2;否则进入步骤6。

步骤 6：根据定义 5，找出使

$$P(a,b) = \frac{\sum\limits_{i=1}^{k} n_i r(b,\sigma_i)}{\sum\limits_{i=1}^{k} n_i R(a \to_{id} b,\sigma_i)} = 1$$

的变迁对 $(a,b) \in (T_L \times T_L)$（不考虑在每条日志序列中都共同出现的活动对）。

步骤 7：若 $a^{\cdot} \cap {}^{\cdot}b \neq \varnothing$，则对模型不作调整；若 $a^{\cdot} \cap {}^{\cdot}b = \varnothing$，则在 a 和 b 之间加上一个库所直接将它们相连，把具有拟间接依赖关系的变迁对考虑完毕得到模型 M_2；若 $1 - a_P(M_2) < 0.1 \wedge a_B(M_0, L) < 0.9$ 且 $(a_P(M_0) + a_B(M_0, L))/2 < (a_P(M_2) + a_B(M_2, L))/2$，则 M_2 即为所要挖掘的含有间接依赖关系的过程模型，否则 M_0 即为要挖掘的模型。

4.4.3　实例分析

为验证上述算法的可行性，在这一部分将给出简单的实例，即基于事件日志（表 4.17）挖掘出某网站叫外卖的过程模型，记录的执行日志中包含以下任务，分别用大写英文字母表示：A 进入网站，B 进入店铺，C 搜索美食，E 添加美食到美食篮，F 准备结账，G 新用户注册，H 老用户登录，I 填写用户信息，J 老用户无优惠，K 新用户立减 10 元，M 选择支付方式，Q 在线支付立减 2 元，S 餐到付款，U 计算总价，V 确认订单，X 退出网站，Y 无订餐需要。

表 4.17　事件日志

事件日志 L_1	
实例数	事件轨迹
3 248	*ABCEFGIKMSUVX*
2 365	*ABCEFHIJMSUVX*
786	*ACBEYX*

事件日志 L_2	
实例数	事件轨迹
1 249	*ACBEFHIJMQUVX*
725	*ABCEFHIJMSUVX*
1 120	*ACBEFGIKMQUVX*

事件日志 L_3	
实例数	事件轨迹
1 502	*ABCEFGIKMSUVX*
3 110	*ACBEFGIKMQUVX*
620	*ABCEYX*

事件日志 L_4	
实例数	事件轨迹
544	*ACBEYX*
376	*ABCEYX*
501	*ACBEFHIJMQUVX*

　　首先将相同的事件轨迹进行合并,按实例数从大到小进行排列,结果如下:
$\langle ABCEFGIKMSUVX$(4 750), $ACBEFGIKMQUVX$(4 230), $ABCEFHIJMSUVX$(3 090),
$ACDFGI$(1 750), $ACBEYX$(1 330), $ABCEYX$(996)$\rangle$,依次记为 σ_1,σ_2,$\cdots$,根据定义计算日志改进的行为轮廓关系,建立行为轮廓关系表,如表 4.18 所示。

表 4.18　行为轮廓关系表

	A	B	C	E	F	G	H	I	J	K	M	Q	S	U	V	X	Y
A		1	1														
B			2	1													
C		2		1													
E					1												1
F						1	1										4
G							4	1									4
H						4		1									4
I									1	1							4
J										4	1						4
K									4		1						4
M												1	1				4
Q													4	1			4
S												4		1			4
U															1		4
V																1	4
X																	
Y					4	4	4	4	4	4	4	4	4	4	1		

　　其中,1 表示$\rightarrow_d$,2 表示$\parallel_p$,3 表示$\parallel_c$,4 表示$\otimes$。
　　根据前文内容建立初始模型 M_0,如图 4.22 所示。

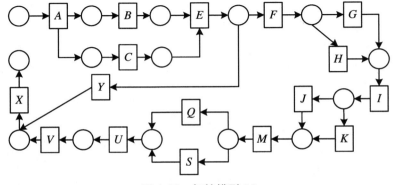

图 4.22　初始模型 M_0

根据适合性定义计算得到 $a_P(M_0)=1$，所以进入步骤 5，根据行为适当性公式计算得 $a_B(M_0,L)=0.936\,5$，因此不用增加执行日志来调整模型，直接进入步骤 6，遍历每个变迁对，得出

$$P(H,J)=\frac{4\,750\times0+4\,230\times0+3\,090\times1+1\,750\times1+1\,330\times0+996\times0}{4\,750\times0+4\,230\times0+3\,090\times1+1\,750\times1+1\,330\times0+996\times0}=1$$

$$P(G,K)=\frac{4\,750\times1+4\,230\times1+3\,090\times0+1\,750\times0+1\,330\times0+996\times0}{4\,750\times1+4\,230\times1+3\,090\times0+1\,750\times0+1\,330\times0+996\times0}=1$$

通过这一步的计算得出 $P(H,J)=1$，$P(G,K)=1$，因此变迁对 (H,J)，(G,K) 具有拟间接依赖关系，即 $H\infty J$，$G\infty K$，然后对模型进行调整得到调整模型 M_2，计算得 $a_P(M_0)=1$，$a_B(M_2,L)=0.976\,0$ 且 $(a_P(M_0)+a_B(M_0,L))/2=0.968\,3<(a_P(M_2)+a_B(M_2,L))/2=0.988\,0$，因此 M_2 即为所要挖掘的含有间接依赖关系的过程模型。

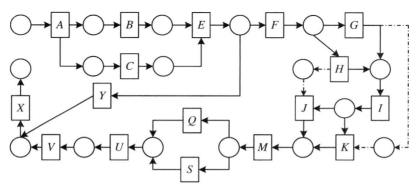

图 4.23　调整模型 M_2

从大写英文字母表示的意义来看，"新用户注册"和任务"新用户立减 10"，任务"老用户登录"和任务"老用户无优惠"确实存在着依赖关系，只有作如模型 M_2 那样的调整才能保证它们之间的依赖关系。因为挖掘出了业务流程中变迁对的间接依赖关系，模型的行为适当性 $a_B(M_2,L)=0.976\,0$ 明显提高了。

上述实例若用 α 算法进行挖掘，只能得到模型 M_0，虽然所记录的事件轨迹都能在模型中重放，但模型 M_0 忽略了 H 和 J，G 和 K 之间的关系，它能产生所记录的事件轨迹以外的事件轨迹，如轨迹 $ABCEFGIJMQUVX$ 等，这也是 $a_B(M_0,L)<a_B(M_2,L)$ 的原因。本节的方法可能不能挖掘出所有类型的间接依赖结构，但也能挖掘出一大类的含有间接依赖关系的过程模型。

4.5　业务流程中的拟间接依赖挖掘

隐变迁存在业务流程中，但在日志中未被记录，挖掘隐变迁能够还原模型并提高流程的运行效率。已有的方法都是基于日志间直接依赖关系挖掘隐变迁，未考虑其间接依赖关系，具有一定的局限性。本节提出基于拟间接依赖关系挖掘隐变迁的方法，首先根据给定事件日志间的轮廓关系构建初始模型，通过拟间接依赖关系表找出日志序列之间的约束体。然后利用整线性规划方法，查找符合要求的拟间接关系变迁对，从而挖掘出拟间接关系变迁对

中存在的隐变迁。将隐变迁融合到初始模型中,得到含有隐变迁的目标模型。最后,通过具体的实例分析验证该方法的有效性。

本节以 Petri 网的行为轮廓为基础,提出基于拟间接依赖关系挖掘隐变迁的方法。根据给定的事件日志,依据行为轮廓思想构建初始模型。再通过增量日志和拟间接依赖关系调整过程模型,并利用整数线性规划的方法来找出拟间接依赖关系的变迁对,并与初始模型比较,找出变化区域,再通过计算模型的行为精确度和行为查全率以及结构精确度和结构查全率,从而挖掘出含有隐变迁的目标模型。该方法所挖掘到的含有的隐变迁模型更加准确合理,实现了对目标模型优化的目的。

4.5.1　基本概念

定义 4.17(过程模型 Petri 网)　一个过程模型 Petri 网 $PN = (P, T; F, C)$ 是一个四元组,满足以下条件:

(1) $P \cup T \neq \varnothing$;

(2) $P \cap T = \varnothing$;

(3) $F \subseteq (P \times T) \cup (T \times P)$;

(4) $\text{dom}(F) = \{x \in P \cup T \mid \exists y \in P \cup T : (x, y) \in F\}$;

(5) $\text{cod}(F) = \{x \in P \cup T \mid \exists y \in P \cup T : (y, x) \in F\}$。

可见,网 $PN = (P, T; F, C)$ 的基本元素集合是 P 和 T,在 Petri 网中一般分别使用圆圈和方框来表示。

定义 4.18(事件日志)　T 是任务集,$\sigma \in T^*$ 是一个执行迹,$L \in P(T^*)$ 是一个事件日志。$P(T^*)$ 是 T^* 的幂集,$L \subseteq T^*$。

定义 4.19(前缀闭包)　设 $L = [\langle ABC \rangle, \langle ACB \rangle]$ 是事件日志,A, B, C 均是事件即任务,则 L 的前缀闭包是 $\bar{L} = \{\varepsilon, \langle A \rangle, \langle AB \rangle, \langle ABC \rangle, \langle ACB \rangle\}$,其中,$\varepsilon$ 是空序列。

定义 4.20(行为精确度和查全率)　设 σ 是一个事件日志的迹,$L(\sigma)$ 为迹 σ 在一个事件日志中所发生的次数,N_r, N_m 分别表示 Petri 网的参考模型和挖掘模型,C_r, C_m 分别表示 N_r, N_m 的因果关系,行为精确度和查全率的计算公式分别如下:

$$B_P(L, C_r, C_m)$$

$$= \left(\sum_{\sigma \in L} \left(\frac{L(\sigma)}{|\sigma|} \times \sum_{i=0}^{|\sigma|-1} \frac{|\text{Enabled}(C_r, \sigma, i) \cap \text{Enabled}(C_m, \sigma, i)|}{|\text{Enabled}(C_m, \sigma, i)|} \right) \right) / \sum_{\sigma \in L} L(\sigma)$$

$$B_R(L, C_r, C_m)$$

$$= \left(\sum_{\sigma \in L} \left(\frac{L(\sigma)}{|\sigma|} \times \sum_{i=0}^{|\sigma|-1} \frac{|\text{Enabled}(C_r, \sigma, i) \cap \text{Enabled}(C_m, \sigma, i)|}{|\text{Enabled}(C_r, \sigma, i)|} \right) \right) / \sum_{\sigma \in L} L(\sigma)$$

定义 4.21(结构精确度和查全率)　设 $N_r = (P_r, T_r, F_r)$ 为参考模型,$N_m = (P_m, T_m, F_m)$ 为挖掘到的模型,C_r, C_m 分别表示 N_r, N_m 的因果关系,结构精确度和查全率的计算公式分别如下:

$$S_P(N_r, N_m) = \frac{|C_r \cap C_m|}{|C_m|}$$

$$S_R(N_r, N_m) = \frac{|C_r \cap C_m|}{|C_r|}$$

4.5.2　基于拟间接依赖关系挖掘隐变迁的方法

在过程模型中,事件日志之间存在直接依赖关系和间接依赖关系。在分析事件日志初始阶段过程中,利用行为轮廓关系建立初始模型,在此过程中,只考虑了事件日志之间的直接因果依赖关系,所以得到的初始模型并非是完好的、精确的模型。为了使模型得到更好的还原,同时为了提高过程模型的精确度和合适度,隐变迁挖掘的任务就显得至关重要。

1. 过程模型中行为轮廓结构

本节提出基于拟间接依赖关系挖掘隐变迁的方法,该方法首先以行为轮廓为基础,对已给的事件日志进行预处理,构建行为轮廓关系表,通过各个事件日志之间的行为关系,建立初始模型 M_0。基于行为轮廓和因果关系网定义,可以将 PN 网系统的结构分为四种:顺序结构(SEQ),并发结构(AND),排他-选择结构(XOR),交叉-循环结构(LOOP)。图 4.24 显示了在一个 Petri 网过程模型中,四种结构的常见表现形式。

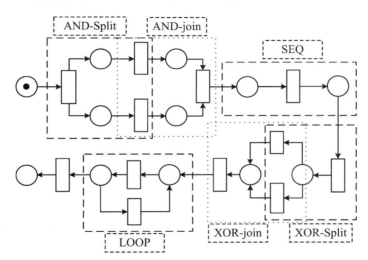

图 4.24　不同结构类型的过程模型 Petri 网

2. 确定事件日志间的拟间接关系

在一个过程模型中,由因果依赖关系可知,事件日志间都存在直接依赖关系和间接依赖关系。在流程挖掘过程中,仅考虑事件日志间的直接依赖关系,这样得到的模型无法满足企业和研究人员的需求。为了更好地还原模型,隐变迁挖掘的任务就显得至关重要。事件间的直接依赖关系可以通过事件日志间的行为轮廓关系得出,而对于间接依赖关系,仅通过行为轮廓角度分析很难准确得到。在此,为了准确找出日志间的拟间接依赖关系,通过活动间的拟间接依赖关系,就能够将日志间未显示的隐变迁挖掘出来。拟间接依赖关系具体概念定义如下:

定义 4.22(拟间接依赖关系)　设 L 为活动 A_L 的一条事件日志,$\bar{L}$ 为事件日志 L 的前缀闭包,令 $M_0 \in \{0,1\}$(有 token 点时,值为 1;无 token 点时,值为 0),X_1, Y_2 是事件日志 L 中的二个活动。$M_1(X_i)$,$M_2(Y_i)$ 分别为事件日志 L 中活动(变迁)的输入弧和输出弧的数量。若活动 X_1, Y_2 之间存在拟间接依赖关系,当且仅当整线性规划不等式满足以下条件：

$$
\begin{cases}
M_0 + M_1(X_1) + M_2(Y_1) \geqslant 0 \\
M_0 + M_1(X_2) + M_2(Y_2) \geqslant 0 \\
\cdots\cdots \\
M_0 + M_1(X_n) + M_2(Y_n) \geqslant 0
\end{cases}
$$

其中 $n \in \{1,2,3,\cdots\}$。

    基于拟间接依赖关系定义可知，若活动满足整线性规划不等式，则说明活动 X,Y 之间存在相关联的依赖活动，即存在某个变迁 X（隐变迁）连接活动 X,Y，使其满足这种拟间接依赖关系。只要线性不等式之间有一个不成立，则说明活动 X,Y 之间不存在相关联的依赖活动。

    3. 基于拟间接依赖关系隐变迁挖掘算法

    本节提出基于拟间接依赖关系挖掘隐变迁方法，以事件日志为基础，利用行为轮廓关系建立初始模型 M_0。然后结合事件日志和初始模型找出具有拟间接依赖关系的变迁序列对。基于拟间接依赖关系定义，构建拟间接依赖关系表，建立整数线性规划不等式，看是否满足整线性规划不等式的成立条件。若满足则说明存在拟间接依赖关系，否则活动之间无相互依赖关系。最后找出存在拟间接依赖关系的活动变迁——隐变迁。具体的基于拟间接依赖关系挖掘隐变迁算法如下所示：

    算法 4.4   基于拟间接依赖关系隐变迁挖掘算法

输入：事件日志。

输出：含有隐变迁的 Petri 网模型。

    步骤 1：将所得到的日志序列按照频率大小依次排列，如 $t_1, t_2, t_3, \cdots, t_n, n \in \{1,2,3,\cdots\}, t_1, t_2, t_3, \cdots, t_n \in L$。

    步骤 2：对日志进行预处理，将不完备的事件日志过滤删除，并将相同的序列日志进行合并。

    步骤 3：根据行为轮廓定义，计算出各个变迁之间的行为轮廓关系，并作出行为轮廓关系表。根据行为轮廓关系表构建初始模型 M_0。

    步骤 4：基于拟间接依赖关系，选出开始活动输入弧 a_i 和结束活动输出弧 a_0。结合域的定义，求出日志 L 中迹的前缀闭包。并将具有拟间接依赖关系的变迁对输入端口弧的数量以及输出端口的数量分别记录下来 $M_1[X_i]$，$M_2[Y_i]$（其中 X_i 为该库所的输入端，Y_i 为该库所的输出端口），同时作出拟间接关系依赖表。

    步骤 5：基于拟间接关系依赖表，利用整线性规划方法，计算不同前缀闭包条件下的拟间接依赖关系，若整线性规划不等式

$$
\begin{cases}
M_0 + M_1(X_1) + M_2(Y_1) \geqslant 0 \\
M_0 + M_1(X_2) + M_2(Y_2) \geqslant 0 \\
\cdots\cdots \\
M_0 + M_1(X_n) + M_2(Y_n) \geqslant 0
\end{cases}
$$

成立，则符合拟间接依赖关系，说明两库所之间有直接相连的变迁存在，该变迁即为所要挖掘的隐变迁。若整线性规划不等式中存在 $M_0 + M_1(X_i) + M_2(Y_i) \leqslant 0$，则不符合拟间接依赖关系，说明两库所之间不存在相连的变迁。

    步骤 6：将步骤 5 中挖掘到的隐变迁放置到初始模型中，对初始模型进行补充，得到目标

模型 M_1。挖掘得到的模型 M_1 需要考虑模型的行为精确度 $B_P(L, C_{M_0}, C_{M_1})$ 和行为查全率 $B_R(L, C_{M_0}, C_{M_1})$。若 $B_P \geqslant 0.85$ 且 $B_R \geqslant 0.85$，则说明所挖掘到的模型在行为上符合语义，否则不符合行为语义，需要进行过滤删除。

步骤 7：步骤 6 完成后，再次计算模型的结构精确度 $S_P(N_{M_0}, N_{M_1})$ 和结构查全率 $S_R(N_{M_0}, N_{M_1})$。若 $S_R \geqslant 0.85$ 且 $S_P \geqslant 0.85$，则说明所挖掘到的模型在结构上符合要求，否则不符合结构要求，要将其过滤。

步骤 8：经步骤 7 操作后，所得到的变迁为最终满足要求的变迁——隐变迁，模型为最终包含隐变迁的目标模型。最后输出符合要求的包含隐变迁的 Petri 网优化模型。

4.5.3　实例分析

为了验证前文算法的可行性，本节给出一个简单的网上购物的实例模型，记录的事件日志包括以下任务，分别用大写字母表示各个活动：A 点击 APP 进入，B 查看订单，C 浏览菜单，D 接受菜单信息，E 完成菜单，F 选择支付方式，G 普通用户，H 会员支付（8 折），I 银行卡支付（全价），J 余额不足，K 余额充足，L 完成支付，M 收到汇款，N 商家发货，O 接受订单，P 评价订单，Q 交易结束。事件日志序列如表 4.19 所示。

表 4.19　事件日志

	实例数	事件轨迹
事件日志 L_1	956	ACBEDFGILMNOPQ
事件日志 L_2	844	BACDEFGILMNOPQ
事件日志 L_3	723	ACBDEFHKLMNOPQ
事件日志 L_4	637	BACDEFHKLMNOPQ
事件日志 L_5	623	ACEBDEFGILMNOPQ
事件日志 L_6	532	BACDEFHJILMNOPQ
事件日志 L_7	428	ACBDEFHJILMNOPQ
事件日志 L_8	73	ACBDEFHJLMNOPQ
事件日志 L_9	17	BACDEFHJLMNOPQ
事件日志 L_{10}	322	ACEFGIBDMLOPQ
事件日志 L_{11}	182	ACEFHKLBDMNOPQ

首先将日志进行预处理，并按照实例数的大小依次排列，结果如下所示：
$\langle$ ACBEDFGILMNOPQ（956），ACDEFGILMNOPQ（844），ACBDEFHKLMNOPQ（723），BACDEFHKLMNOPQ（637），ACEBDEFGILMNOPQ（623），BACDEFHJILMNOPQ（532），ACBDEFHJILMNOPQ（428），ACEFGIBDMLOPQ（322），ACEFHKLBDMNOPQ（182），ACBDEFHJLMNOPQ（73），BACDEFHJLMNOPQ（17）$\rangle$，分别记作 $\sigma_1, \sigma_2, \sigma_3 \cdots$。根据行为轮廓定义，构建出日志序列行为轮廓关系表，如表 4.20 所示。

根据表 4.20 日志序列的行为轮廓关系表，建立初始模型 M_0，如图 4.25 所示。

表 4.20　行为轮廓关系表

	A	B	C	D	E	F	G	H	I	J	K	L	M	N	O	P	Q
A	+	‖	→	→	→	→	→	→	→	→	→	→	→	→	→	→	→
B		+	+	→	+	+	+	+	+	+	+	+	→	→	→	→	→
C			+	→	→	→	→	→	→	→	→	→	→	→	→	→	→
D				+	←	→	→	→	→	→	→	→	→	→	→	→	→
E					+	→	→	→	→	→	→	→	→	→	→	→	→
F						+	→	→	→	→	→	→	→	→	→	→	→
G							+	+	→	+	+	→	→	→	→	→	→
H								+	→	→	→	→	→	→	→	→	→
I									+	←	→	→	→	→	→	→	→
J										+	+	→	→	→	→	→	→
K											+	→	→	→	→	→	→
L												+	→	→	→	→	→
M													+	→	→	→	→
N														+	→	→	→
O															+	→	→
P																+	→
Q																	+

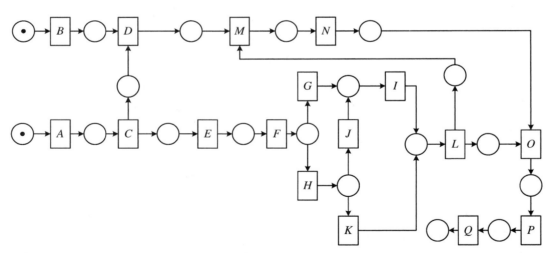

图 4.25　初始模型 M_0

　　基于所挖掘的初始模型 M_0 及日志序列〈ACBDEFHJLMNOPQ（73），BACDEFHJLMNOPQ(17)〉发现活动 J 与活动 L 之间可能存在拟间接依赖关系。通过算法 4.4 可以计算出事件日志的前缀闭包序列：$\overline{L} = \{\langle a_i\rangle, \langle a_i, A, B\rangle, \langle a_i, A, B, C\rangle, \cdots\}$。基于前缀闭包作出拟间接关系依赖约束表，再通过整线性规划不等式计算拟间接关系表中各个活动的约束性关系，具体情况如表 4.21 所示。

表 4.21　拟间接关系依赖约束表

前缀 $\bar{L}_i$	M_0	M_X (a1)(A)	M_X (B)	M_X (C)	M_X (D)	M_X (E)	M_X (F)	M_X (G)	M_X (H)	M_X (I)	M_X (J)	M_X (K)	M_X (L)	M_X (M)	M_X (N)	M_X (O)	M_X (P)	M_X (Q)	M_Y (A)	M_Y (B)	M_Y (C)	M_Y (D)	M_Y (E)	M_Y (F)	M_Y (G)	M_Y (H)	M_Y (I)	M_Y (K)	M_Y (L)	M_Y (M)	M_Y (N)	M_Y (O)	M_Y (P)	M_Y (Q)(aw)	$M_0+M(X)+M(Y)$
$\langle a, A.B\rangle$	1	1	1	0	0	0	0	0	0	0	0	0	0	0	0	0	0	0	-1	0	0	0	0	0	0	0	0	0	0	0	0	0	0	0	≥0
$\langle a, A.B.C\rangle$	1	1	1	1	0	0	0	0	0	0	0	0	0	0	0	0	0	0	-1	-1	-2	0	0	0	0	0	0	0	0	0	0	0	0	0	≥0
$\langle a, A.C.B\rangle$	1	1	1	1	0	0	0	0	0	0	0	0	0	0	0	0	0	0	-1	-1	-2	-1	0	0	0	0	0	0	0	0	0	0	0	0	≥0
$\langle a, A.C.B.D\rangle$	1	1	1	1	2	0	0	0	0	0	0	0	0	0	0	0	0	0	-1	-1	-2	-1	0	0	0	0	0	0	0	0	0	0	0	0	≥0
$\langle a, A.C.E.B\rangle$	1	1	1	1	0	1	0	0	0	0	0	0	0	0	0	0	0	0	-1	-1	-2	0	-1	0	0	0	0	0	0	0	0	0	0	0	≥0
$\langle a, A.C.B.D.E\rangle$	1	1	1	1	2	1	0	0	0	0	0	0	0	0	0	0	0	0	-1	-1	-2	-1	-1	0	0	0	0	0	0	0	0	0	0	0	≥0
$\langle a, A.B.C.E.F\rangle$	1	1	1	1	0	1	1	0	0	0	0	0	0	0	0	0	0	0	-1	-1	-2	0	-1	-1	0	0	0	0	0	0	0	0	0	0	≥0
$\langle a, A.B.C.D.E\rangle$	1	1	1	1	2	1	0	0	0	0	0	0	0	0	0	0	0	0	-1	-1	-2	-1	-1	0	0	0	0	0	0	0	0	0	0	0	≥0
$\langle a, A.C.B.D.E.F\rangle$	1	1	1	1	2	1	1	0	0	0	0	0	0	0	0	0	0	0	-1	-1	-2	-1	-1	-1	0	0	0	0	0	0	0	0	0	0	≥0
$\langle a, A.C.B.E.D.M\rangle$	1	1	1	1	2	1	0	0	0	0	0	0	0	2	0	0	0	0	-1	-1	-2	-1	-1	0	0	0	0	0	0	-1	0	0	0	0	≥0
$\langle a, A.C.B.D.M.$ $E.F.G\rangle$	1	1	1	1	2	1	1	1	0	0	0	0	0	2	0	0	0	0	-1	-1	-2	-1	-1	-1	-1	0	0	0	0	-1	0	0	0	0	≥0
$\langle a, A.C.B.D.E.$ $M.F.H\rangle$	1	1	1	1	2	1	1	0	1	0	0	0	0	2	0	0	0	0	-1	-1	-2	-1	-1	-1	0	-1	0	0	0	-1	0	0	0	0	≥0
$\langle a, A.C.B.D.M.$ $E.F.G.I\rangle$	1	1	1	1	2	1	1	1	0	1	0	0	0	2	0	0	0	0	-1	-1	-2	-1	-1	-1	-1	0	-1	0	0	-1	0	0	0	0	≥0
$\langle a, A.C.B.D.M.$ $E.F.H.J\rangle$	1	1	1	1	2	1	1	0	1	0	1	0	0	2	0	0	0	0	-1	-1	-2	-1	-1	-1	0	-1	0	-1	0	-1	0	0	0	0	≥0
$\langle a, A.C.B.D.M.$ $E.F.H.K\rangle$	1	1	1	1	2	1	1	0	1	0	0	1	0	2	0	0	0	0	-1	-1	-2	-1	-1	-1	0	-1	0	-1	0	-1	0	0	0	0	≥0
$\langle a, A.C.B.D.M.$ $E.F.G.I.L\rangle$	1	1	1	1	2	1	1	1	0	1	0	0	1	2	0	0	0	0	-1	-1	-2	-1	-1	-1	-1	0	-1	-1	-2	-1	0	0	0	0	≥0
$\langle a, A.C.B.D.M.$ $E.F.H.J.I\rangle$	1	1	1	1	2	1	1	0	1	1	1	0	0	2	0	0	0	0	-1	-1	-2	-1	-1	-1	0	-1	-1	-1	0	-1	0	0	0	0	≥0
$\langle a, A.C.B.D.M.$ $E.F.G.I.L.M\rangle$	1	1	1	1	2	1	1	1	0	1	0	0	1	2	0	0	0	0	-1	-1	-2	-1	-1	-1	-1	0	-1	-1	-2	-1	0	0	0	0	≥0
$\langle a, A.C.B.D.M.$ $E.F.H.J.I.L\rangle$	1	1	1	1	2	1	1	0	1	1	1	0	1	2	0	0	0	0	-1	-1	-2	-1	-1	-1	0	-1	-1	-1	-2	-1	0	0	0	0	≥0
$\langle a, A.C.B.D.M.$ $E.F.H.K.L.O\rangle$	1	1	1	1	2	1	1	0	1	0	0	1	1	2	0	2	0	0	-1	-1	-2	-1	-1	-1	0	-1	0	-1	-2	-1	-1	-1	0	0	≥0
$\langle a, A.C.B.D.M.$ $E.F.H.K.L.N.O\rangle$	1	1	1	1	2	1	1	0	1	0	0	1	1	2	1	2	0	0	-1	-1	-2	-1	-1	-1	0	-1	0	-1	-2	-1	-1	-1	0	0	≥0
$\langle a, A.C.B.D.E.F.$ $G.I.L.M.N.O\rangle$	1	1	1	1	2	1	1	1	0	1	0	0	1	2	1	2	0	0	-1	-1	-2	-1	-1	-1	-1	0	-1	0	-2	-1	-1	-1	0	0	≥0

续表

前缀 L_i	M_0	M_X (ai)	M_X (A)	M_X (B)	M_X (C)	M_X (D)	M_X (E)	M_X (F)	M_X (G)	M_X (H)	M_X (I)	M_X (J)	M_X (K)	M_X (L)	M_X (M)	M_X (N)	M_X (O)	M_X (P)	M_X (Q)	M_Y (A)	M_Y (B)	M_Y (C)	M_Y (D)	M_Y (E)	M_Y (F)	M_Y (G)	M_Y (H)	M_Y (I)	M_Y (J)	M_Y (K)	M_Y (L)	M_Y (M)	M_Y (N)	M_Y (O)	M_Y (P)	M_Y (Q)	M_Y (ao)	$M_0 + M(X) + M(Y)$
$\langle a_s, A, C, B, D, M, E, F, H, J, I, L, O\rangle$	1	1	1	1	1	2	1	1	0	1	1	1	0	1	2	0	2	0	0	-1	-1	-2	-1	-1	-1	0	-1	-1	-1	0	-2	-1	0	-1	0	0	0	⋈
$\langle a_s, A, B, C, D, E, F, H, K, L, M, O, N, P\rangle$	1	1	1	1	1	2	1	1	0	1	0	0	1	1	2	1	2	1	0	-1	-1	-2	-1	-1	-1	0	-1	0	0	-1	-2	-1	-1	-1	-1	0	0	⋈
$\langle a_s, A, C, B, D, M, E, F, H, J, I, L, O, N\rangle$	1	1	1	1	1	2	1	1	0	1	1	1	0	1	2	1	2	0	0	-1	-1	-2	-1	-1	-1	0	-1	-1	-1	0	-2	-1	-1	-1	0	0	0	⋈
$\langle a_s, A, B, C, D, E, F, G, I, L, M, N, O, P\rangle$	1	1	1	1	1	2	1	1	1	0	0	0	0	1	2	1	2	1	0	-1	-1	-2	-1	-1	-1	-1	0	-1	0	0	-2	-1	-1	-1	-1	0	0	⋈
$\langle a_s, A, C, B, D, E, F, H, J, I, L, M, O, N, P\rangle$	1	1	1	1	1	2	1	1	0	1	1	0	0	1	2	1	2	1	0	-1	-1	-2	-1	-1	-1	0	-1	-1	0	0	-2	-1	-1	-1	-1	0	0	⋈
$\langle a_s, A, B, C, D, E, F, G, I, L, M, N, O, P, Q\rangle$	1	1	1	1	1	2	1	1	1	0	0	0	0	1	2	1	2	1	1	-1	-1	-2	-1	-1	-1	-1	0	-1	0	0	-2	-1	-1	-1	-1	-1	-1	⋈
$\langle a_s, A, B, C, D, E, F, H, K, L, M, N, O, Q\rangle$	1	1	1	1	1	2	1	1	0	1	0	0	1	1	2	1	2	1	1	-1	-1	-2	-1	-1	-1	0	-1	0	0	-1	-2	-1	-1	-1	-1	-1	-1	⋈
$\langle a_s, A, B, C, D, E, F, H, J, I, L, M, N, O, P, Q\rangle$	1	1	1	1	1	2	1	1	0	1	1	0	0	1	1	1	1	1	1	-1	-1	-2	-1	-1	-1	0	-1	-1	0	0	-2	-1	-1	-1	-1	-1	-1	⋈

基于拟间接关系约束表和整数线性规划方法,可以发现表中活动 J 和活动 L 有拟间接依赖关系,通过拟间接关系依赖约束表计算活动 J 和活动 L 的整线性规划不等式:

$$\begin{cases} M_0 + M_1(X_1) + M_2(Y_1) \geqslant 0 \\ M_0 + M_1(X_2) + M_2(Y_2) \geqslant 0 \\ \cdots\cdots \\ M_0 + M_1(X_n) + M_2(Y_n) \geqslant 0 \end{cases}$$

得出活动变迁 J 和 L 具有拟间接关系,所以在该活动之间存在相关联的隐变迁活动。基于拟间接依赖关系所挖掘得到的带有隐变迁(黑色活动 X)的目标模型 M_1 如图 4.26 所示。

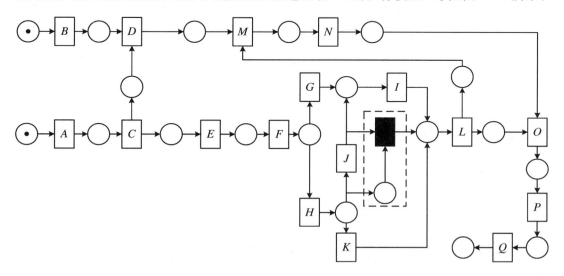

图 4.26　带隐变迁的目标模型 M_1

根据算法 4.4 的步骤 6,需要计算初始模型 M_0 和目标模型 M_1 的行为精确度和行为查全率:

$$B_P(L, C_{M_0}, C_{M_1})$$

$$= \frac{1}{90} \times \left[\frac{17}{14}\left(\frac{1}{1} + \frac{1}{1} + \frac{2}{2} + \frac{1}{1} + \frac{1}{1} + \frac{1}{1} + \frac{1}{1} + \frac{2}{3} + \frac{2}{2} + \frac{1}{1} + \frac{1}{1} + \frac{1}{1} + \frac{1}{1} + \frac{1}{1}\right) \right.$$

$$\left. + \frac{73}{14}\left(\frac{1}{1} + \frac{2}{2} + \frac{1}{1} + \frac{1}{1} + \frac{1}{1} + \frac{1}{1} + \frac{1}{1} + \frac{2}{3} + \frac{2}{2} + \frac{1}{1} + \frac{1}{1} + \frac{1}{1} + \frac{1}{1} + \frac{1}{1}\right) \right]$$

$$= 0.976$$

$$B_R(L, C_{M_0}, C_{M_1})$$

$$= \frac{1}{90} \times \left[\frac{17}{14}\left(\frac{1}{1} + \frac{1}{1} + \frac{2}{2} + \frac{1}{1} + \frac{1}{1} + \frac{1}{1} + \frac{1}{1} + \frac{2}{2} + \frac{2}{2} + \frac{1}{1} + \frac{1}{1} + \frac{1}{1} + \frac{1}{1} + \frac{1}{1}\right) \right.$$

$$\left. + \frac{73}{14}\left(\frac{1}{1} + \frac{2}{2} + \frac{1}{1} + \frac{1}{1} + \frac{1}{1} + \frac{1}{1} + \frac{1}{1} + \frac{2}{2} + \frac{2}{2} + \frac{1}{1} + \frac{1}{1} + \frac{1}{1} + \frac{1}{1}\right) \right]$$

$$= 1$$

通过计算发现 $B_P(L, C_{M_0}, C_{M_1}) = 0.976 > 0.85$ 且 $B_R(L, C_{M_0}, C_{M_1}) > 0.85$,因此所挖掘的模型在行为精确度和查全率上都满足要求。依据定义提出的公式及算法 4.4 的步骤 7,计算初始模型 M_0 和目标模型 M_1 的结构精确度和结构查全率:

$$S_P(N_r, N_m) = \frac{\left|\{(A,C),(B,D),(C,E),\cdots,(L,O),(M,N),(N,O),(O,P),(P,Q)\}\right|}{\left|\{(A,C),(B,D),(C,E),\cdots,(L,O),(M,N),(N,O),(O,P),(P,Q)\}\right|}$$

$$= \frac{19}{19} = 1$$

$$S_R(N_r, N_m) = \frac{\left|\{(A,C),(B,D),\cdots,(M,N),(N,O),(O,P),(P,Q)\}\right|}{\left|\{(A,C),(B,D),\cdots,(J,X),(G,X),(X,L),(K,L),(L,O),\cdots\}\right|}$$

$$= \frac{19}{22} = 0.864$$

计算得到 $S_P(N_r, N_m) = 1 > 0.85$ 且 $S_R(N_r, N_m) = 0.864 > 0.85$，所挖掘的模型在结构精度和查全率上都满足要求，因此，带有活动 X（隐变迁）的模型 M_1 即为所得的最终模型。隐变迁的意义是当顾客购买产品余额不足时，并未直接转为现金支付，而是部分用余额支付，余下的部分用银行卡（现金）支付。假设顾客所购产品为 100 元，顾客会员卡里只有 40 元，顾客可以先使用会员卡（8 折）支付 40 元，余下部分银行卡（现金）支付，则共支付 90 元即可。但是由于之前的活动 X——隐变迁被隐藏起来，顾客不得不支付 100 元，因此多支付了 10 元。现在通过拟间接依赖关系将隐变迁挖掘出来，对模型重新进行调整优化，使得模型更加满足人们需求，同时模型的精确度和查全率度量值也得到提高。

本章小结

Petri 网的过程模型的变迁间除了具有直接依赖关系外，还往往具有间接依赖关系。如果仅仅从记录事件日志中挖掘出只含有直接依赖关系的过程模型，该模型并不能有效地拟合日志中的行为。因此，挖掘含有拟间接依赖关系的过程模型具有重要的意义，故本章进行了以下相关研究。

4.2 节在现有研究的基础上，给出了基于拟间接依赖的流程挖掘优化分析方法。在事件日志下，找出各个任务即事件的行为轮廓关系，建立初始模型。通过基于整数线性规划流程，发现算法的基本约束条件，找到被初始模型接受的库所，则该库所前后两个变迁具有拟间接依赖关系。该库所保留在初始模型中，得到了满足需求的具有拟间接依赖关系的过程模型。

4.3 节以活动集群为中心将事件日志分为不同区域，以事件日志中的间接继承关系为基础的过程模型挖掘的新方法进行模型挖掘，根据事件日志间接继承矩阵值分别建立子模型，然后根据活动集群间的耦合性合并子日志最终得出过程模型，最后用一个简单实例说明了方法的可行性。

4.4 节以行为轮廓为基础，提出基于行为轮廓的挖掘含有间接依赖的过程模型的新方法。进行模型挖掘时先根据日志的改进的行为轮廓建立初始模型，然后找出具有拟间接依赖关系的变迁对并对模型进行调整，最后根据计算适合性和行为适当性，用增量日志来调整模型，直到得出符合需要的过程模型，并用实例对方法进行了验证。

4.5 节在已有的研究基础上，提出了基于拟间接依赖关系挖掘隐变迁的方法。该方法首先从已给的事件日志中对日志进行预处理操作，然后基于行为轮廓的方法挖掘出初始模型。再从日志中分析具有拟间接关系的变迁活动，作出拟间接关系约束表，利用整线性规划方法列出不等式，计算出整线性规划不等式是否满足定义要求，若条件成立，则说明活动间存在拟间接关系依赖的隐变迁活动，否则不存在。将挖掘的隐变迁融合到初始模型中，得到含有隐变迁的优化模型。最后再通过计算模型的行为精确度和查全率以及模型的结构精确度和查全率来验证优化模型,从而得到最终的目标模型。

由于模型的结构具有多样性和复杂性,流程系统中记录的事件日志数量也非常庞大。业务流程挖掘过程中,仍然有许多问题要解决。在以后的工作中,为了使流程挖掘技术得到更好的完善和发展,基于行为轮廓和拟间接依赖关系挖掘业务流程中存在的阻止(block)变迁,仍然是研究的主要任务。

参考文献

[1]　Leemans S J J,Fahland D,van der Aalst W M P. Discovering block-structured process models from event logs containing infrequent behaviour[C]//Business Process Management Workshops. Cham: Springer International Publishing,2014:66-78.

[2]　Leemans S J,Fahland D,van der Aalst W M. Discovering block-structured process models from incomplete event logs [C]//Application and Theory of Petri Nets and Concurrency. Berlin, Heidelberg:Springer,2014:91-110.

[3]　Boushaba S,Kabbaj M I,Bakkoury Z. Process discovery-automated approach for block discovery [C]//Proceedings of the 9th International Conference on Evaluation of Novel Approaches to Software Engineering. Lisbon,Portugal:SCITEPRESS,2014:1-8.

[4]　van der Aalst W M P,Kalenkova A,Rubin V,et al. Process discovery using localized events[C]// Application and Theory of Petri Nets and Concurrency. Cham:Springer,2015:287-308.

[5]　De Leoni M,van der Aalst W M P,Dees M. A general process mining framework for correlating, predicting and clustering dynamic behavior based on event logs[J]. Information Systems,2016,56: 235-257.

[6]　J M E M van der Werf B F V D. Process Discovery using integer linear programming[J]. Fundamenta Informaticae,2009,94(3/4).

[7]　van Zelst S J,van Dongen B F,van der Aalst W M P,et al. Discovering workflow nets using integer linear programming[J].Computing,2018,100(5):529-556.

[8]　Tax N,Dalmas B,Sidorova N,et al. Interest-driven discovery of local process models [J]. Information Systems,2018,77:105-117.

[9]　Leemans S J,Fahland D,van der Aalst W M. Using life cycle information in process discovery[C]// Business Process Management Workshops. Cham:Springer,2016:204-217.

[10]　Ou Yang C,Cheng H J,Juan Y C. An Integrated mining approach to discover business process models with parallel structures:towards fitness improvement[J]. International Journal of Production Research,2015,53(13):3888-3916.

[11]　Leemans S J J,Fahland D,van der Aalst W M P. Scalable process discovery and conformance checking[J]. Software & Systems Modeling,2018,17(2):599-631.

[12]　Wen L,van der Aalst W M P,Wang J,et al. Mining process models with non-free-choice constructs [J]. Data Mining and Knowledge Discovery,2007,15(2):145-180.

[13]　方贤文,刘祥伟,化佩.基于拟间接依赖的过程模型挖掘方法[J].计算机科学,2016,43(11):94-97.

第 5 章　交互业务流程挖掘

过程挖掘作为一个发现和改进业务模型的技术,已在各个领域占据重要的地位,如医疗机构、网络售票领域以及物流快递领域等。过程挖掘是以分析系统记录下的日志信息作为输入,通过整合日志内活动间的各类行为关系,从而利用挖掘算法挖掘业务模型。这一技术在各领域被广泛应用已经表明了过程挖掘的有效性,过程挖掘不仅可以基于信息挖掘模型有效地管理企业内部运作,还能够通过分析模型要求对故障模型进行修复优化,从而减小企业模型的运行风险,以此降低业务流程的运营成本,提高企业利润。但是,在大数据不断发展的时代背景下,市场内顾客需求日趋多样化,系统所记录的事件日志也日新月异,日志内包含的信息量同时呈现出爆炸式增长,系统运行下的模型间通过多种行为交互连接已经成为一种新的趋势,而行为的交互使得事件日志日益冗长,从而增加了过程挖掘的难度。因此,对过程模型进行交互式流程挖掘分析具有十分重要的理论和实际意义。

首先,随着大数据时代和信息技术的发展,事件日志包含的信息呈现爆炸式增长,过程挖掘技术在建模方面仅考虑业务流程中事件的执行状态是不够的,需要结合不同的业务流程需求,基于相应的事件信息进行过程模型的建立。其次,模型的建立是用来模拟和管理企业的运行,所以模型需要与实际保持良好的一致性,否则该模型对于流程分析的价值就会十分有限,甚至产生严重的后果。目前构建模型的方法是以业务流程中实例的运行具有绝对独立性为前提,但是在实际的业务流程运行中是不可能的(如实例的运行时间和时延等),这就导致了过程挖掘得到的过程模型与现实存在不一致的情况。最后,随着全球商业领域的扩展和业务内部的渗透,业务流程参与者越来越多元化,流程之间或者流程内部存在复杂交互的情况。而过程模型的交互,一方面可能产生不合理的控制流结构(如死锁、活锁等),另一方面也会影响业务流程中实例的运行(如资源分配等)。为解决这样的问题,考虑实际流程、实例运行行为,基于事件日志中不同角度的信息对过程交互模型进行分析和优化是必要的。

目前,已有的过程挖掘方法大多是基于模块数目较少,且不同模块间交互相对频繁的这一类模型,这就使得这些挖掘算法在实际应用的过程中表现出一定的局限性。相应地,这些挖掘算法在挖掘各模块包含特征数目多、不同模块之间交互并不频繁的场景下适应性较弱。针对这些问题,开展了本章的研究。

5.1　基于特征网的交互过程模型挖掘

过程模型挖掘是在系统运行记录下的事件日志的基础上,还原各个特征所对应过程模型的技术。目前,已经存在的模型挖掘方法大多是以系统划分模块之间交互频繁,且各个模块内包含特征数量相对较少为背景。这些挖掘方法,在挖掘不同模块交互不频繁、包含特征数量较多的过程模型方面存在一定程度上的局限性。为解决这一问题,本节提出基于特征网的交互过程模型挖掘方法。首先,在现存挖掘算法的基础上,挖掘各个模块的内部特征序,从而有效确定初始模块网。其次,遍历系统记录下的事件日志,根据定义严格查找疑似接口变迁。然后,基于特征网锁定各模块网中的接口变迁,同时对各接口变迁添加相应的接口库所。最后,在开放 Petri 网的基础上基于合成网的观点,将存在交互的各个模块融合成一个相对完善的交互模型。

5.1.1　研究动机

在互联网技术繁荣发展的大背景下,服务系统的数据量日益庞大,从这些数据中高效、快捷地挖掘适用范围广的过程模型显得尤其重要。一方面,基于大量日志信息挖掘过程模型是大数据环境下技术的发展趋势。另一方面,在当下服务型社会中,为满足顾客多样性需求,挖掘适用性强的模型是市场需求。基于目前现存的挖掘技术,过程挖掘通常被分为两个阶段:分析事件日志下各个活动间的行为轮廓等关系、通过各类挖掘算法挖掘模型(或者增加分割日志阶段)。这样的挖掘方法存在如下问题:

第一,该类挖掘方法在过程挖掘的过程中,由于要分析事件日志中各个活动间的行为关系等,具有一定的任务要求,且需要一定的时间来完成该过程。但是在当前大数据的背景下,通过分析更多事件日志中各个活动间的行为关系挖掘模型需要花费更多的时间,因此,该类挖掘方法并不具备很高的挖掘效率。

第二,通过重放事件日志可以发现,当顾客的需求范围不断扩大时,基于该类挖掘方法挖掘出的过程模型表现出一定差异性,即一致性检测结果较低。所以,运用现存的挖掘方法在处理不同模块间交互并不频繁(需求差异大)的事件日志方面,具有一定的局限性。

例如,随着互联网技术的发展,线上订购外卖深受大众喜爱。以外卖系统为背景,大致可将该系统分为买家中心、卖家中心和支付中心三个模块。在买家中心,顾客首先要登录系统,之后挑选商品、支付费用。支付中心完成系统登录后,接收买家中心的支付信息,并向卖家中心实时递交完成支付操作顾客的订单信息。在完善的外卖系统内,已登录系统的卖家中心自动接收支付中心递交的购物订单,并为其准备、配送商品,最终完成购物。但是,在实际的购物操作过程中,买家在支付中心确认支付完成后可能会选择取消订单,同样也存在卖家选择拒绝接收订单的可能性,此时的支付中心需要向买家退还其已经支付的费用。

由于广大客户的多样化需求,当前外卖系统涉及的运行软件中,并不存在精确的业务模型来描述系统内的行为信息。相反地,基于该系统能够得到的只有系统运行时记录下的事件日志(表 5.1)。其中,存在部分事件日志不能在系统中被完全重述(故障事件)。事件日志中各个活动对应一个固定特征,基于事件日志软件,构造者能够准确推得由系统分解出的模块所提供的特征,如表 5.2 所示。

根据事件日志的潜在信息以及特征的表达语义,外卖系统的三个模块如图 5.1 所示。文献[1—5]基于事件日志的过程挖掘的方法多适用于流程包含的特征数目少且不同模块间交互相对频繁的情境下,这些方法对于本节研究动机中所提到的外卖系统的挖掘并不适用。本节接下来主要介绍一种基于特征网挖掘过程模型的方法,该方法不仅可以从包含特征数目少、不同模块间交互频繁的事件日志中挖掘模型,在包含特征数目较多且模块间交互并不频繁的情况下也具有一定的优越性。

表 5.1 外卖系统的事件日志

案例	事件日志	案例	事件日志
1	A,E,G,H,I,P	7	$B,E,G,H,J,L,W,X,Z,M,Q,R,Y,a,P$
2	A,E,F,G,H,I,P	8	$B,C,D,E,F,G,H,J,K,W,X,Z,M,N,O,P$
3	B,C,D,E,F,G,H,I,P	9	$A,E,F,G,H,J,L,W,X,Z,M,N,Q,R,Y,a,P$
4	A,E,G,H,J,L,M,N,O,P	10	$A,E,F,G,H,J,L,W,X,Z,M,N,Q,S,T,U,V,O,P$
5	A,E,H,K,M,W,Z,Q,S,V,O,P	11	$B,C,D,E,G,F,H,J,K,W,X,Z,M,N,Q,R,Y,a,P$
6	$A,E,G,H,J,L,W,X,Z,M,N,O,P$	12	$B,C,D,E,F,G,H,J,K,W,X,Z,M,N,Q,S,T,U,V,O,P$

表 5.2 特征集

字母表示	特征名称	字母表示	特征名称	字母表示	特征名称
A	老用户	J	确认订单	S	接受订单
B	新用户	K	新用户5折	T	加工制作
C	注册	L	老用户原价	U	配送外卖
D	填写个人信息	M	支付成功	V	联系买家
E	登录	N	等待外卖	W	用户登录
F	修改信息	O	接收外卖	X	扣除费用
G	挑选商品	P	结束购物	Y	退还费用
H	提交订单	Q	卖家登录	Z	收款反馈
I	删除订单	R	拒绝订单	a	支付失败

5.1.2 基本概念

定义 5.1[6]**（过程模型 Petri 网）** 一个过程模型 Petri 网 $PN = (P,T;F,C)$ 是一个四元组：

(1) P 和 T 分别是有限的库所集和变迁集；

(2) $P \neq \varnothing, T \neq \varnothing$ 且 $P \cap T = \varnothing$；

(3) $F = (P \times T) \cup (T \times P)$ 表示 PN 的流关系，$(P \cup T, F)$ 是强连通图；

(4) $\mathrm{dom}(F) \cup \mathrm{cod}(F) = P \cup T$，其中 $\mathrm{dom}(F) = \{x \in P \cup T \mid \exists y \in P \cup T : (x,y \in F)\}$，$\mathrm{cod}(F) = \{x \in P \cup T \mid \exists y \in P \cup T : (y,x \in F)\}$；

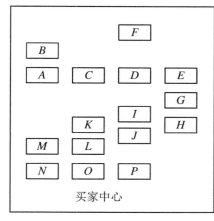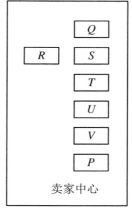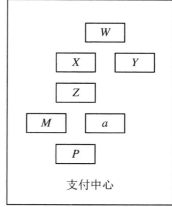

图 5.1 动机例子源特征模块

(5) $C = \{\text{AND}, \text{XOR}, \text{OR}\}$ 是流程网的结构类型。

一个过程模型 Petri 网 $PN = (P, T, F, C)$，给定一个节点 $n \in (P \cup T)$，则有 n 的前集 ${}^{\cdot}n = \{n' | (n', n) \in F\}$，$n$ 的后集 $n^{\cdot} = \{n' | (n, n') \in F\}$。另外，一个过程模型 Petri 网 PN 和一个初始标识 M_0，就确定了一个标识网，变迁 t 在标识 M_0 下可以发生 $(M_0[t>)$，如果 $\forall p \in P : p \in {}^{\cdot}t \rightarrow M(p) \geqslant 1$，称 M_1 为从 M_0 可达的，若存在 $t \in T$，使得 $M_0[t > M_1$。

定义 5.2[7]**（开放 Petri 网）** $OPN = (P, I, O, T; F, i, f)$ 为开放 Petri 网，当且仅当：

(1) $(P \cup I \cup O, T, F)$ 是一个 Petri 网；

(2) P 是内部库所集，T 是变迁集，F 是库所和变迁之间弧线的集合；

(3) I 是输入库所集，且 ${}^{\cdot}I = \varnothing$；$O$ 是输出库所集，且 $O^{\cdot} = \varnothing$；

(4) P, I, O 两两不相交；

(5) i 是初始标识；f 是终止标识。

一个 OPN 是封闭的，如果 $I = O = \varnothing$，则 $I \cup O$ 为 OPN 的接口库所。

定义 5.3（接口库所） 一个网 $OPN = (P, I, O, T; F, i, f)$ 为开放 Petri 网。不同 OPN 之间的信息交流通过一个特殊的库所表示。输入库所 I 从外部接收信息，只有一个输出弧；输出库所 O 向外界发送信息，只有一个输入弧。

定义 5.4[8]**（合成网）** 设 N_1 和 N_2 是两个 OPN，$N_1 \oplus N_2$ 表示为 N_1 和 N_2 的合成网，$N_1 \oplus N_2$ 也是一个 OPN，当且仅当：

(1) $P = P_{N_1} \cup P_{N_2} \cup (I_{N_1} \cup O_{N_1}) \cup (I_{N_2} \cup O_{N_2})$ 为库所集；

(2) $T = T_{N_1} \cup T_{N_2}$ 为变迁集；

(3) $F = F_{N_1} \cup F_{N_2}$ 为流关系；

(4) $I = (I_{N_1} \backslash O_{N_2}) \cup (I_{N_2} \backslash O_{N_1})$ 为输入库所集；

(5) $O = (O_{N_1} \backslash I_{N_2}) \cup (O_{N_2} \backslash I_{N_1})$ 为输出库所集；

(6) $i = i_{N_1} \cup i_{N_2}$ 是初始标识；

(7) $f = f_{N_1} \cup f_{N_2}$ 是终止标识。

两个 OPN 的合成通过接口库所连接，N_1 的一个输入（输出）库所必然对应 N_2 的一个输出（输入）库所。

5.1.3　基于特征网挖掘过程模型

这一部分主要介绍基于特征网挖掘交互过程模型的新方法。首先,基于现存的挖掘算法,挖掘各个模块内部的特征序,从而确定初始模块网。其次,通过遍历事件日志有效查找模块网内的疑似接口变迁。然后,通过挖掘特征网确定各模块网中的接口变迁,并对各个接口变迁增加相应的接口库所。最后,基于模块网和特征网,运用合成网的观点,将交互模块融合成为一个完善的过程模型 Petri 网。

1. 基于通信行为轮廓挖掘模块网

事件日志可以用来描述系统运行各个特征的顺序,而具有交互关系的不同模块之间的通信是通过各个模块内的特征来传递的。系统规定任意一个特征都只能属于一个固定的模块网,且特征间的通信只能存在唯一方向。例如,任意两个通信特征 A 和 B,则存在特征 A 发送信息到特征 B,或者是特征 B 发送信息到特征 A,但是两者不能同时发生。因此,在一个事件日志中,我们有必要考虑事件或者特征间的发生顺序。为此,接下来基于通信后继关系来定义通信行为轮廓。

定义 5.5[4]（**通信行为轮廓**）　设 $L \subseteq T^*$ 是一个事件日志。$\Re : \overline{T} \to M, \overline{T}$ 是一个特征集,$M \in \mathrm{Rng}(\Re)$ 是一个模块。通过 $a \prec_L b$ 定义 $\prec_L \subseteq \overline{T} \times \overline{T}$ 为通信后继,当且仅当对一些迹 $\sigma, \Re(a) \neq \Re(b), \sigma(i) = a$ 且 $\sigma(i+1) = b$,其中 $1 \leqslant i < |\sigma|$,则通信行为轮廓是一个三元组 $(\to_c, \|_c, +_c)_L^{Com}$:

(1) $A \to_c B$,当且仅当 $A \prec_L B$ 且 $B \nprec_L A$。

(2) $A \|_c B$,当且仅当 $A \prec_L B$ 且 $B \prec_L A$。

(3) $A +_c B$,当且仅当 $A \nprec_L B$ 且 $B \nprec_L A$。

这里通信行为轮廓与行为轮廓的定义存在不同,首先通信行为轮廓以特征为对象,其次定义规定任意一个特征只能存在于一个模块内且存在唯一的通信方向,最后行为轮廓是以弱序关系为基础,通信行为轮廓则是基于通信后继关系给出的定义。

定义 5.6[4]（**模块日志**）　$L \subseteq T^*$ 是一个事件日志,$\Re : \overline{T} \to M, \overline{T}$ 是一个特征集,$M \in \mathrm{Rng}(\Re)$ 是一个模块。设 $(\to_c, \|_c, +_c)$ 是该模块相应的通信行为轮廓,则有模块日志 $L_M = \{\sigma_{|\{F^*\}} | \Re(F^*) = M\} | \sigma \in L\}$。

本节以外卖系统为动机例子划分了三个模块,利用定义 5.6 可以确定这三个模块分别对应的日志的迹(即模块日志)。例如,卖家中心模块对应模块日志 $L_1 = \{\langle Q, R, P \rangle \langle Q, S, T, U, V, P \rangle\}$;支付中心模块对应模块日志 $L_2 = \{\langle W, X, Z, M, P \rangle, \langle W, X, Z, a, P \rangle, \langle W, Y, a, P \rangle\}$。通过利用文献[9]中所提到的归纳挖掘算法,能够得到如图 5.2 所示的三个模块网。

2. 查找模块网中疑似接口变迁

在任意一个模块网中,每个特征都可以由一个相应的变迁来表示。参考不同模块之间的交互形式,为了有效降低过程挖掘算法的计算复杂度,接下来介绍接口变迁的定义。

定义 5.7（**接口变迁**）　$M_i \in \mathrm{Rng}(\Re)$ 为一个模块,其相应的模块网为 MN_i。T_i 为模块网 MN_i 的变迁集,其中 $1 \leqslant i < |\mathrm{Rng}(\Re)|$。$\tilde{t} \in T_i$ 为 MN_i 的接口变迁,当 $\tilde{t}$ 满足以下条件之一:

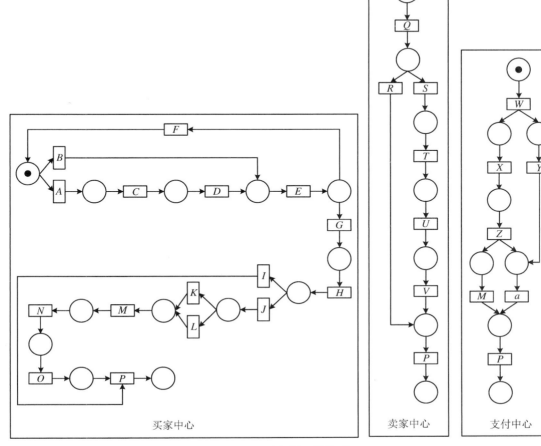

图 5.2　动机例子模块网

（1）$\tilde{t} \in T_m$，$\cdot t \sim \in MN_m$ 但 $\tilde{t}\,\cdot \notin MN_m$；

（2）$\tilde{t} \in T_m$，$\cdot t \sim \notin MN_m$ 但 $\tilde{t}\,\cdot \in MN_m$；

（3）$\tilde{t} \in T_m$，$\cdot t \sim \in MN_m$ 或 $\cdot t \sim \notin MN_m$，$\tilde{t}\,\cdot \in MN_m$ 或 $\tilde{t}\,\cdot \notin MN_m$（其中 $1 \leqslant m \leqslant i$）。

算法 5.1　查找各个模块网内的疑似接口变迁

输入：事件日志 $L_j \sqsubseteq T_i^*$。

输出：疑似接口变迁集 $\widetilde{T}'$。

步骤 1：遍历系统记录下的事件日志，将其按照所包含特征数目的大小进行排列，找出其中包含特征数目较多的日志（事件日志中包含的特征数目越多，则它是完整迹的可能性越大），转步骤 2。

步骤 2：利用定义 5.6，根据日志 L_j 对应的通信行为轮廓 $(\rightarrow_c, \parallel_c, +_c)^{Com}_L$ 可以挖掘得到模块日志 $L_M = \{\sigma_{\restriction \{F^* \mid \Re(F^*) = M\}} \mid \sigma \in L\}$，再由此得到相应的模块网 MN_i，转步骤 3。

步骤 3：重放事件日志验证其有效性。将步骤 1 中查找出的日志 $L \in L_j$ 重新放置于步骤 2 所得的模块网 MN_i 中，日志 L 在 MN_i 中能够实现重放，则 L 为有效的日志，转步骤 4，否则舍弃。

步骤 4：对日志中的各个特征划分模块区域，则有 $L = M_1 M_2 \cdots M_n$。根据定义 5.7，由第一个模块区域 M_1 中所包含的最后一个特征，末尾模块区域 M_n 中所包含的第一个特征，以及中间各个模块区域 $M_2, M_3, \cdots, M_{n-1}$ 中所包含的第一个特征以及最后一个特征共同组成疑似接口变迁集 $\tilde{T}$，即 $\tilde{T} = \{ \tilde{t}_1, \tilde{t}_2, \cdots, \tilde{t}_l \mid \tilde{t}_1 \in M_1; \tilde{t}_2, \cdots, \tilde{t}_{l-1} \in M_2 \bigcup \cdots \bigcup M_{n-1}; \tilde{t}_l \in M_n \}$，转步骤 5。

步骤 5：结合模块网，通过对比不同特征语义之间的紧密程度，即不同特征语义之间存在一定的逻辑关系，移除步骤 4 所得疑似接口变迁集 $\tilde{T}$ 中成为接口变迁可能性极小的变迁，输出最终疑似接口变迁集 $\tilde{T}'$。

3. 挖掘特征网确定接口变迁

观察本节 5.2.2 部分的动机例子可知，一些复杂信息可以在不同的特征之间被发送和接收。例如动机例子中的特征 M 必须在接收特征 Z 的信息之后才能够发送信息到特征 Q。由此，接下来的任务是要基于疑似接口变迁集重构每个特征的内部行为关系。为了有效重构特征，每个疑似接口变迁所对应的特征会产生一个新的事件日志，而这个事件日志包含了不同特性之间的通信信息，称作特征日志。

定义 5.8[4]（**特征日志**）　$L \subseteq T^*$ 是一个事件日志，$F^* \in \bar{T}$ 是模块网中的一部分特征，$(\rightarrow_c, \parallel_c, +_c)_L^{Com}$ 为事件日志 L 对应的通信行为轮廓，则有特征日志 $L_{F^*} = \{ \sigma_{|C(F^*)} \mid \sigma \in L, F^* \in \sigma \}$，其中 $C(F^*) = \{ A \mid A \rightarrow_c F^* \vee F^* \rightarrow_c A \}$。

基于特征日志，运用文献[4]中介绍的归纳挖掘算法，挖掘得到一个合理的工作流网，并通过增添接口库所将其转化成一个开放 Petri 网 OPN，以此来实现特征间发送和接收信息。这就使得事件日志中包含的每个疑似接口变迁所对应的特征都产生了一个特征网。

定义 5.9[4]（**特征网**）　$L \subseteq T^*$ 是一个事件日志，$F^* \in \bar{T}$ 是模块网中的一部分特征，$(\rightarrow_c, \parallel_c, +_c)_L^{Com}$ 为事件日志 L 对应的通信行为轮廓。特征网 N_F 是一个开放 Petri 网 $OPN \langle P, I, O, T; F, i, f \rangle$，当：

(1) $P = \bar{P}, T = \bar{T}', i = \lceil \bar{i} \rceil, f = \lceil \bar{f} \rceil$；

(2) $I = \{ p_{A-F^*} \mid A \rightarrow_c F^* \}$；

(3) $O = \{ p_{F^*-A} \mid F^* \rightarrow_c A \}$；

(4) $F^* = \{ \bar{F} \bigcup (t, p_{F^*-A}) \mid t \in T, \lambda(t) = A, F^* \rightarrow_c A \} \bigcup \{ (p_{A-F^*}, t) \mid t \in T, \lambda(t) = A, A \rightarrow_c F^* \}$。

其中，t 是变迁集 T 中的一个变迁；λ 是映射函数，将变迁 t 映射到具体的特征 A；$\langle \bar{P}, \bar{T}', \bar{F}, \bar{i}, \bar{f} \rangle$ 是挖掘得到的工作流网。

由模块日志挖掘所得的模块网，定义了该模块内部任意不同特征之间的运行次序，而疑似接口变迁所对应下的各个特征的特征网的挖掘确定了不同模块之间的交互形式，同时对各个特征增添了相应的接口库所。最后，在模块网、特征网的基础上，利用合成网的观点，挖掘完整的交互模型。

算法 5.2　挖掘过程模型 Petri 网

输入：模块网 MN_i，事件日志 $L_j \subseteq T_i^*$，疑似接口变迁集 $\tilde{T}'$。

输出：过程模型 Petri 网。

步骤1:查找模块网 MN_i 中与疑似接口变迁 $\tilde{T}'_l$ 所对应的特征 F^* 之间存在通信关系的特征集合 $C(F^*)$,其中 $C(F^*)$ 表示该特征 F^* 的前驱特征以及后继特征所组成的一个特征的集合,转步骤2。

步骤2:检验由步骤1挖得的特征集合 $C(F^*)$,若存在疑似接口变迁 $\tilde{T}'_l \in MN_i$,且 $C(F^*) \not\subset MN_i$(即特征 F^* 的前驱、后继特征不完全存在于模块网 MN_i 中),则称疑似接口变迁 $\tilde{T}'_l$ 为接口变迁,转步骤3。否则舍弃该变迁,转步骤1。

步骤3:基于步骤1输出的特征集合 $C(F^*)$,挖掘事件日志 L_j 的投影。利用定义5.8,查找模块网 MN_i 中特征 F^* 对应的特征日志 $L_{F^*} = \{\sigma_{|C(F^*)} | \sigma \in L, F^* \in \sigma\}$,转步骤4。

步骤4:基于特征日志 L_{F^*} 运用现存的归纳挖掘算法挖掘一个合理的工作流网,根据定义5.9,通过接口库所 I 和 O,将模块网 MN_i 转化为开放 Petri 网 $OPN\langle P, I, O, T, F, i, f \rangle$,即对接口变迁 $\tilde{T}'_l$ 增添相应的输入库所 I 以及输出库所 O,转步骤5。

步骤5:迭代以上四个步骤直到遍历了模块网 MN_i 内所有接口变迁 $\tilde{T}'_l$,以及所有的模块网都被有效地转化成开放 Petri 网 N_i,转步骤6。

步骤6:根据定义5.4,基于开放 Petri 网合成网的观点,利用由步骤5所得的开放 Petri 网 N_i 的接口库所将 N_i 进行融合,最终得到需要挖掘的过程模型 Petri 网。

5.1.4 实例分析

本小节以挖掘5.2.2小节的外卖系统的过程模型 Petri 网为例,来说明本节所提出的挖掘方法的可行性。本节基于事件日志挖掘得到外卖系统下的三个模块网,接下来是确定外卖系统内的疑似接口变迁集 $\tilde{T}'$,以及各个接口变迁所对应特征的特征网。

首先,遍历所有事件日志,基于其包含特征数目的多少,考虑表5.1中的案例9、案例10、案例11以及案例12,如图5.3所示。图5.3中虚线框内的特征包含于同一个模块网 MN_3(支付中心),实线框内的特征均存在于另一个模块网 MN_2(卖家中心),余下的特征则包含于其他模块网 MN_1(买家中心)。根据上文提到的算法5.1,我们可以确定该系统的疑似接口变迁集为 $\tilde{T} = \{L, W, Z, M, N, Q, R, Y, a, P, V, O, K\}$。参考特征语义,因为特征 P 是终止特征,且存在于每个模块内,所以不再将特征 P 作为接口变迁考虑。另外,登录支付中心是一个独立行为,同样不再将特征 W 作为接口变迁考虑。由此挖掘出疑似接口变迁集 $\tilde{T}' = \{L, Z, M, N, Q, R, Y, a, V, O, K\}$。

A,E,F,G,H,J,L $\boxed{W,X,Z}$ M,N, $\boxed{Q,R}$ Y,a P

A,E,F,G,H,J,L $\boxed{W,X,Z}$ M,N, $\boxed{Q,S,T,U,V}$ O,P

B,C,D,E,G,F,H,J,K, $\boxed{W,X,Z}$ M,N $\boxed{Q,R}$ Y,a P

B,C,D,E, F, G,H,J,K, $\boxed{W,X,Z}$ M,N $\boxed{Q, S,T,U,V}$ O,P

图 5.3 动机例子事件日志模块划分

分析 $\tilde{T}' = \{L, Z, M, N, Q, R, Y, a, V, O, K\}$,其中特征 $L \in MN_1$,且 $C(L) = \{J, M\} \subset MN_1$,通过算法5.2判定特征 L 不是接口变迁。同理,特征 K, W 和 a 不是接口

变迁,因此得到最终的接口变迁集 $\widetilde{T}'_i = \{Z, M, Q, R, Y, V, O\}$。通过算法 5.2,利用文献[3]中介绍的归纳挖掘算法,挖掘特征网(图 5.4)。

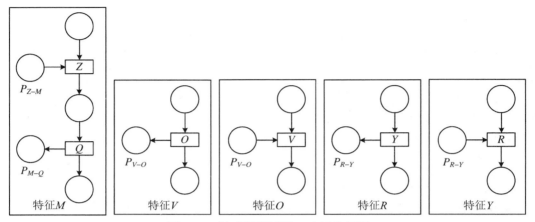

图 5.4　动机例子疑似接口变迁特征网

最终,在外卖系统的模块网以及特征网的基础上,通过开放 Petri 网合成网的观点,挖掘出关于外卖系统比较完善的过程模型 Petri 网(图 5.5)。

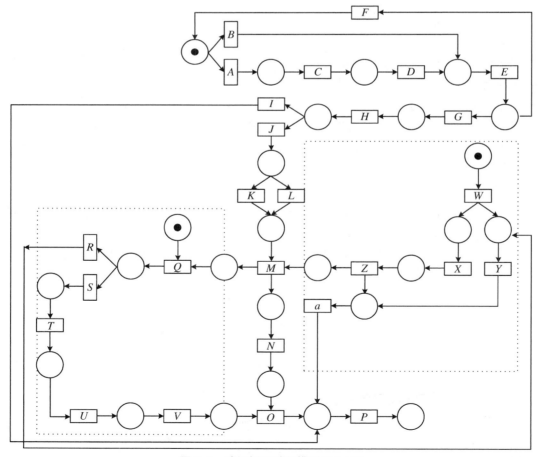

图 5.5　动机例子过程模型 Petri 网

5.2　基于模型合并的过程挖掘

在企业合并或重组的过程中,经常会出现一个模型的多个模型变量,这就需要对这几个变量进行合并以方便对企业进行管理,模型合并技术应运而生。近年来,很多学者在模型合并方面做了大量的研究,如在文献[9]中,Shuang Sun,Akhil Kumar 等提出了一种工作流合并方法,分类介绍了顺序合并、条件合并、并行合并、循环合并及复杂合并;文献[10]中 Marcello La Rosa 等提出了合并多个过程变量以及提取摘要的方法。另外,模型合并通常用于挖掘可配置的模型,因为合并的模型必须包含变量的所有行为。Aalst 教授在过程挖掘领域取得了辉煌的成绩,其中文献[11]介绍了几种基于模型合并从事件日志中挖掘可配置过程模型的方法。研究基于模型合并的过程挖掘具有重要的理论和实际意义。

5.2.1　基本概念

定义 5.10[12]（匹配变迁）　设 PM_1 和 PM_2 是两个流程 Petri 网模型,T_1 和 T_2 分别是它们的变迁集,用 $\sim \subseteq T_1 \times T_2$ 表示变迁之间的对应关系,T_1 的匹配变迁集 $T_1^{\sim} = \{t_1 \in T_1 \mid \exists t_2 \in T_2, t_1 \sim t_2\}$,$T_2$ 的匹配变迁集 $T_2^{\sim} = \{t_2 \in T_2 \mid \exists t_1 \in T_1, t_1 \sim t_2\}$。

定义 5.11（最大匹配域）　设 $mmr(PM_1)$ 和 $mmr(PM_2)$ 分别是过程模型 PM_1 和 PM_2 中的一部分,$T_1' \in T_1^{\sim}$ 和 $T_2' \in T_2^{\sim}$ 是 $mmr(PM_1)$ 和 $mmr(PM_2)$ 的变迁集,F_1 和 F_2 是 $mmr(PM_1)$ 和 $mmr(PM_2)$ 中的流关系,$mmr(PM_1) \sim mmr(PM_2)$ 当且仅当 $\forall t_i \in T_1'$,$\exists t_i' \in T_2'$ 使得 $t_i \sim t_i'$ 且 $F_1 = F_2$。PM_1 的最大匹配域集 $MMRS(PM_1) = \{mmr(PM_1) \mid \exists mmr(PM_2), mmr(PM_1) \sim mmr(PM_2)\}$,$PM_2$ 的最大匹配域集 $MMRS(PM_1) = \{mmr(PM_2) \mid \exists mmr(PM_1), mmr(PM_1) \sim mmr(PM_2)\}$。

本节的方法是以行为轮廓为基础的,下面基于行为轮廓给出域行为轮廓的形式化定义。

定义 5.12（域行为轮廓）　设 $mmr_x, mmr_y \in MMRS(PM)$,则最大匹配域对$(mmr_x, mmr_y) \in MMRS(PM) \times MMRS(PM)$ 至少满足以下三种关系中的一种:

(1) 严格序关系:如果 $mmr_x \succ mmr_y$,但 $mmr_y \nsucc mmr_x$,记作 $mmr_x \rightarrow mmr_y$;

(2) 排他序关系:如果 $mmr_x \nsucc mmr_y$ 且 $mmr_y \nsucc mmr_x$,记作 $mmr_x + mmr_y$;

(3) 交叉序关系:如果 $mmr_x \succ mmr_y$ 且 $mmr_y \succ mmr_x$,记作 $mmr_x \parallel mmr_y$。

将以上关系的集合称为过程模型 PM 的域行为轮廓,记为 $RBP_{PM} = \{\rightarrow, +, \parallel\}$。

5.2.2　基于模型合并的挖掘方法

1. 基于行为轮廓的模型合并方法

本节提出的模型合并方法是以行为轮廓为基础的,包括日志的行为轮廓、过程模型的行为轮廓以及模型的域行为轮廓,基于行为轮廓的过程模型的基本结构见文献[2]。基于域行为轮廓的过程模型的基本结构如图 5.6 所示,其中 mmr_1 和 mmr_2 都表示最大匹配域。

在图 5.6(a)中，最大匹配域对(mmx_1, mmx_2)是严格序关系，也即最大匹配域 mmr_1 可以发生在最大匹配域 mmr_2 之前，反之则不成立，记为 $mmx_1 \rightarrow mmx_2$。在图 5.6(b)中，最大匹配域对(mmx_1, mmx_2)是排他序关系，也即最大匹配域 mmr_1 不可以发生在最大匹配域 mmr_2 之前，最大匹配域 mmr_2 也不能发生在最大匹配域 mmr_2 之前，记为 $mmx_1 + mmx_2$。在图 5.6(c)、图 5.6(d)中，最大匹配域对(mmx_1, mmx_2)是交叉序关系，记为 $mmx_1 \parallel mmx_2$。然而如果它们能够反复地出现多次，则会形成一个如图 5.6(d)所示的环状结构；若单个的最大匹配域 mmr_1 能够反复出现多次，则构成如图 5.6(e)所示的自循环结构。

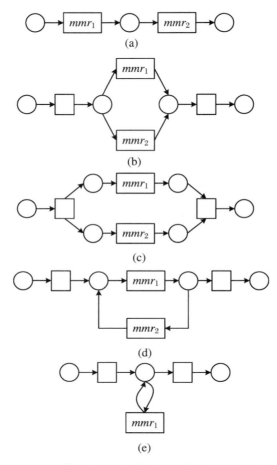

图 5.6　基于域行为轮廓的过程模型的基本结构

在对模型进行合并时，首先要把两个模型进行匹配，找出模型的匹配变迁以及最大匹配域，本节中认为具有相同标签的两个变迁是匹配的，相匹配的最大匹配域也是完全相同的。确定最大匹配域可以用广度优先搜索的方法，首先选定一对匹配变迁，假设它们为各自模型的最大匹配域，看模型中与之相邻的变迁是否在匹配变迁集中，若是，则再看此变迁域最大匹配域中变迁的流关系是否有与之匹配的流关系，依次进行下去，直到所有的匹配变迁都在某一最大匹配域中为止。

确定好最大匹配域之后就要进行模型合并，我们把最大匹配域看作一个整体，首先根据域行为轮廓,把最大匹配域进行合并。然后结合模型的日志的行为轮廓,计算出不在任何最大匹配域的变迁之间的行为轮廓关系,以及这些变迁与最大匹配域的行为轮廓关系,进而把这些变迁加入合并模型中。

2. 基于模型合并的过程挖掘算法

算法 5.3　基于模型合并的过程挖掘算法

输入:事件日志。

输出:Petri 网模型。

步骤 1:对各个事件日志进行预处理,去除不完备的日志序列,以提高模型质量。

步骤 2:根据各个日志的行为轮廓分别建立子过程模型 PM_1,PM_2,PM_3,$\cdots$,这些子过程构成过程模型集 $S(PM)$。

步骤 3:任取 PM_x,$PM_y \in S(PM)$,找出 PM_x 和 PM_y 的最大匹配域集 $MMRS(PM_x)$ 和 $MMRS(PM_y)$,根据域行为轮廓把相匹配的区域合并,得到初始合并模型 $mpm(PM_x$, $PM_y)$。

步骤 4:计算变迁对 $(a,b) \in T_r \times T_r$,$T_r = (T_1 - T_1') \bigcup (T_2 - T_2') \bigcup {}^{\cdot}MMRS(PM) \bigcup MMRS(PM)^{\cdot}$ 的行为关系,其中 ${}^{\cdot}MMRS(PM)$ 表示最大匹配域的源变迁集,$MMRS(PM)^{\cdot}$ 表示最大匹配域的结束变迁集。根据行为轮廓关系,把不在任何最大匹配域中的变迁插入 $mpm(PM_x$,$PM_y)$,得到合并模型 $MPM(PM_x$,$PM_y)$。

步骤 5:令 $S(PM) = (S(PM) - \{PM_x, PM_y\}) \bigcup \{MPM(PM_x, PM_y)\}$,转步骤 3。

步骤 6:直到 $S(PM)$ 中的所有子模型合并完毕得到最终合并模型 $MPM(PM_1$, $PM_2,\cdots)$。

5.2.3　实例分析

为了验证上述算法的可行性,在本小节将给出简单的实例,即基于事件日志挖掘出在某网站购物过程模型,记录的如表 5.3 所示的事件日志中包含以下任务,分别用大写英文字母表示:A 进入网站,V 进入店铺,B 搜索商品,C 添加商品,D 准备结账,E 老用户登录,F 新用户注册,G 会员,H 非会员,I 九折优惠,J 会员价格,K 普通价格,M 计算总价,O 下订单,Q 付款,S 取消订单,U 退出网站。

表 5.3　事件日志

事件日志 L_5	事件日志 L_6
ABVCDFIMU	*AVBCDFIMOQU*
ABVCDEGJMU	*AVBCDFIMOSU*
BVCDE	*AVBCDEHKMOQU*

首先计算事件日志 L_5 的行为轮廓,因为日志序列 *BVCDE* 是不完备的,所以应去除,以提高模型的质量,表 5.4 列举了事件日志 L_5 的关键的行为轮廓关系。

表 5.4　事件日志的行为轮廓关系表

	A	B	C	D	E	F	G	I	J	M	U	V
A		→L										
B												→L
C				→L								
D					→L	→L						
E						+L						
F							→L	→L				
G									→L			
I												
J										→L		→L
M											→L	
U												→L
V			→L									

依据 L_5 的行为轮廓建立如图 5.7 所示的 PM_1。类似地，根据 L_6 的行为轮廓建立如图 5.7 所示的 PM_2。

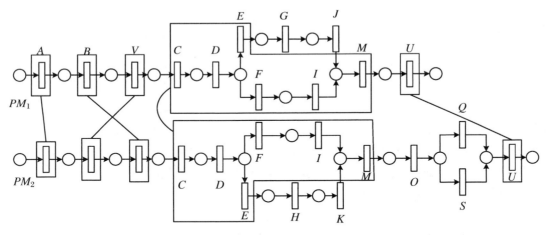

图 5.7　L_5 和 L_6 对应的过程模型

图 5.7 中用方框标出的是各个模型的最大匹配域，最大匹配域之间的连线表示它们的匹配关系，因为相匹配的最大匹配域是相同的，所以在 PM_1 中最大匹配域从左到右依次记为 mmr_1、mmr_2、mmr_3、mmr_4、mmr_5，在 PM_2 中最大匹配域从左到右依次记为 mmr_1、mmr_3、mmr_2、mmr_4、mmr_5。根据域行为轮廓的定义可得域行为轮廓关系表，如表 5.5 所示。

表 5.5　域行为轮廓关系表

	mmr_1	mmr_2	mmr_3	mmr_4	mmr_5
mmr_1		$\rightarrow$	$\rightarrow$		
mmr_2			$\parallel$	$\rightarrow$	
mmr_3				$\rightarrow$	
mmr_4					$\rightarrow$
mmr_5					

合并最大匹配域后得图 5.8 所示的初始合并模型 $mpm(PM_1, PM_2)$。

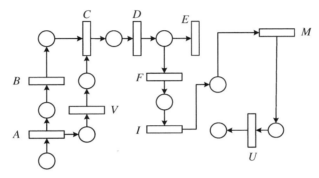

图 5.8　初始合并模型 $mpm(PM_1, PM_2)$

然后，计算变迁对 $(a,b) \in T_r \times T_r$ 的行为轮廓关系，其中 $T_r = \{A, B, V, C, E, M, O, Q, S, U\}$，得出 $E \rightarrow G, E \rightarrow H, G + H, G \rightarrow J, H \rightarrow K, J \rightarrow M, K \rightarrow M, O \rightarrow Q, O \rightarrow S, Q + S, S \rightarrow U, Q \rightarrow U$，把不在任意最大匹配域中的变迁依据行为轮廓关系插入 $mpm(PM_1, PM_2)$ 中，得到如图 5.9 所示的最终的合并模型 $mpm(PM_1, PM_2)$。

事件日志 L_1 和 L_2 的所有完备日志序列都能在模型 $mpm(PM_1, PM_2)$ 中重放，且模型没有产生过多的序列，因此，本节提出的基于模型合并的过程挖掘方法是可行的。

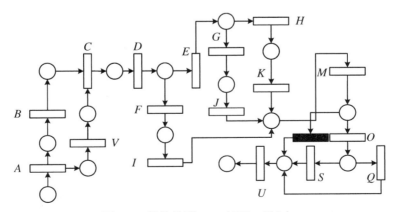

图 5.9　最终模型 $mpm(PM_1, PM_2)$

5.3　基于接口变迁的模块网挖掘

将过程模型进行模块分解是查找和分析过程模型的变化域及变化域传播的核心内容之一,现存分解模块的方法主要是针对完整的过程模型,通过研究过程模型中各个活动之间存在的行为关系,将其分解为多个模块网。但是,在单纯的基于事件日志挖掘模块网方面,已有的模块分解挖掘方法具有一定的局限性。在基于特征网的交互过程模型挖掘方法介绍中,主要阐述了接口变迁的查找方法以及特征网的挖掘过程,对于模块网的挖掘方法介绍得相对比较模糊,仅简单基于归纳挖掘算法给出了模块网的挖掘结果,并未介绍具体操作过程。但是,基于事件日志直接挖掘模块网有助于高效地分析交互过程模型中的变化传播,因此模块网挖掘方法的研究很有必要。

在此背景下,本节提出基于接口变迁的模块网挖掘方法。首先,基于局部有效的事件日志分析其中所包含的各个活动之间存在的前驱后继关系,并由此得到一个活动前驱后继关系表。其次,划分前驱后继关系相对频繁的活动区域,再根据接口变迁的定义查找接口变迁,同时考虑不存在后继变迁的活动。然后,分析接口变迁的每个前集变迁挖掘出模块网内的初始变迁,并通过活动间的前驱后继关系对各个初始变迁逐一增添活动,由此挖掘有效模块网。最后,基于具体实例分析本节所提出的挖掘方法的有效性。

5.3.1　研究动机

过程挖掘并非指定工作人员必须挖掘出一个完整的过程模型,主要还是根据用户需求。在一定的过程化语言中,用户需要系统产生一个能满足其多样化需求的模型,同时还要求这个模型的运行效率要高。但是,当该模型内部发生一定变化之后,用户的需求便不再能得到满足。如果系统重新产生另一个符合要求的模型,必定会增加系统的负担,且运行效率极低。可见,系统的完整性和用户使用的高效性之间是相互矛盾的。为了弱化这一矛盾,过程挖掘必须实现模块化挖掘,使得系统运行下的模型可以被分解为多个模块网的交互融合。基于接口变迁的模块网挖掘方法不仅能够进行模块划分,还可以提高挖掘效率。其原因在于:

(1) 模块网的挖掘可以很好地避免基于事件日志优先挖掘完整的过程模型 Petri 网;

(2) 挖掘模块网可以更加清晰地观察过程模型的结构,便于分析其中各个模块之间的交互关系,从而匹配更多用户的需求;

(3) 当模型内存在变化时,模块网的存在可以使系统更好地查找变化域以及该变化的传播路径,由此对模型进行修复完善。

在信息数据网络化的背景下,支付宝、储蓄卡等便捷支付方式已在各种场合下被顾客采用。以某个交易平台支付宝的支付系统作为动机例子,分析该系统内部运行下的事件日志(表 5.6)。注意,表 5.6 中的日志并不包含支付系统运行的所有日志,并且其中可能存在不能在系统中重复的日志,即无效的事件日志。

对于该系统的过程挖掘,现存的挖掘算法首先会分析表 5.6 中所有事件日志的行为弱序关系,利用特定的挖掘步骤来挖掘完整的过程模型,再对其进行模块分解得到相应的模块网。为了基于简单的日志信息直接挖掘模块网,对模型进行高效、合理的分解操作,本节提出了基于接口变迁的模块网挖掘方法。综上所述可知,挖掘模块网有助于有效地分析模型的结构以及挖掘模型中变化的传播轨迹,而且有效的模块分解操作能够更准确地挖掘过程模型内的变化区域,从而很好地修复和优化原始模型。

表 5.6　支付系统的事件日志

案例	事件日志	案例	事件日志
1	*ABCDIJ*	8	*ABCDEIKLMOPQR*
2	*ACBDIJ*	9	*CABDIJ*
3	*ABCDEFGH*	10	*CABDIKLMNBCD*
4	*ABCDEFGLMOPQR*	11	*MOPABCDIKLQR*
5	*ACBDEFGH*	12	*MAPBCDEFGLQR*
6	*ACBDEFGMOLPQR*	13	*CABDIKMOLPQR*
7	*ACBDEIKMLOPQR*	14	*MOPCABDEFGLQR*

5.3.2　基本概念

定义 5.13[13]**(事件日志)**　假设 A 是一个有限活动集,那么迹可以被看作 A 的一个有限序列,即 $\sigma \in A^*$。一个事件日志 L 是迹的一个多重集,即 $L \in M(A^*)$。

定义 5.14[14]**(标签 Petri 网)**　网 $BN = (N, l)$ 是一个标签 Petri 网,其中 $N = (P, T; F)$ 是一个 Petri 网。标签函数 $l \in T \rightarrow U_A$,U_A 是活动名称集。

一个标签 Petri 网 $BN = (N, l)$ 描述了 Petri 网 $N = (P, T; F)$ 中每个节点和流关系之间的一个有向图,网 N 中任意一个可见变迁 $t \in \mathrm{dom}(l)$ 都存在一个对应的活动标签 $l(t)$。另外,标签 Petri 网是 Petri 网的一个特殊子集,能够被用来构建合理的过程模型。在一个标签 Petri 网 BN 中,用 i 来表示初始标识,用 f 来表示终止标识。

定义 5.15[15]**(模块网)**　$N = (P, T; F, l)$ 是一个标签 Petri 网:

(1) 一个模块网 $\overleftrightarrow{M} \subseteq N$ 是一个非空集合,其中每个活动节点的发生具有安全性,即其中均包含有且只有一个 token;

(2) 两个模块网 $\overleftrightarrow{M}, \overleftrightarrow{M}' \subseteq N$ 重叠,当且仅当两个模块网交叉且均不是另一个模块网的子集;

(3) 一个模块网 $\overleftrightarrow{M} \subseteq N$ 是一个强模块,当且仅当不存在另一个模块网 $\overleftrightarrow{M}' \subseteq N$,使得模块 $\overleftrightarrow{M}$ 和 $\overleftrightarrow{M}'$ 重叠;

(4) 空集 $\varnothing$ 和网 N 中的所有活动集 T_A 所对应的模块网,是网 N 的平凡模块网,其他均为非平凡模块网。

5.3.3　基于接口变迁逐步挖掘模块网

现存的模型模块网的挖掘方法主要是在完整过程模型的基础上,本小节基于 Petri 网的接口变迁介绍一种挖掘过程模型模块网的新算法。该算法以有效事件日志作为一个初始条件,首先分析每个事件对应活动存在的前驱后继关系,绘制前驱后继关系表。基于这个关系表,结合定义挖掘接口变迁及初始变迁。其次,以挖掘出的初始变迁作为开始变迁,按照其后继关系对其逐个添加后继活动,由此挖掘过程模型模块网。但是,不能严格保证该算法挖掘出的所有模块网均为一个合理的模型,为了检验该模型的有效性,下面给出一个完全过程模型的相关定义。

定义 5.16(完全过程模型)   模型 $N = (P, T; F, L)$ 是一个带标签的过程模型,$M: P \to \{0, 1, \cdots\}$ 是过程模型中的一个标识,χ 是一个标识集合,N 是一个完全过程模型,当且仅当对 $\forall M \in \chi, M_0 \xrightarrow{\sigma_i} M$,总 $\exists \sigma_j$ 使得 $M \xrightarrow{\sigma_j} M_f (i, j \geqslant 1)$。

一个模型为完全过程模型,即对于该模型的任意标识 M,总存在一个迹(发生序列)使得初始标识得以发生到达标识 M,且同时存在另一个发生序列使得标识 M 得以发生,最终达到终止标识。

定义 5.17[16](前驱后继关系)   模型 $N = (P, T; F, L)$ 是一个带标签的过程模型,对任意变迁 $t \in T$ 总是存在一个或者多个前驱变迁以及后继变迁。其中前驱变迁 $\overleftarrow{t} \in {}^\bullet t$,而且前驱变迁 $\overleftarrow{t}$ 存在直接流关系到变迁 $t(\overleftarrow{t} \to t)$;后继变迁 $\overrightarrow{t} \in t^\bullet$;同样的,变迁 t 存在直接流关系到后继变迁 $\overrightarrow{t}(t \to \overrightarrow{t})$。

这里介绍的前驱后继关系与前文介绍的行为轮廓关系之间存在异同,行为轮廓关系和前驱后继关系均表达活动之间的一种弱序关系,但是前者存在三种弱序关系,即严格序(逆严格序)、排他序以及交叉序,且这种弱序关系可以存在于同一个活动之间,比如 $t + t, t \parallel t$。而后者只存在一种弱序关系,即严格序(逆严格序),这里的严格序关系(逆严格序)要比行为轮廓中的严格序关系(逆严格序)更严格,只有具有直接流关系的活动之间存在前驱或者后继关系。

算法 5.4   模型模块网的挖掘算法

输入:事件日志 L_i。

输出:模块网 $\overleftrightarrow{M}_p$。

步骤 1:检验输入的事件日志 L_i 均为有效日志,即所有事件日志都能够在系统中被有效重放。若检验为无效的事件日志,则删除;若有效,则保留。转步骤 2。

步骤 2:分析步骤 1 中所有被保留的日志,挖掘其中各个事件所对应活动之间的前驱、后继关系,并绘制出相应的关系表,记作活动前驱后继关系表。转步骤 3。

步骤 3:由步骤 3 所得的关系表,很容易查找出前驱、后继关系相对紧密的活动范围,在表格中用方框标记出该区域。转步骤 4。

步骤 4:分析方框区域内的所有变迁,结合挖掘接口变迁,若表格中方框区域内活动 $e_j(j \geqslant 1)$ 不存在后继活动 $\overrightarrow{e}_j$,则将该活动标记为接口变迁 $\widetilde{t}_j$。转步骤 5。

步骤 5:逐一分析前驱后继关系表格内不存在后继活动的活动 $\widetilde{e}_j$。若该活动的至多五个连续的前驱活动中,至少有一个活动 e,满足不发生活动 $\widetilde{e}_j$ 仍然存在合理发生序列 σ_j,则判定 $\widetilde{e}_j$ 因为不满足变迁发生规则(即 token 数目不够),所以不存在后继活动。同时,活动 $\widetilde{e}_j$ 与接口变迁 $\widetilde{t}_j$ 存在直接流关系,则称 $\widetilde{e}_j$ 为 $\widetilde{t}_j$ 的前驱活动,标记为 $\overleftarrow{e}_j$。否则将 $\widetilde{e}_j$ 定义为结束变迁 t_e。转步骤 6。

步骤 6：挖掘初始变迁 t_s。在接口变迁的所有前集变迁中，定义后继活动最多的变迁、总在某前集变迁之前发生的变迁为模型模块网的一个初始变迁。转步骤 7。

步骤 7：结合步骤 2 绘制的关系表，由步骤 6 挖掘的初始变迁作为开始变迁对其逐个增添活动，直到无后继活动的变迁或是结束变迁。转步骤 8。

步骤 8：检验所有模块网 $\overleftrightarrow{M}_p$ 所对应的过程模型均是完全过程模型，即在每个模块网中，对任意的可达标识（除终止标识），总存在发生序列 σ 使得该标识到达下一个标识状态，直至终止标识。若满足，则输出事件日志下的模块网 $\overleftrightarrow{M}_p$，算法结束；否则，移除不满足完全过程模型的模块网，转步骤 7（算法流程图如图 5.10 所示）。

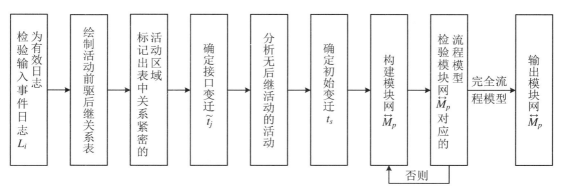

图 5.10　算法流程图

5.3.4　实例分析

本节以支付宝的支付系统为例，将本节所提出的基于接口变迁的模块网的挖掘方法应用到具体的生活系统中去，并通过这一实例来验证该模块挖掘方法的有效性。

首先，分析表 5.6 内包含的所有事件日志，挖掘每一个活动的前驱、后继活动。例如，案例 1 的事件日志中活动 A 不存在前驱活动，而它的后继活动为 B；C 和 I 分别为活动 D 的前驱活动和后继活动；活动 J 不存在后继活动，它的前驱活动是 I。由此挖掘事件日志中所有活动的前驱、后继活动，并列出前驱后继关系表（表 5.7），表中的每行表示事件日志中各个活动的所有后继活动，每列则表示各个活动的所有前驱活动。基于表 5.7 能够很容易标记出具有紧密的前驱后继关系的活动，例如表 5.7 内用方框标记出的活动，以表中左上方的方框为例。该方框中标记了活动 A,B,C,D 之间的前驱以及后继关系，其中活动 D 不存在后继活动，由此判定活动 D 为一个接口变迁，同理可以判断活动 N 以及活动 Q 均为接口变迁。

另外，基于表 5.7 能够判定 H,J 和 R 三个活动均不存在后继活动。因为活动 H 和活动 J 的两个前驱活动 G 和 I 存在除了 H 和 J 以外的后继活动 L 和 K，并且通过案例 7、案例 8 和案例 11（见表 5.6）可以知道过程模型中存在使得活动 L 和活动 K 有效发生的发生序列，而该发生序列中并不包含活动 H 和活动 J。由此，活动 H 和活动 J 因为不满足 Petri 网的变迁发生规则不具有后继活动，即 H 和 J 这两个活动的前集库所中所包含的 token 数不够。又因为活动 R 的前驱活动 Q，以及连续的前驱活动 P,L,O,K，均不存在不含活动 R 的合理的发生序列，由此可以判定活动 R 是一个结束变迁。

表 5.7　活动前驱后继关系表

	A	B	C	D	E	F	G	H	I	J	K	L	M	N	O	P	Q	R
A			√	√														
B			√	√														
C	√		√	√														
D					√				√									
E						√												
F							√											
G								√				√						
H																		
I										√	√							
J																		
K												√						
L													√		√	√	√	
M	√											√		√	√	√		
N		√																
O												√				√		
P	√	√	√									√					√	
Q																		√
R																		

　　考虑接口变迁 D 的所有前集变迁 A,B 和 C,根据表 5.7 能够观察到活动 A 总是会在活动 B 发生之前发生,而且相对于活动 A 和活动 B,活动 C 的后继活动数目最多(3 个),因此可以称活动 A,C 是初始变迁(同理,M 也是初始变迁)。又根据各个活动之间的前驱、后继关系,从事件日志中所有的初始活动 A,C 和 M 开始,将其他活动逐一的进行添加,直至无后继活动 J,H 或者是结束变迁 R。又因为活动 J 和活动 H 的前集库所中所包含的 token 数目不够,不满足变迁发生规则,所以它的后继活动是一个接口变迁 D。综上所述,可以挖掘出支付宝的支付系统下的三个模块网如图 5.11 所示。

5.4　融合特征网与模块网的业务流程挖掘

　　在业务流程分析中,过程挖掘扮演着非常重要的角色,其目的是通过从事件日志中提取新的见解,构建模型用于发现真实的流程过程并对其进行监控、改善。过程挖掘的三个主要任务是:① 过程发现:从给定的原始事件日志中提取出一个业务流程的过程模型。② 一致性检查:检查业务流程中的原始事件日志在模型上的重演情况及模型对日志的符合情况。③ 模型增强:根据记录在事件日志上的事件的迹,适当地扩展和改进得到的过程模型。这三个任务中,最受关注的便是过程发现。

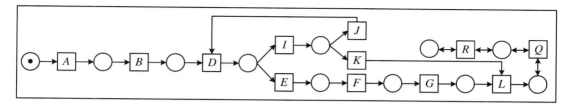

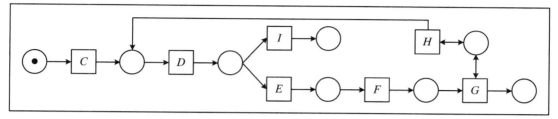

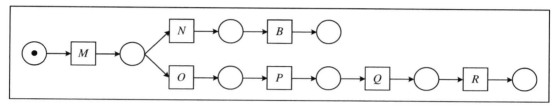

图 5.11 支付系统模块网

为检测和改善业务流程系统,在过程发现领域,许多算法已提出并应用于现实生活。然而随着过程模型越来越复杂,且大多数系统都是各个不同模块交互产生的,这样的系统所产生的日志混合了多个模块的不同日志记录。当前过程模型的研究主要针对单个模型,而对这样的多模块系统的研究较为稀少。基于此,针对多模块系统的分析本节提出了一种基于特征网与模块网业务流程发现算法。该算法首先将日志中的特征分为不同的模块,基于特征的通信行为轮廓,分别求出模块间与模块内的不同特征的交互情况,然后将得到的不同模型相互融合从而得到完整的多模块过程模型。其中的关键主要有三点:① 模块间哪些特征存在交互。② 这些特征存在什么样的交互行为。③ 模块间与模块内所得到的网模型如何融合。后文将对这三个问题详细展开分析。

5.4.1 研究动机

随着信息技术的发展和互联网的普及,越来越多的企业为便于管理,往往会按照功能不同将系统分为不同的模块(虚线方框),如图 5.12 所示,模块与模块之间通过接口(实线方框)进行交互。因此,系统产生的日志分散为不同的模块,我们所能看到的日志也分别是一个个零散的模块日志混合而成的杂乱的事件日志,而不是一个比较系统的事件日志。通过这样的模块日志所用现存的挖掘方法得到的模型通常比较混乱,更不要说这些模块内部或者模块之间存在着什么关系。

在现实生活中,通常情况下一个电商的组织架构(图 5.13)分为:市场部、客服部、技术部、网站运营部、采购及物流部、财务部、人力资源部七个部门。各个部门内部都有着独立的职能,如客服部的职能就是客户的服务、咨询、培训和考核等,通过不同的方式提高用户对商

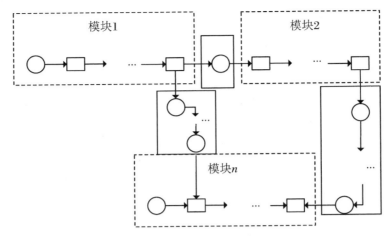

图 5.12　系统内模块及其交互

品的满意程度,从而产生购物行为,提升订单转化率和平均订单金额;采购及物流部主要负责按照采购名单进行招标和采购、布局和设计全国的网站仓储、分别制定仓储和物流配送标准、通过仓储管理系统对仓储进行日常维护、设计产品配送包装并选择物流配送合作伙伴等;网站运营部负责设计产品文案、分析各类型产品、制定采购名单及产品定价、拍摄并处理产品图片,同时,优化购物流程、提高用户的购物体验等。为了能够完成一件商品的销售,这些部门之间又要进行相互合作,如:采购及物流部门需要根据销售状况调节产品在不同仓储之间的库存;网站运营部主要根据各个地方的不同销售状况制定相适应的促销方案,同时配合市场部采用不同的策略进行对外推广的促销宣传等。我们所得到的系统日志往往只是记录各个部门内部的操作流程及与别的部门进行合作的情况,因而要对整个电商系统的运行有一个清晰完整的认识。

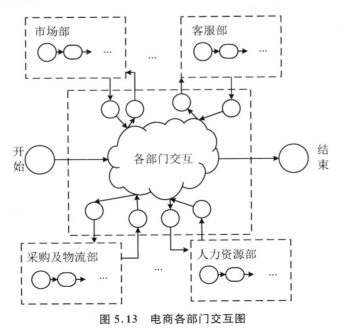

图 5.13　电商各部门交互图

5.4.2　基本定义

定义 5.18[17]**（工作流网）**　工作流网 $WFN = (N, i, f)$，其中 $N = (P, T; F)$ 为 Petri 网，满足：

(1) $i \in P$ 且没有入弧；

(2) $f \in P$ 且没有出弧；

(3) 所有的变迁至少有一个入弧和一个出弧，即 $\forall \tau \in T$，$\cdot\tau \neq \varnothing \neq \tau\cdot$。

定义 5.19[7]**（开放 Petri 网）**　开放 Petri 网 OPN 为一个七元组 $(P, I, O, T; F, i, \Omega)$，满足：

(1) $(P \cup I \cup O, T, F)$ 为 Petri 网；

(2) P 为内部库所集；

(3) I 为输入库所集，且 $\cdot I = \varnothing$；

(4) O 为输出库所集，且 $O\cdot = \varnothing$；

(5) P, I, O 两两不相交；

(6) $i \in N^P$ 为初始标识集；

(7) $\Omega \subseteq N^P$ 为终止标识集。

$I \cup O$ 称为 OPN 的接口库所，如果 $I = O = \varnothing$，称 OPN 是关闭的。两个 $OPNs$ A 和 B 是可组合的，记为 $A \oplus B$，当且仅当 $(I_A \cap O_B) \cup (O_B \cap I_A) = (P_A \cup T_A \cup I_A \cup O_A) \cap (P_B \cup T_B \cup I_B \cup O_B)$。

5.4.3　模块网

对于模块内事件的交互情况，首先要知道哪些事件属于该模块，以及该模块在运行过程中产生的日志是什么，该日志称为模块日志。在日志上每条迹中的事件都记录了一系列相关的属性，如表 5.8 所示，根据其中模块标识的值，即属性中的来源，可以清楚地了解到哪些事件属于同一个模块。由此才能根据过程发现方法从模块日志中提取该模块的运行流程。

表 5.8　网上购物事件日志

实例编号	事件编号	属性			
		开始时间	事件	来源	…
1	35523	30-05-2010；22.02	注册	用户	…
	35524	31-05-2010；08.06	商品推荐	商家	…
	35525	31-05-2010；11.12	加入购物车	用户	…
	35526	31-05-2010；11.18	继续浏览	用户	…
	35527	31-05-2010；14.24	加入购物车	用户	…
2	35583	30-07-2010；11.32	商品推荐	商家	…

续表

实例编号	事件编号	属性			
		开始时间	事件	来源	…
	35585	30-07-2010:12.12	购买商品	用户	…
	35587	30-07-2010:14.16	确认支付	支付中心	…
	35588	05-08-2010:11.22	支付完成	支付中心	…
	35589	05-08-2010:12.05	发货	商家	…
3	35621	13-12-2010:14.32	登录	用户	…
	35622	13-12-2010:15.06	商品推荐	商家	…
	35624	13-12-2010:16.34	选择商品	用户	…
	35625	13-12-2010:16.40	查询库存	商家	…
	35626	13-12-2010:16.43	继续浏览	用户	…
	35627	13-12-2010:16.50	商品推荐	商家	…
	35630	13-12-2010:17.10	确认信息	用户	…
	35631	13-12-2010:17.13	支付完成	支付中心	…
	35633	13-12-2010:17.16	发货	商家	…
…	…	…	…	…	…

定义 5.20[4]（**模块日志**）　事件日志 $L \subseteq T^*$，对应的通信行为轮廓为 $(\rightarrow_c, \parallel_c, +_c)_L^{Com}$，事件的模块标识为 $\Re$，则模块日志 L_M 为事件日志中模块标识值为 M 中的事件日志，满足 $L_M = \{\sigma \in L \mid \sharp_R(F) = M, F \in \sigma\}$。

在表 5.8 实例 3 中事件编号 35621 的属性 $\sharp_R(35621)$ 为用户，事件编号 35622 的属性 $\sharp_R(35622)$ 为商家，事件编号 35624 的属性 $\sharp_R(35624)$ 为用户，事件编号 35625 的属性 $\sharp_R(35625)$ 为商家，事件编号 35626 的属性 $\sharp_R(35626)$ 为用户，事件编号 35627 的属性 $\sharp_R(35627)$ 为商家，事件编号 35630 的属性 $\sharp_R(35630)$ 为用户，事件编号 35631 的属性 $\sharp_R(35631)$ 为支付中心，事件编号 35633 的属性 $\sharp_R(35633)$ 为商家，可知在事件日志中，事件登录、选择商品、继续浏览、确认信息等是属于用户模块的事件，商品推荐、查询库存、发货等是属于商家模块的事件，支付完成等是属于支付中心的事件。通过模块日志可以分别对用户、商家和支付中心提取过程模型，从而了解到各个模块内部事件是如何执行的。

1. 模块日志与交互特征

定义 5.21[4]（**通信行为轮廓**）　事件日志 $L \subseteq T^*$，$\prec_L \subseteq T \times T$ 为对应的通信后继关系，则通信行为轮廓为 3 元组 $(\rightarrow_c, \parallel_c, +_c)_L^{Com}$ 定义为：

（1）若 $A \prec_L B$ 且 $B \not\prec_L A$，则 $A \rightarrow_c B$；

（2）若 $A \prec_L B$ 且 $B \prec_L A$，则 $A \parallel_c B$；

（3）若 $A \not\prec_L B$ 且 $B \not\prec_L A$，则 $A +_c B$。

此外，日志中变迁之间的通信行为轮廓加上逆严格序关系 $\rightarrow_c^{-1}$（若 $B \prec_L A$ 且 $B \not\prec_L A$，则 $A \rightarrow_c^{-1} B$），共同划分了 $T \times T$ 的笛卡尔积。不同的模块间，按照对应的通信行为轮廓从而可以得到存在交互行为的特征。本节提出的挖掘方法中规定:若模型间两个特征的通信行为轮廓满足→$_c$ 或→$_c^{-1}$,则说明模型之间这两个特征存在交互行为。依次规定用于判定哪些是属于不同模块间的交互特征。对于日志中不同模块的区分,提出了一种分离方法,该方法的步骤如算法 5.5 所示。

算法 5.5 日志分离算法

输入:事件日志 L。

输出:模块日志$\{L_1,L_2,\cdots,L_M\}$,交互特征对集$\{(A_1,B_1),(A_2,B_2),\cdots,(A_n,B_n)\}$,每个模块的特征集 $\mathscr{E}_{Fk}$,$k=1,2,3,\cdots$。

步骤 1:从日志中提取事件集 $\mathscr{E}$:

对任何迹 $\sigma \in L$,如果事件 $A \in \sigma$,则 $A \in \mathscr{E}$。

步骤 2:构建模块日志 $L_i(i=1,2,\cdots,M)$:对任何迹 $\sigma_j=\langle A_1,A_2,\cdots,A_{|\sigma_j|}\rangle \in L,\sigma_{ij} \in L_i,j=1,2,3,\cdots$,如果事件 $A_k \in \sigma_j,\sharp_R(A)=i,k=1,2,\cdots,|\sigma_j|$,则 $A \in \sigma_{ij}$。

步骤 3:构建直接跟随事件对集 $\mathscr{E}_P$,模块 M_k,$k=1,2,3,\cdots$的特征集 $\mathscr{E}_{Fk}$:

对任何迹 $\sigma \in L$,事件 $A \in M_i,B \in M_j$,在事件日志 L 中,对任意的 $\sigma \in L$:

如果 $A=\sigma(i),B=\sigma(i+1)/\sigma(i-1)$(直接跟随),则事件对$(A,B) \in \mathscr{E}_P$,事件 A,B 分别标记为模块 M_i,M_j 的特征,$A \in \mathscr{E}_{Fi},B \in \mathscr{E}_{Fj}$。

步骤 4:返回$\{L_1,L_2,\cdots,L_M\}$,$\{(A_1,B_1),(A_2,B_2),\cdots,(A_n,B_n)\}$,$\mathscr{E}_{Fk}$。结束。

通过分离方法,可以从事件日志中得到模块日志及模块之间的交互特征对及每个模块的特征集。如对于表 5.8 中实例 3,通过分离算法可知〈登录,选择商品,继续浏览,确认信息,$\cdots$〉为用户模块日志中的一条迹,〈商品推荐,查询库存,商品推荐,$\cdots$,发货,$\cdots$〉为商家的模块日志中的一条迹等等。

2. 基于语言的域挖掘方法

通过上节分离算法可以得到模块日志,本节对模块日志采取现存的一种优异的挖掘方法——基于语言的域挖掘方法[18-20],从而提取出所需的模块网。基于语言的域方法的主要目标就是:依据输入的不同事件的迹构建不等式组,通过是否满足该式来确定 Petri 网中的库所。

定义 5.22[21](基于语言的域) 事件日志 $L \in \mathbb{B}(\mathscr{E}*)$,$R=(X,Y,c)$为 L 的一个域,当且仅当满足:

(1) $X \subseteq \mathscr{E}$ 为 R 的输入变迁集;

(2) $Y \subseteq \mathscr{E}$ 为 R 的输出变迁集;

(3) $c \in \{0,1\}$ 为 R 的初始标识;

(4) $\forall \sigma \in L,k \in \{1,\cdots,|\sigma|\},\sigma_1=hd^{k-1}(\sigma),a=\sigma(k),\sigma_2=hd^k(\sigma)=\sigma_1 \oplus a$:

$$c+\sum_{t \in X}\partial_{\text{multiset}}(\sigma_1)(t)-\sum_{t \in X}\partial_{\text{multiset}}(\sigma_2)(t) \geqslant 0$$

定义中可以看到基于语言的域是将每个库所都看作一个域,每个域按照日志中的迹都会满足一个不等式条件,通过求解所构建的不等式条件,进而确定哪些库所是满足条件的。对于构建的不等式,有时可能会出现有若干个解的情况,此时就需要对这些解进行实际分析,排除不满足实际情况的。基于语言的域挖掘方法的算法步骤如下所示:

算法 5.6 基于语言的域挖掘算法

输入:模块日志 L_M。

输出:模块网 N_M。

步骤 1:构建模块日志事件集 $\mathscr{E}_M$:$\forall \sigma \in L_M$,如果 $A \in \sigma$,则 $A \in \mathscr{E}_M$。

步骤 2:构建一个没有库所的 Petri 网 $N_M = (P, T; F)$,其中,变迁集为事件集 $T = \mathscr{E}_M$,库所集 $P = \varnothing$,流关系 $F = \varnothing$。

步骤 3:构建域:

$\forall \sigma_M \in L_M$,$\forall A, B \in \mathscr{E}_M$,如果 $A = \sigma_i$,$B = \sigma_{i+1}$,则 $R_{A-B} = (X_{A-B}, Y_{A-B}, c_{A-B})$。其中有两个特殊的域:起始域 $R_S = (\varnothing, Y_S, c_S)$,结束域 $R_E = (X_E, \varnothing, c_E)$,起始域的前集为空,开始域的后集为空。模块日志 L_M 中所有迹的起始事件都属于 Y_S,所有结束事件都属于 X_E。

$\forall \sigma_M \in L_M \Rightarrow \sigma_M(1) \in Y_S$,$\forall \sigma_M \in L_M \Rightarrow \sigma_M(|\sigma_M|) \in X_E$。

步骤 4:判断构建的域是否成立:

$\forall \sigma_M \in L_M$,$k \in \{1, \cdots, |\sigma|\}$,$\sigma_1 = hd^{k-1}(\sigma)$,$a = \sigma(k)$,$\sigma_2 = hd^k(\sigma) = \sigma_1 \oplus a$

$$
\begin{cases}
c_S - \displaystyle\sum_{t \in Y_S} \partial_{\text{multiset}}(\sigma_2)(t) \geqslant 0 \\
c + \displaystyle\sum_{t \in X} \partial_{\text{multiset}}(\sigma_1)(t) - \sum_{t \in Y} \partial_{\text{multiset}}(\sigma_2)(t) \geqslant 0 \\
c_E + \displaystyle\sum_{t \in X_E} \partial_{\text{multiset}}(\sigma_1)(t) \geqslant 0
\end{cases}
$$

求解方程组,若有解则说明域成立,并且解为域的值。

步骤 5:如果 $R_{A-B} = (X_{A-B}, Y_{A-B}, c_{A-B}) \neq \varnothing$,则 $p_{A-B} \in N_M$,$|\text{mark}(p_{A-B})| = c_{A-B}$,$F = \{(T_A \times p_{A-B}) \bigcup (p_{A-B} \times T_B) \mid T_A \in X_{A-B}, T_B \in Y_{A-B}\}$。

步骤 5:返回 N_M。

如:一个事件日志 $L_1 = (\langle A, C, E \rangle^{21}, \langle A, B, D, E \rangle^{37}, \langle A, D, B, E \rangle^{29})$,则事件集 $\mathscr{E}_1 = \{A, B, C, D, E\}$,构建域 $R_S = (\varnothing, Y_S, c_S)$,$R_{A-B} = (X_{A-B}, Y_{A-B}, c_{A-B})$,$\cdots$,$R_E = (X_E, \varnothing, c_E)$,根据事件日志可得方程组:

$$
\begin{cases}
c - y_A \geqslant 0 \\
c + x_A - (y_A + y_C) \geqslant 0 \\
c + x_A - (y_A + y_D) \geqslant 0 \\
c + x_A - (y_A + y_B) \geqslant 0 \\
c + x_A + x_C - (y_A + y_C + y_E) \geqslant 0 \\
c + x_A + x_B - (y_A + y_B + y_D) \geqslant 0 \\
c + x_A + x_B + x_D - (y_A + y_B + y_D + y_E) \geqslant 0 \\
c, x_A, x_B, x_C, x_D, x_E, y_A, y_B, y_C, y_D, y_E \in (0, 1)
\end{cases}
$$

通过方程组解得:

$$
\begin{cases}
c = y_A = 1, x_A = x_B = x_C = x_D = x_E = y_B = y_C = y_D = y_E = 0 \text{ 或} \\
x_A = y_B = y_C = 1, c = x_B = x_C = x_D = x_E = y_A = y_D = y_E = 0 \text{ 或} \\
x_A = y_D = y_C = 1, c = x_B = x_C = x_D = x_E = y_A = y_B = y_E = 0 \text{ 或} \\
x_B = x_C = y_E = 1, c = x_A = x_D = x_E = y_A = y_B = y_C = y_D = 0 \text{ 或} \\
x_D = x_C = y_E = 1, c = x_A = x_B = x_E = y_A = y_B = y_C = y_D = 0 \text{ 或} \\
x_E = 1, c = x_A = x_B = x_C = x_D = y_A = y_B = y_C = y_D = y_E = 0
\end{cases}
$$

域值即为方程的解：

$R_S = (\varnothing, \{A\}, 1), R_E = (\{E\}, \varnothing, 0), R_{A-B,C} = (\{A\}, \{B, C\}, 0), R_{A-C,D} = (\{A\}, \{C, D\}, 0), R_{C,D-E} = (\{C, D\}, \{E\}, 0), R_{B,C-E} = (\{B, C\}, \{E\}, 0)$，分别对应库所 p_S，$p_{A-B,C}, p_{A-C,D}, p_{B,C-E}, p_{C,D-E}, p_E$，将这些库所代入 Petri 网中得到如图 5.14 所示的标识 Petri 网。

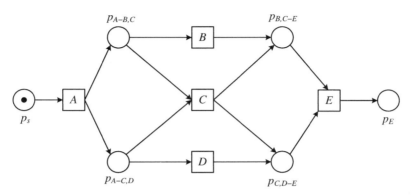

图 5.14　由日志 L_1 所得标识 Petri 网

5.4.4　特征网

前一小节中已经介绍了如何使用基于语言的域挖掘方法挖掘模块网。通过模块网可以清楚地了解模块中事件是如何进行的，对于不同模块之间，需要通过特征行为轮廓构建特征网，以此了解其如何进行交互。

定义 5.23[4]（**特征网**）　开放 Petri 网 $OPN\langle P, I, O, T; F, i, \Omega\rangle$，工作流网 $WFN\langle \overline{P}, \overline{T}; \overline{F}, \overline{i}, \overline{f}\rangle$，事件日志 $L \subseteq T^*$，特征 $X \in T$，对应的通信行为轮廓为 $(\rightarrow_c, \parallel_c, +_c)_L^{Com}$，特征网 N_F 为满足下列条件的开放 Petri 网：

(1) $P = \overline{P}, T = \overline{T}, i = [\overline{i}], \Omega = \{[\overline{f}]\}$；

(2) $I = \{p_{A-X} \mid A \rightarrow_c X\}$；

(3) $O = \{p_{X-A} \mid X \rightarrow_c A\}$；

(4) $F = \overline{F} \bigcup \{(t, P_{X-A}) \mid t \in T, \lambda(t) = A, X \rightarrow_c A\} \bigcup \{(P_{A-X}, t) \mid t \in T, \lambda(t) = A, A \rightarrow_c X\}$。

当不同模块之间的特征进行相互通信时，特征既可以接收消息又可以发送消息。通过分析发现，对于大多数特征而言它们仅接收或发送消息，只有极少部分特征既接收消息又发送消息。为更好地描述模型之间的交互行为，通过求解特征网对既能接收消息又能发送消息的特征作形式上的变换。构建特征网的算法步骤如算法 5.7 所示。

交互特征有三种形式：仅接收消息、仅发送消息、既能接收消息又能发送消息，对于这三种形式可由特征的 4 种基本结构组合构成，如图 5.15 所示。即(a) 仅发送消息；(b) 仅接收消息；(c) 既接收又发送消息，每次只选择接收或者发送；(d) 既接收又发送消息，前者先发送后接收，后者相反。

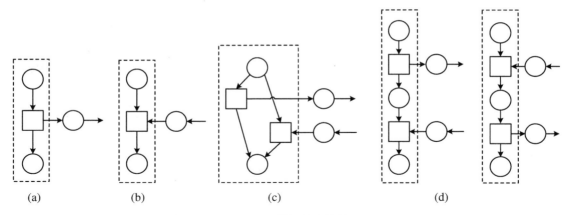

图 5.15　特征基本结构

算法 5.7　特征网的构建

输入：模块日志 $\{L_1, L_2, \cdots, L_M\}$，交互特征对集 $\mathscr{F} = \{(A_1, B_1), (A_2, B_2), \cdots, (A_n, B_n)\}$，每个模块的特征集 $\mathscr{E}_{Fk}$，$k = 1, 2, 3, \cdots$。

输出：特征网 N_F。

步骤 1：遍历模块的特征集 $\mathscr{E}_{Fk}$。

步骤 2：$\forall A_k \in \sigma_{im}, B_k \in \sigma_{jn}, \sigma_{im} \in L_i, \sigma_{jn} \in L_j$，如果 $(A_k, B_k) \in \mathscr{F}$ 且 $(B_k, A_k) \notin \mathscr{F}$，则执行步骤 4，其结构满足（b）；如果 $(A_k, B_k) \notin \mathscr{F}$ 且 $(B_k, A_k) \in \mathscr{F}$，则执行步骤 3，其结构满足（a）；如果 $(A_k, B_k) \in \mathscr{F}$ 且 $(B_k, A_k) \in \mathscr{F}$ 且 $\sigma((A_k, B_k)) > \sigma((B_k, A_k))$，则执行步骤 6，其结构满足（d）后者；如果 $(A_k, B_k) \in \mathscr{F}$ 且 $(B_k, A_k) \in \mathscr{F}$ 且 $\sigma((A_k, B_k)) < \sigma((B_k, A_k))$，则执行步骤 6，其结构满足（d）前者；如果 $(A_k, B_k) \in \mathscr{F}$ 且 $(A_k, C_k) \in \mathscr{F}$，则执行步骤 5，其结构满足（c）。

步骤 3：A_i 接收来自 B_j 的消息，其流关系为：
$$F = \{(t, P_{B_j - A_i}) \mid t \in T, \lambda(t) = A_i, B_j \rightarrow_c A_i\} \bigcup \{(P_{B_j - A_i}, t) \mid t \in T, \lambda(t) = B_j, B_j \rightarrow_c A_i\}$$

步骤 4：A_i 发送消息到 B_j，其流关系为：
$$F = \{(P_{A_i - B_j}, t) \mid t \in T, \lambda(t) = A_i, A_i \rightarrow_c B_j\} \bigcup \{(t, P_{A_i - B_j}) \mid t \in T, \lambda(t) = B_j, B_j \rightarrow_c A_i\}$$

步骤 5：A_i 发送消息到 B_j，接收来自 C_k 的消息，其流关系为：
$$F = \{(t_1, P_{A_i - F}) \mid t_1 \in T, \lambda(t_1) = A_i, A_i \rightarrow_c B_j\} \bigcup \{(P_{F - A_i}, t_2) \mid t_2 \in T, \lambda(t_2) = A_i, C_k \rightarrow_c A_i\}$$

步骤 6：A_i, B_j 之间能相互发送消息，其流关系为：
$$F = \{(t_1, P_{A_i - F}) \mid t_1 \in T, \lambda(t_1) = A_i, A_i \rightarrow_c B_j\} \bigcup$$
$$\{(P_{F - A_i}, t_2) \mid t_2 \in T, \lambda(t_2) = A_i, B_j \rightarrow_c A_i\} \bigcup$$
$$\{(t_3, P_{A_i - F}) \mid t_3 \in T, \lambda(t_3) = A_i, A_i \rightarrow_c B_j\} \bigcup$$
$$\{(P_{F - A_i}, t_4) \mid t_4 \in T, \lambda(t_4) = A_i, B_j \rightarrow_c A_i\}$$

步骤 7：返回 $N_F = \langle P, I, O, T, F, i, \Omega \rangle$。

5.4.5　模块网与特征网的融合

前面通过基于语言的域挖掘方法得到模块内流程运行的模块网 N_M，通过特征网算法得到模块间特征交互的特征网 N_F。故需将特征网 N_F 与模块网 N_M 融合为一个完整的过程模型。根据开放 Petri 网的定义可知，特征网和模块网都属于开放 Petri 网，通过融合算法可将两个开放 Petri 网融合得到完整的过程模型。特征网与模块网的融合方法步骤如算法 5.8 所示。

算法 5.8　特征网与模块网的融合算法

输入：特征网 N_F，模块网 N_M。

输出：融合的过程模型 N。

步骤 1：对于模块网 M_f，将各模块的输入集分别记为 I_{M_1}，I_{M_2}，$\cdots$；输出集分别记为 O_{M_1}，O_{M_2}，$\cdots$；流关系集分别记为 F_{M_1}，F_{M_2}，$\cdots$。

步骤 2：对于特征网 N_F，将特征记为 X_i（$i=1,2,3,\cdots$），由算法 2 可知若特征 X_i 属于交互特征则 $X_i \in T_S$，否则 $X_i \notin T_S$。

步骤 3：合并特征网与模块网：在特征网 N_F 中的第 i 个模块 M_i（$i=1,2,\cdots$），从输入集 I_{M_i} 到输出集 O_{M_i} 开始添加对应的流关系 F_{M_i}，若 $X_i \in T_S$，则将特征 X_i 在特征网中对应的流关系 F_{X_i} 加入原流关系中，即 $F_{M_i} = F_{M_i} \bigcup F_{X_i}$，否则 X_i 对应的流关系不发生改变为 F_{M_i}，得到具有特征交互关系的模块 M_i'（$i=1,2,3,\cdots$）。

步骤 4：输出结果过程模型：将模块 M_i'（$i=1,2,3,\cdots$）通过合并相同的库所 P_i 连接即可得融合特征网 N_F 与模块网 N_M 的过程模型 N。

步骤 6：返回 N。

5.4.6　实例分析

在用户购物过程中，通常会涉及用户自己、商家、支付中心这三个主要对象，通过对购物流程进行分析，系统维护者可以发现用户购物流程中所出现的问题，从而可以有针对性地进行改进。通常情况下，这三部分所产生的系统日志是相互混合的，若仅仅采用传统的挖掘方法，可能会得到无意义的模型。通过本节介绍的方法可以很容易得知这三部分各自的流程运行情况及相互之间的交互情况。

对于如表 5.9 中的事件日志，作如下说明：为方便起见，对于每个事件的记录信息简记为（事件名，模块来源），如（35523，30-05-2010：22.02，注册，用户，$\cdots$），简记为（注册，用户）等。事件名按照每个汉字的首字母大写，如注册简记为 ZC，商品推荐简记为 $SPTJ$ 等。用户模块、商家模块、支付中心模块分别简记为 X,Y,Z，如（35523，30-05-2010：22.02，注册，用户，$\cdots$）可简记为（ZC,X），（35628，30-05-2010：22.40，查询库存，商家，$\cdots$）可简记为（$CXKC,Y$）等。

表 5.9　事件日志

实例	事件信息
…	…
131	35523,30-05-2010:22.02,注册,用户,…
132	35524,30-05-2010:22.12,加入购物车,用户,…
82	35525,30-05-2010:22.18,交易完成,用户,…
13	35526,30-05-2010:22.22,网上支付,用户,…
27	35527,30-05-2010:22.30,确认支付,支付中心,…
131	35628,30-05-2010:22.40,查询库存,商家,…
132	35629,30-05-2010:22.45,网上支付,用户,…
13	35630,30-05-2010:22.46,用户金额信息,支付中心,…
131	35631,30-05-2010:22.47,加入购物车,用户,…
112	35632,30-05-2010:22.50,反馈订单,商家,…
71	35633,30-05-2010:22.55,完成支付,用户,…
…	…

　　首先根据分离算法对事件日志进行分离,得到用户、商家、支付中心的模块日志:L_X、L_Y、L_Z,特征集 $\mathscr{E}_X$、$\mathscr{E}_Y$、$\mathscr{E}_Z$,以及特征对集 $\mathscr{E}_F$。依据模块算法和特征网算法得到模块网如图 5.16、图 5.17、图 5.18 所示,特征网如图 5.19 所示,将模块网和特征网通过融合算法可以得到过程网模型如图 5.20 所示。

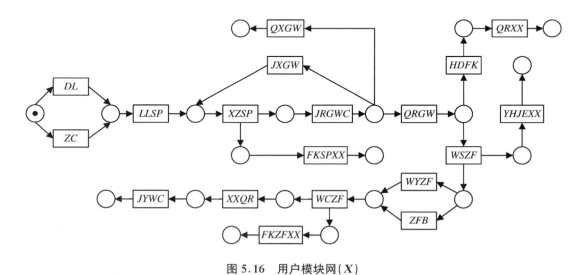

图 5.16　用户模块网(X)

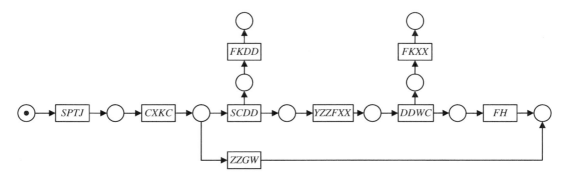

图 5.17 商家模块网(Y)

图 5.18 支付模块网(Z)

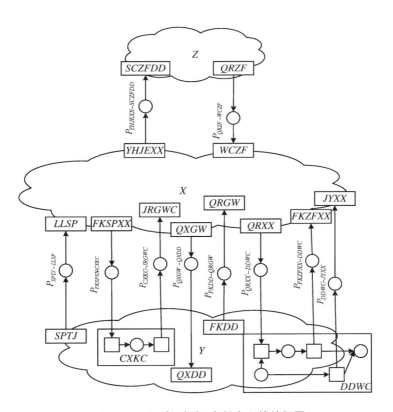

图 5.19 用户、商家、支付中心的特征网

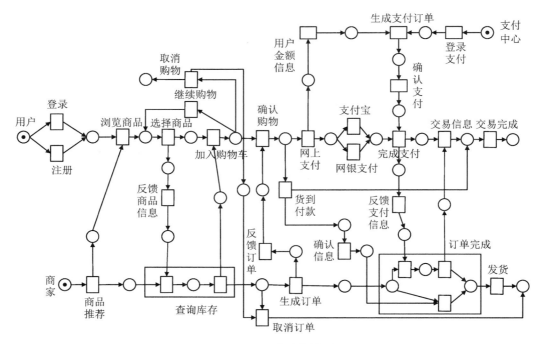

图 5.20　用户购物模型

本章小结

过程挖掘在目前的大数据时代占据着不可替代的位置,已被用于各行各业的业务流程管理中。随着大数据的不断发展,基于爆炸式的日志数据挖掘简单的过程模型已经不能满足顾客的多样化需求,同时已有的挖掘算法特别在挖掘效率方面均在一定程度上面临挑战。在此背景下,研究交互流程挖掘算法以提高挖掘效率成为一种必然趋势。

本章简要介绍了交互业务流程挖掘的研究现状及发展趋势。5.1 节提出一种基于特征网挖掘过程模型的方法,针对日志包含特征数目多且各模块间交互并不频繁的系统进行对应的挖掘处理。首先,在归纳挖掘算法的基础上,优先考虑挖掘疑似接口变迁集(算法 5.1),这不仅能够极大程度地克服在挖掘过程中出现的计算复杂度高的缺陷,而且可以使过程挖掘算法更广泛地运用于各个领域中。其次,本节算法 5.2 结合现存的挖掘算法,检验并移除部分由算法 5.1 挖掘出的疑似接口变迁,这使得基于接口变迁的挖掘方法更加有效和精确。本节的介绍重点在接口变迁以及特征网的挖掘算法上,而这些挖掘工作都需要在模块网的基础上进行。因此,关于过程挖掘进一步的研究任务,一方面是结合活动间的行为关系细化模块网的挖掘过程,另一方面是通过一定的仿真分析评估挖掘所得模型的一致性。

5.2 节提出基于模型合并的过程挖掘方法。以行为轮廓为基础,包括域行为轮廓、日志的行为轮廓以及过程模型的行为轮廓。该方法能够有效地解决行为约束问题。在本节中仅基于模型合并来挖掘模型,并没有对模型进行优化处理,下一步计划从不同角度来对挖掘的模型进行评价并优化。另外,基于行为轮廓挖掘可配置模型也是值得深入研究的问题。

5.3 节提出了利用接口变迁挖掘模块网的方法。该方法有着传统分解挖掘方法无法比拟的优势,例如,活动间的前驱、后继关系浅显易懂,具有坚实的理论依据,提高了挖掘算法的精确度;接口变迁的挖掘形式简单,易于操作;基于简单的日志信息进行挖掘,避免了挖掘整网的工作量,适用范围更广。但是,该方法同样存在一定的缺点,其中最常见的是日志信息中包含的活动数量不宜过多。本节只针对仅具有严格序(逆严格序)和排他序关系的活动对展开挖掘工作,但在实际的系统运行下,不同活动之间往往存在交叉序关系。因此,在进一步的研究工作中主要考虑具有交叉结构的模型的分解挖掘,结合特征网挖掘活动间的行为信息,并通过计算拟合度对其合规性进行检测与分析。

5.4 节提出了一种基于模块网和特征网的挖掘方法。首先,针对日志杂乱、不易区分出各个模块中流程的日志提出了一种分离算法,将各个模块的模块日志分离出来并将模块间进行交互的特征提取出来。对于模块内部系统的运行模型,本节采用了基于语言的域挖掘方法提取出模块网模型,而对于模块间如何进行交互的情况,本节提出了一种基于特征的挖掘方法得到特征网。此时,根据开放 Petri 网的定义可知,得到的模块网和特征网都属于开放 Petri 网,故而可以将两者通过融合算法合并成完整的 Petri 网模型。最后,本节通过一个用户购物系统的实例说明了该方法的可行性。在未来的研究中将首先评估算法性能及其复杂性并且针对评估结果进一步改善算法,然后对在特征网与模块网融合过程中所出现的各种问题做进一步的深入研究。

参考文献

[1] Thaler T, Maurer D, De Angelis V, et al. Mining the usability of business process modeling tools: concept and case study[C]//Innsbruck, Austria:2015:152-166.

[2] Fang X, Wu J, Liu X. An optimized method of business process mining based on the behavior profile of Petri nets[J]. Information Technology Journal,2013,13(1):86-93.

[3] Leemans S J, Fahland D, van der Aalst W M. Discovering block-structured process models from incomplete event logs [C]//Application and Theory of Petri Nets and Concurrency. Berlin, Heidelberg:Springer,2014:91-110.

[4] van der Werf J M E, Kaats E. Discovery of functional architectures from event logs[C]//Brussels, Belgium:CEUR-WS. org,2015,1372:227-243.

[5] Shejale A, Gangawane V. Tree based mining for discovering patterns of human interactions in meetings[J].Journal of Engineering Research and Applications,2014,4(7):78-83.

[6] Polyvyanyy A, Smirnov S, Weske M. Business process model abstraction[C]//Handbook on Business Process Management 1. Berlin, Heidelberg:Springer,2015:147-165.

[7] Bera D, Hee K M V, Werf J M V D. Designing weakly terminating ROS systems[C]//Berlin, Heidelberg:Springer,2012:328-347.

[8] van Der Aalst W M, Lohmann N, Massuthe P, et al. From public views to private views-correctness-by-design for services[C]//Berlin, Heidelberg:Springer,2007:139-153.

[9] Sun S, Kumar A, Yen J. Merging workflows:A new perspective on connecting business processes[J]. Decision Support Systems,2006,42(2):844-858.

[10] La Rosa M, Dumas M, Uba R, et al. Business process model merging:An approach to business process consolidation[J]. ACM Transactions on Software Engineering and Methodology,2013,22 (2):1-42.

[11] Buijs J C A M, van Dongen B F, van der Aalst W M P. Mining configurable process models from

collections of event logs[C]//Proceeding of the 11th International Conference on Business Process Management, BPM 2013. Beijing, China: Springer, 2013: 33-48.

[12] Zhao J, Fang X W, Liu X W. Analysis of suspected Change domain based on merged model[J]. Applied Mechanics and Materials, 2014, 556: 4124-4127.

[13] Kalenkova A A, Lomazova I A. Discovery of Cancellation regions within process mining techniques [J]. Fundamenta Informaticae, 2014, 133(2-3): 197-209.

[14] van der Aalst W M P, Kalenkova A, Rubin V, et al. Process discovery using localized events[C]// Application and Theory of Petri Nets and Concurrency. Cham: Springer, 2015: 287-308.

[15] Smirnov S, Weidlich M, Mendling J. Business process model abstraction based on synthesis from well-structured behavioral profiles[J]. International Journal of Cooperative Information Systems, 2012, 21(01): 55-83.

[16] Zha H, Wang J, Wen L, et al. A workflow net similarity measure based on transition adjacency relations[J]. Computers in Industry, 2010, 61(5): 463-471.

[17] van der Aalst W M. Verification of workflow nets[C]//Application and theory of Petri nets 1997. Berlin, Heidelberg: Springer, 1997: 407-426.

[18] Rozinat A, van der Aalst W M P. Conformance checking of processes based on monitoring real behavior[J]. Information Systems, 2008, 33(1): 64-95.

[19] De Medeiros A K A, van der Aalst W M, Weijters A. Workflow mining: current status and future directions[C]//On The Move to Meaningful Internet Systems 2003: CoopIS, DOA, and ODBASE. Berlin, Heidelberg: Springer, 2003: 389-406.

[20] Weijters A J M M, van der Aalst W M P. Rediscovering workflow models from event-based data using little thumb[J]. Integrated Computer-Aided Engineering, 2003, 10(2): 151-162.

[21] Bergenthum R, Desel J, Lorenz R, et al. Process mining based on regions of languages[C]//Lecture Notes in Computer Science. Berlin, Heidelberg: Springer, 2007: 375-383.

第6章 基于业务流程结构的隐变迁挖掘

过程挖掘技术在业务流程管理中的作用越来越突出。已有研究人员对过程模型的配置信息进行了大量研究。配置信息包括阻塞变迁和隐变迁,但随着业务流程的复杂性增加,对过程模型的精确度要求越来越严格。现有的技术在挖掘过程模型隐变迁方面有一定的局限性,如何更好地分析含有隐变迁的模型以及过程模型的复杂性成了研究的主要瓶颈。因此,为迅速适应流程管理的发展,挖掘过程模型中的隐变迁变得越来越重要。

6.1 隐变迁挖掘概述

随着信息技术的迅速发展,业务流程管理变得越来越重要。过程挖掘是业务流程管理的核心内容之一,旨在通过分析信息系统中记录的事件日志来改善业务流程。然而,在过程挖掘的过程中,总会出现存在于过程模型中而不出现在执行事件日志中的隐变迁,即不可见任务。为更好地改善过程模型,挖掘业务流程隐变迁具有重大的意义。

1. 基于事件活动捆绑挖掘隐变迁

基于过程挖掘得到的过程模型可能会误将有效的低频信息忽略掉,导致日志信息不准确,因此需要对日志进行预处理或对过程模型进行增强。日志预处理,一般直接对日志进行过滤。模型增强,一般通过日志对模型进行修复。隐变迁的挖掘就是利用日志活动间的依赖关系挖掘合理的隐变迁,从而增强模型的描述性。

传统的挖掘方法,通常是将低频日志完全视为噪音,或者根据挖掘需要过滤掉可能存在的噪音。这些方法各有所长,却并不完全适用于所有场景。文献[1]使用事件标签之间的不频繁直接依赖关系作为不频繁行为的代理,从事件日志构建的自动机中检测并删除这些依赖项,然后使用基于对齐的重放删除单个事件来更新原始日志。此方法暂不能处理缺少事件的日志,并且直接删除的只是不频繁行为,而这些不频繁不一定都是无效的。文献[2]提出了一种对令牌重放的改进方法,改进了基于令牌重放操作的执行时间,提高了基于令牌重放和对齐的性能差距,能够管理令牌泛滥的问题。但是此方法并不能解决活动终止的问题,不能保证较高的适合度。因此,6.2节讨论一种通过流程来挖掘隐变迁的方法。

2. 基于域挖掘业务流程隐变迁

目前,有关挖掘方面的研究已做了相当多的工作。文献[3]研究了从事件日志中自动发现过程模型,提出了可以系统地处理生命周期信息的过程发现及其影响的方法,以及一种能够处理生命周期数据并区分并发和交错的过程发现技术。文献[4]提出了从事件日志的集合中提取常见的过程片段的方法。为此,我们首先从理论的角度分析流程片段的文献,并在此基础上提出一个新的流程定义为形态的片段,该片段支持组合性和灵活性。然后,提出了一个直接从流程事件日志中提取这类形态片段的新型算法。在同样的应用程序/组织中,该算法能够从可能还没有执行的一簇流程中导出常见的片段。为了可重用性,对形态片段进行检测和分类,提出了支持算法。文献[5]对建立捕捉基于所谓流程树的频繁模式的局部过程模型,提出了一个增量的程序。给定事件日志,对于局部过程模型,提出了五个质量维度和相应的度量。对于一些质量维度,给出了单调性质,通过修剪,能够加速发现局部过程模型。文献[6]提出了一个框架支持工作流流程挖掘的分析。现有的科学工作流系统和数据挖掘工具不适合过程挖掘和用于分析的工件(过程模型和事件日志)。构造流程挖掘所需的基本构建块,并介绍了不同的分析方案。文献[7]在间接继承的基础上,把日志作为输入,利用矩阵表示日志的可达到关系:顺序、排他、循环、平行,把日志分离成子日志,不断迭代,自动发现过程模型块结构。

不可见任务的挖掘最早由 van der Aalst 教授等人提出。文献[8—10]指出了挖掘不可见任务是具有挑战性的问题之一。文献[11,12]也提到了不可见任务的概念。文献[13—15]支持挖掘不可见任务,但是,挖掘的不可见任务数量较大,挖掘过程中需要的参数过多,也无法保证挖掘结果的正确性。文献[16]对不含有隐变迁的属性变迁系统的结构进行了集论分析。

以行为轮廓理论为基础,6.3 节提出了基于域挖掘业务流程隐变迁的方法。首先,通过给定执行事件日志,分别计算模块网行为轮廓以及模块网之间的特征网的行为轮廓,依据行为轮廓关系,构建模块网和特征网,它们之间进行通信,得到模块网与特征网的交互合成初始 Petri 网。然后,遍历交互合成初始模型,查询预变化区域,根据片段记录事件日志,构建对应的变迁系统,查找非平凡域,建立含有隐变迁的片段子模型。依据映射关系,使片段子模型融入初始模型中,最后,挖掘出含有隐变迁的目标优化模型。

3. 基于块结构的过程模型隐变迁

在广泛的过程挖掘领域中,一个令人感兴趣的领域是流程发现,它从事件日志中挖掘出过程模型,但在挖掘过程模型时发现一种有趣的现象,一些活动没有在事件日志中发现,而在许多 IT 系统的过程模型中存在,即可配置元素。通过添加相应的活动获得更符合实际需求的过程模型,提高业务系统的效率,从而使业务流程模型更加完善。

过程挖掘的目标之一是研究频繁行为,以便在过程挖掘的不同任务(发现、监控和增强)中关注过程中更常见的部分。文献[5,17,18]提出了几种算法来发现涵盖最常见行为的过程模型,并直接在日志中搜索频繁的结构。在发现过程模型的过程中,文献[19,20]也对不常见情况(偏差或异常痕迹)进行搜索并去除,以降低模型的复杂性,同时不大幅降低适合度。文献[21]通过 WoMine-i 算法检索事件日志中的不频繁行为,实验表明,可找到所有类型的模式,提取无法用最先进的技术挖掘的信息。文献[22]提出一种过滤活动的新方法,比基于频率的方法过滤异常活动更有效。文献[23]提出基于规则的合并方法和规则建议算法,用于流程日志的合并,并在 ProM 中实现。文献[14]根据区域理论寻找非平凡区域,建立了一个带有隐变迁的分片子模型,其次在过程模型中融合此子模型,获得带有配置元素的优化模型。

目前已有研究主要针对事件日志中活动之间的依赖关系进行隐变迁的挖掘,很少关注模型的结构复杂度,算法执行效率较低。6.4 节通过过程模型块结构来挖掘日志中的隐变迁。首先,对事件日志进行初步处理,作出日志的序列编码图,通过序列编码阈值对事件日志进行处理。事件日志经过截断系数过滤划分为平凡序列和非平凡序列,并利用 α^+ 算法挖掘出初始模型。其次,利用块结构对初始模型进行层次分解。将非平凡子序列与模型分解的块结构进行匹配,分析出存在隐变迁的区域,为模型块结构添加配置信息。最后,通过过程模型的拟合度以及行为结构精确度对新增的配置信息进行检验,过滤掉计算值较低的变迁,从而得到含有隐变迁的可配置模型。通过保险理赔流程实例对该方法进行验证,表明该方法得到的过程模型更加精确、完善,提高了理赔的工作效率。

4. 基于流程树切挖掘业务流程隐变迁

业务流程管理(BPM)的执行不仅能够使组织者高效运行,而且能减少运行时间,每一次的运行都由一系列的业务流程来操作,即业务流程管理者必须能够灵活采用流程来解决问题。隐变迁的挖掘能很好地还原模型,有利于业务流程管理的高效生产与服务。

业务流程挖掘技术能合理地还原模型,提高模型的完备性,使模型能快速适应发展的需求。文献[24]给出一种关于树形结构的挖掘方法,能有效地获得人们相互交互时的频率模式。文献[25]给出分解 Petri 网的一个方法,它把挖掘过程模型的问题分成几个比较简单的问题进行逐一分析,然后把得到的结果合并即为所要挖掘的问题,能有效处理包含大量不同活动的事件日志。文献[26]结合粗糙 Petri 网已有的理论和其独特的性质挖掘出满足要求的过程模型。文献[27]提出一种遗传过程挖掘方法,利用流程树,结合给定的日志,挖掘出过程模型,确保模型的正确性和合理性。文献[28]通过匹配迹的片段得到子流程,然后构建模块代表子流程的分层组织,判断挖掘出的子流程的精确性,确保过程模型的精确性。文献[29]描述通过 Inductive Miner,利用切操作过滤不频繁行为,挖掘得到合理的过程模型。文献[30]针对社会网络中的不正常行为,利用流程挖掘发现其中的异常,然后修正系统,使其更加完备。因此,6.5 节讨论一种基于流程树切挖掘业务流程隐变迁的方法。

6.2　基于事件活动捆绑挖掘隐变迁

过程挖掘是指利用过程挖掘技术将事件数据转化为有价值的可操作知识,主要以过程模型的形式重构业务流程的基础结构。隐变迁是指在模型中能够看到但在日志中看不到的活动,对其挖掘有利于增强过程模型的描述性。流程增强是指通过挖掘隐变迁来增强过程模型,从而能够更好地描述流程执行期间得到的事件日志迹集。本节将讨论一种通过流程来挖掘隐变迁的方法,该方法主要分为两个阶段:第一阶段,利用事件日志中的高频日志生成初始过程模型;第二阶段,采用松弛的思路,基于高频日志与初始模型行为子集的整体近似适合度及其上下界过滤最可能是噪音的低频日志,再利用余下的低频日志修复模型,挖掘出初始模型未曾包含的隐变迁路径。

6.2.1　基本概念

事件日志是过程挖掘的起点。过程模型可描述特定的事件类型,例如保险索赔、客户订单或患者的生命周期。一个事件可以是一个案例,也可以是一类活动,并与特定情况的所有事件序列相对应[31]。

定义 6.1(迹,事件日志)　设 Σ 是活动集。一个迹 $L \in \Sigma^*$ 是活动的序列。$L \in$

$B(\Sigma^*)$ 是一个事件日志,即迹的多重集。给定一个集合 X,一个 X 上的多集 B 是一个函数:$B:X \to N_{\geqslant 0}$,允许 X 的元素多次出现。$\overline{B} = \{e \in X \mid B(e) > 0\}$ 是存在于多集上元素的集合。集合 X 上所有多集的集合写作 $B(X)$。

事件日志是迹的多重集,可以有多个具有相同迹的案例。如果迹的频率是无关紧要的,则将日志引用为一组迹:$L = \{l_1, \cdots, l_n\}$。在事件日志的简单定义中,一个事件完全通过活动来描述,则无法区分具有相同迹的不同案例。

本节中,系统网使用标签 Petri 网描述流程,然后将这些概念提升到有标签的变体[4]。

定义 6.2(Petri 网) 一个 Petri 网 $(P,T;F)$ 由库所集 P,与 P 不相交的变迁集 T,以及一组流弧 $F \subseteq (P \times T) \bigcup (T \times P)$ 组成。网 N 的标识 m 给每个库所 $p \in P$ 分配一个托肯的自然数 $m(p)$。一个系统网 $N = (P,T;F,m_0,m_f)$ 是一个初始标识为 m_0,终止标识为 m_f 的 Petri 网 $(P,T;F)$。

将 y 的前集和后集分别写作 $^{\cdot}y = \{x \mid (x,y) \in F\}$ 和 $y^{\cdot} = \{x \mid (y,x) \in F\}$。初始标识为 $[p_0]$,终止标识为 $[p_6]$ 的简单网系统 N_1, N_1 将作为运行示例。

Petri 网的变迁可以用 Σ 来标记。尤其是,假设标签 $\tau \in \Sigma$ 代表一个不可见的动作。一个标签 Petri 网 $(P,T;F,l)$ 是一个标签函数为 $l:T \to \Sigma$ 的网 $(P,T;F)$。一个标签网系统 $N = (P,T;F,l,m_0,m_f)$ 是初始标识为 m_0,终止标识为 m_f 的标签网 $(P,T;F,l)$。

定义 6.3[32](可行迹) 设一个过程模型 Petri 网为 $N = (P,T;F,C)$,发生序列集合为 T_N,$\sigma = n_1 n_2 \cdots n_k$。若 $(x,y) \subseteq (N \bigcup F) \times (F \bigcup N)$,在 σ 中存在 $j \in (1,2,\cdots,k-1)$,$j < h \leqslant k$,有 $n_j = x, n_h = y$,则 σ 为一条可行迹,且有 $\sigma \in T_N$,记为 $x \prec y$。

给定一个系统网 SN,$\phi_f(SN)$ 是 SN 的所有完整发生序列的集合,$\phi_v(SN)$ 是多种可见迹的集合,即从其初始标识开始并于其终止标识结束的完整发生序列投影到可见活动的集合(无静默变迁)。

定义 6.4[25](合法移动) 设 $L \in B(A^*)$ 是一个事件日志,其中 A 是活动集,并且设 T 是模型中的变迁集。此外,设 l 是一个返回每个变迁的标签的函数。其中:

$_{LM} = \{(x,(x,t)) \mid x \in A \land t \in T \land l(t) = x\} \bigcup \{(>>,(x,t)) \mid t \in T \land l(t) = x\} \bigcup \{(x,>>) \mid x \in A\}$ 是合法移动的集合。

例如,(a,t_1) 表示日志和模型都产生了一个"a 移动",并且模型中的移动是由变迁 t_1(因为 t_1 的标签是 a 的发生造成的。">>"表明在日志或者模型迹中"无移动"。定义对齐如下:

定义 6.5[25](对齐) 设 $\sigma_L \in L$ 是一个日志迹,$\sigma_M \in \phi_f(SN)$ 是系统网 SN 的完整发生序列。一个 σ_L 和 σ_M 的对齐,是一个成对的 $\gamma \in A_{LM}$ 序列投影在第一个元素上产生 σ_L(忽略">>"),并且投影在第二个元素上产生 σ_M(忽略">>")。

定义 6.6[25](对齐的成本) 成本函数 $\delta \in A_{LM} \to R_{\geqslant 0}$,为合法移动分配成本。对齐的成本 $\gamma \in A_{LM}^*$ 是 $\delta(\gamma) = \sum_{(x,y) \in \gamma} \delta(x,y)$。

本次研究中使用分配单位成本的标准成本函数 δ_S:如果 $l(t) \neq \tau, \delta_S(>>,t) = \delta_S(x,>>) = 1$。给定日志迹和系统网,可能产生许多对齐。为了寻找最优对齐,在此选择具有最低总成本的对齐。

定义 6.7[25](最优对齐) 设 $L \in B(A^*)$ 是一个事件日志,SN 是一个 $\phi_v(SN) \neq 0$ 的系统网。

(1) 对于 $\sigma_L \in L, \Gamma_{\sigma_L,SN} = \{\gamma \in A_{LM}^* \mid \exists_{\sigma_M \in \phi_f(SN)}$ 是一个 σ_L 和 σ_M 的最优对齐$\}$;

(2) 一个对齐 $\gamma \in \Gamma_{\sigma_L,SN}$ 对迹 $\sigma_L \in L$ 和系统网 SN 是最优的,如果对任意的对齐,有 $\gamma' \in \Gamma_{\sigma_L,SN} : \delta(\gamma') \geqslant \delta(\gamma)$;

(3) $\gamma_{SN} \in A^* \rightarrow A_{LM}^*$ 是一个给最优对齐分配任意日志迹 σ_L 的映射,即 $\gamma_{SN}(\sigma_L) \in \Gamma_{\sigma_L,SN}$ 并且 $\gamma_{SN}(\sigma_L)$ 是一个最优对齐;

(4) $\gamma_{SN} \in A^* \rightarrow A^*$ 是一个为最优对齐的模型迹的可见活动分配任意日志迹 σ_L 的映射。

定义 6.8（隐变迁）　设 T' 是 Petri 网过程模型中的变迁集,L' 是记录日志事件集。$l : T' \rightarrow L'$ 是标签映射,变迁 t' 称为隐变迁,当且仅当 $t' \notin \mathrm{dom}(1)$,即变迁 t' 不在 l 的定义域内。

文献[33]中的 Levenshtein 距离为常用的距离函数,本次研究用到的编辑距离函数为该距离的调整版,定义如下:

定义 6.9[34]（编辑距离函数）　设 $\sigma, \sigma' \in A^*$ 均为可行迹,编辑距离函数 $\Delta(\sigma, \sigma') \rightarrow N$,返回将 σ 转换为 σ' 的最小编辑次数。

编辑操作时,允许在迹中删除/插入活动（或变迁标签）。例如,$\Delta(\langle a, c, f, e \rangle, \langle a, f, c, a \rangle) = 4$,对应 2 个删除和 2 个插入。这个度量是对称的,即 $\Delta(\sigma, \sigma') = \Delta(\sigma', \sigma)$。可以使用 Δ 函数而不是标准成本函数。因此,Δ 和 δ_S 返回相同的距离值。Δ 函数通过给定不同的权重插入和删除不同的活动将单位成本(δ_S)扩展成另一种成本。

$$\mathrm{Fitness}(\sigma, SN) = 1 - \frac{\delta(\gamma_{SN}(\sigma))}{|\sigma_L| + \min_{\sigma_M \in \varphi_v}(|\sigma_M|)} \tag{6.1}$$

运用公式 6.1,可以将未对齐成本转换为适合度值。它通过针对迹中每个活动的一次删除和模型最短路径(SPM)中每个可见变迁的一个插入来规范最优对齐的成本。事件日志 L 和系统网 SN 之间的适合度 $\mathrm{Fitness}(L, SN)$,是迹的加权平均值。

6.2.2　隐变迁的挖掘

通过事件日志中不同活动间的绑定关系来挖掘隐变迁。首先,从完整的事件日志中提取出高频日志,基于高频日志生成初始模型 M_0;然后,基于行为紧密度来识别有效低频行为的序列;最后,利用有效低频序列中活动间的绑定关系,挖掘行为模型中的隐变迁。

1. 事件日志活动间的捆绑集

事件日志由迹的多重集构成,活动集的集合为事件日志。各种活动间的行为关系一般由行为轮廓来描述。在此,我们提出捆绑的概念简单描述日志中活动间的行为关系:捆绑由六元组(A, a_i, a_o, D, I, O)组成,其中 A 为一个有限的活动集,$a_i \in A$ 表示开始活动,$a_o \in A$ 表示结束活动;$D \subseteq A \times A$ 表示依赖关系,而 $AS = \{X \subseteq P(A) \mid X = \{\phi\} \vee \phi \notin X\}$;$I \in A \rightarrow AS$ 为输入捆绑活动集,$O \in A \rightarrow AS$ 为输出捆绑活动集,$DI \in A \rightarrow AS$ 为直接输入捆绑活动,$DO \in A \rightarrow AS$ 为直接输出捆绑活动,则有:

$$\{a_i\} = \{a \in A \mid I(a) = \{\phi\}\}$$
$$\{a_o\} = \{a \in A \mid O(a) = \{\phi\}\}$$

对于日志 $\langle a, b, c, e \rangle$,$\langle a, c, e \rangle$ 和 $\langle a, b, e \rangle$ 可得到活动 c,其直接输入捆绑活动集为 $I_c = \{a, b\}$,直接输出捆绑活动集为 $O_c = \{e\}$。

根据日志活动间捆绑的定义，可以得到每个活动的输入捆绑活动集、输出捆绑活动集，以及开始或结束活动；同时，根据有效低频信息中的多条日志得到活动的输入、输出捆绑活动集，发现模型的不直接相连活动，从而挖掘出模型中的隐变迁，完成过程模型的修复。

2. 噪音与有效低频的松弛区分

在此，根据日志与初始模型的行为子集 $M_B \subseteq \phi_v(SN)$ 的近似适合度及其区间值确认有效低频和噪音。当日志与 M_B 的近似适合度值未超出区间范围时，该低频日志被认定为有效低频；否则，该低频日志被认定为噪音。使用编辑距离函数 Δ，获得对齐成本的上界，即适合度的下界。

引理 1（对齐成本上界）　设 $\sigma_L \in A^*$ 是一个日志迹，$\sigma_M \in \phi_v(SN)$ 是 SN 的课件发生序列。有 $\delta_S(\gamma_{SN}(\sigma_L)) \leqslant \Delta(\sigma_L, \sigma_M)$，其中 $\gamma_{SN}(\sigma_L)$ 是最优对齐[7]。

（1）构建模型行为子集（M_B）。

使用 M_B，即可见模型迹的子集，以获得近似的适合度值。采用候选选择的方法构建 M_B，步骤如下[7]：

① 在事件日志 L 中任意选择 2 条迹（即候选者）放入 L_C。按照松弛的思路，应选择高频迹中频次较低的迹。在表 6.1 所示日志中，越符合过程模型的迹，其产生的可能性就越高。若是考虑频次最高的 2 条迹 $\langle a, b, c, e, f \rangle$ 和 $\langle a, b, d, e, f \rangle$，产生的适合度甚至会高达 1，这样便达不到松弛的目的；若是选择频次最低的 2 条迹，则最低频的迹最可能为噪音。故可选择 $\langle a, b, d, e, f \rangle$ 和 $\langle a, c, e, f \rangle$；

② 对于每个 $\sigma_L \in L_C$，找到最优对齐并将 $\lambda_{SN}(\sigma_L)$ 插入 M_B。对表 6.1 所示日志，分别将 $\langle a, b, d, e, f \rangle$ 和 $\langle a, c, e, f \rangle$ 放入初始模型中重放，即可得到与模型对齐的最优对齐所对应的模型迹，由其组成 M_B；

③ 对于每个迹 $\sigma'_L \in L'_C$，即 $L'_C = L - L_C$，采用 M_B 计算 $\Phi(\sigma'_L, M_B)$。对于剩余的迹，分别与前述 M_B 根据公式 6.1 计算得到适合度值。

表 6.1　示例日志

案例	事件日志	实例数
1	$\langle a, b, c, e, f \rangle$	427
2	$\langle a, b, d, e, f \rangle$	354
3	$\langle a, c, e, f \rangle$	251
4	$\langle a, b, g \rangle$	16

（2）计算近似适合度值。

构建 M_B 之后，用于 L'_C 中的所有迹。近似适合度的计算步骤如下[35]（Φ 用斜体，其下标用正体）：

① 将与 L_C 中迹数量相同的最高频率迹组成迹集，以其适合度值的下界作为近似适合度值 Φ_{AF}，并计算该迹集的近似适合度平均值 $\overline{\Phi}_{AF}$；

② 对其他迹的适合度值下界与 $\overline{\Phi}_{AF}$ 进行比较，以较高值作为对应迹的近似适合度值 Φ_{AF}；

③ 对于高频部分，根据加权平均法得到高频日志迹与初始模型总体的近似适合度值 $\Phi_{AF总}$，以及总体上下界 $[\Phi_{LP}, \Phi_{UP}]$。

通过上述步骤得到每条日志迹与模型迹,以及高频日志迹与初始模型整体的近似适合度值 $\Phi_{\text{AF总}}$ 与适合度值上下界 $[\Phi_{\text{LP}},\Phi_{\text{UP}}]$,比较低频日志迹的近似适合度值 Φ_{AF} 与 $[\Phi_{\text{LP}},\Phi_{\text{UP}}]$:若 $\Phi_{\text{AF}}\subset[\Phi_{\text{LP}},\Phi_{\text{UP}}]$,则该日志迹为松弛后的有效低频日志迹,可用于修复初始模型;若 $\Phi_{\text{AF}}\not\subset[\Phi_{\text{LP}},\Phi_{\text{UP}}]$,则该日志迹为噪音。以此得到的有效低频日志迹即为松弛后的日志迹,利用这些日志迹中活动间直接输入和输出捆绑活动集即可挖掘隐变迁,添加合理的发生路径。

3．利用直接输入和输出捆绑活动集挖掘隐变迁

挖掘初始模型中缺少的隐变迁,进而修复模型。

（1）日志迹。列出日志迹中所有活动的直接输入和输出捆绑活动集。

（2）初始模型。根据 Petri 网前集与后集概念列出每个变迁的直接输入前集与直接输出后集。

（3）比较日志迹与初始模型得到的结果,若松弛得到的有效低频日志迹中活动集与该活动在模型中对应的变迁所得直接前集中的元素不同,则可确定存在合理的隐变迁。其他情况皆无需添加合理路径。

6.2.3　案例分析

医院日常活动通常产生庞大的流水日志。其中有些相对低频的日志不完全与高频日志挖掘到的模型相符,但是却属于正确流程。这些日志在大多数流程挖掘过程中都被视为噪音将其过滤,或者直接被认为是正确的日志用于挖掘,但事实上是不对的。被过滤时,模型缺失了部分正确却极少发生的流程,而全部视为正确日志则会使模型复杂化,影响精度。

在此以某患者家属接患者出院时的行为日志为例（表 6.2）,进行挖掘分析。根据该日志的前五种高频迹,生成初始模型 N_1。虽然 N_1 可以代表出院的正确流程,然而并不能解释某些特殊情况下未完成或特殊路径完成的正确出院流程。例如,申请人在确认费用时,出现了不能及时支付的情况。表 6.3 为医院活动对应表。

表 6.2　示例日志

案例	事件日志	实例数
1	$\langle a,b,c,e,f,g,h\rangle$	1 698
2	$\langle a,b,c,e,f,g\rangle$	1 364
3	$\langle a,b,c,e,f,h\rangle$	1 125
4	$\langle a,b,d,e,f,g,h\rangle$	324
5	$\langle a,b,d,e,f,g\rangle$	296
6	$\langle a,b,d,e,f,h\rangle$	248
7	$\langle a,e,f,g,h\rangle$	12
8	$\langle a,b,d,e\rangle$	7
9	$\langle a,h\rangle$	1

表 6.3　医院活动名称对应表

活动	活动名称
a	提出申请
b	等待院方核算
c	普通医保报销
d	低保户报销
e	确认费用
f	缴纳费用
g	按药方拿药
h	打印病例

根据上述事件日志，应用挖掘算法得到图 6.1 所示 Petri 网初始模型 N_1，该模型符合精神病院患者家属申请出院的一般流程。

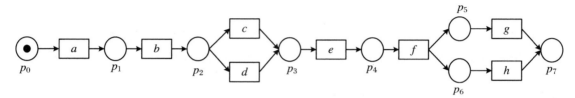

图 6.1　Petri 网初始模型 N_1

图 6.1 中的活动发生路径基本涵盖了办理出院的一系列流程，然而对于一些特殊情况并不能描述。有些低频日志实际上对流程的完善是有益的，利用这些有用的低频日志来挖掘隐变迁，可以改善模型的合理发生路径。

选择所有可能日志迹中相对低频的部分，可以降低适合度的下界，从而达到松弛的目的，故将 $\langle a,b,d,e,f,g,h \rangle$ 和 $\langle a,b,d,e,f,h \rangle$ 放入 L_C，然后将这两条迹在初始模型 N_1 中进行重放。可以看出迹本身即为其相应的最优对齐的模型迹，针对表 6.2 构造的模型行为子集为

$$M_B = \{\langle a,b,d,e,f,g,h \rangle, \langle a,b,d,e,f,h \rangle\}$$

利用表 6.2 中日志与 M_B，计算近似度适合值（表 6.4）。

表 6.4　近似适合度值

迹	min△	适合度 下界	适合度 上界	近似适合度值	频率
$\langle a,b,c,e,f,g,h \rangle$	3	0.769	1	0.769	1 698
$\langle a,b,c,e,f,g \rangle$	4	0.667	1	0.724	1 364
$\langle a,b,c,e,f,h \rangle$	2	0.833	1	0.833	1 125
$\langle a,b,d,e,f,g,h \rangle$	0	1	1	1	324
$\langle a,b,d,e,f,g \rangle$	2	0.833	1	0.833	296

续表

迹	min△	适合度		近似适合度值	频率
		下界	上界		
$\langle a,b,d,e,f,h\rangle$	0	1	1	1	248
总体		0.786	1	0.801	5 055
$\langle a,e,f,g,h\rangle$	2	0.818	0.909	0.818	12
$\langle a,b,d,e\rangle$	2	0.800	0.800	0.800	7
$\langle a,b,e,f,g,h\rangle$	1	0.917	1	0.917	3
$\langle a,h\rangle$	4	0.500	0.500	0.724	1

根据表 6.4,去掉 4 种低频的迹,所得到模型的松弛近似适合度为 0.801,适合度的下界、上界分别为 0.786、1,因此日志与模型的适合度区间为 [0.786, 1]。运用该方法计算出剩余 3 条低频迹的近似适合度值为 0.818、0.800、0.769。前两条迹的近似适合度值落在区间范围内,可知迹 $\langle a,c,e,f,g,h\rangle$、$\langle a,b,e,f,g,h\rangle$ 和 $\langle a,b,d,e\rangle$ 为有效低频迹,迹 $\langle a,h\rangle$ 为噪音。接着可利用迹中活动的输入、输出捆绑活动集挖掘初始模型中被忽略的隐变迁。

对于迹 $\langle a,c,e,f,g,h\rangle$、$\langle a,b,e,f,g,h\rangle$ 和 $\langle a,b,d,e\rangle$,列出其活动的输入、输出捆绑活动集(表 6.5)。

表 6.5　输入、输出捆绑活动集

活动	输入捆绑活动集	输出捆绑活动集
a	$\{\varnothing\}$	$\{b,e\}$
b	$\{a\}$	$\{d,e\}$
d	$\{b\}$	$\{e\}$
e	$\{a,b,d\}$	$\{f\}\bigcup\{\varnothing\}$
f	$\{e\}$	$\{g\}$
g	$\{f\}$	$\{h\}$
h	$\{g\}$	$\{\varnothing\}$

为了使对比更明显,列出初始模型 N_1 中变迁的直接前集与后集(表 6.6)。

表 6.6　N_1 的直接前集与后集

活动	输入捆绑活动集	输出捆绑活动集
a	$\{\varnothing\}$	$\{b\}$
b	$\{a\}$	$\{c,d\}$
d	$\{b\}$	$\{e\}$
e	$\{c,d\}$	$\{f\}$
f	$\{e\}$	$\{g,h\}$
g	$\{f\}\bigcup\{h\}$	$\{h\}\bigcup\{\varnothing\}$
h	$\{f\}\bigcup\{g\}$	$\{g\}\bigcup\{\varnothing\}$

由表 6.5 和表 6.6 可以看出,事件日志中活动 e 的输入、输出捆绑活动集分别为 $\{a, b, d\}$ 和 $\{f\} \bigcup \{\varnothing\}$,而 N_1 中变迁 e 的直接前集和后集分别为 $\{c, d\}$ 和 $\{f\}$。由此可推断,变迁 a 与变迁 e 间应该有一个隐变迁,变迁 b 与变迁 e 间变迁 e 到终止标识 p_7 间应该也存在一个隐变迁。其他剩余活动的输入与输出捆绑活动集均处于 N_1 的变迁直接前集与后集的集合内。最终得到的模型为 N_2,如图 6.2 所示。

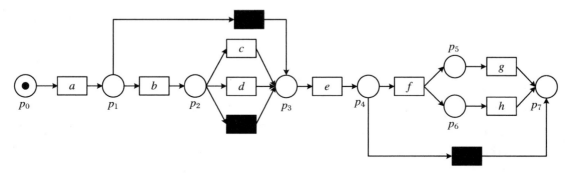

图 6.2 挖掘隐变迁后的模型 N_2

6.3 基于域挖掘业务流程隐变迁

从过程模型中挖掘出隐变迁,可以更好地还原过程模型。已有挖掘隐变迁的方法在准确查找隐变迁方面存在一定的局限性。本节提出了基于域挖掘业务流程隐变迁的方法。首先,给定执行事件日志,依据行为轮廓理论,构建模块网与特征网的交互合成初始模型。然后,将预处理区域的片段记录事件日志转换成变迁系统,查找非平凡域,依据域理论构造含有隐变迁的片段子模型,使子模型与初始模型融合,挖掘出含有隐变迁的目标模型。最后,通过具体的实例分析验证了该方法的有效性。

6.3.1 基本概念

定义 6.10[35]（工作流网） 工作流网 $WFN = \langle N, i, f \rangle$,其中 $N = \langle P, T; F \rangle$ 为 Petri 网,满足:

(1) $i \in P$ 且没有入弧;

(2) $f \in P$ 且没有出弧;

(3) 所有的变迁至少有一个入弧和一个出弧,即 $\forall \tau \in T, \cdot \tau \neq \varnothing \neq \tau \cdot$。

定义 6.11[5]（开放 Petri 网） 开放 Petri 网 OPN 定义为一个七元组 $\langle P_i, I, O, T; F, i, \Omega \rangle$,满足以下条件:

(1) $\langle P_i \bigcup I \bigcup O, T; F \rangle$ 是一个 Petri 网;

(2) P_i 是内部库所集;

(3) I 是输入库所集即 $\cdot I = \varnothing$;

(4) O 是输入库所集即 $O \cdot = \varnothing$;

(5) P_i，I，O 两两不相交；

(6) $i \in N^{P_i}$ 是初始标识集；

(7) $\Omega \subseteq N^{P_i}$ 是终止标识集。

称集合 $I \cup O$ 是开放 Petri 网 OPN 的端口库所集。一个开放 Petri 网 OPN 是封闭的，如果满足条件 $I = O = \varnothing$。

定义 6.12[5]（模块日志）　设 $L \subseteq T^*$ 是一个事件日志，T^* 是有限变迁序列集，M 是一个模块。$F \in T$ 是特征（变迁），模块日志 L_M 定义为 $L_M = \{\sigma_{|\{F|\Re(F) = M\}|} | \sigma \in L\}$。

由模块日志挖掘出的过程模型，称为模块网。本节中的模块网都是 Petri 网。$\Re(F) = M$ 是指特征属于模块 M。

定义 6.13[5]（特征日志）　设 $L \subseteq T^*$ 是一个事件日志，$F \in T$ 是特征。特征日志 L_F 定义为 $L_F = \{\sigma_{|C(F)} | \sigma \in L, F \in \sigma\}$，其中，$C(F) = \{A | A \to F \vee F \to A\}$。

定义 6.14[5]（特征网）　开放 Petri 网 $OPN\langle P, I, O, T; F, i, \Omega \rangle$，发现工作流网 WFN $\langle \overline{P}, \overline{T}; \overline{F}, \overline{i}, \overline{f} \rangle$，设 $L \subseteq T^*$ 是一个事件日志，$F \in T$ 是特征，特征网 N_F 为满足下列条件的开放 Petri 网：

(1) $P = \overline{P}$，$T = \overline{T}$，$i = [\overline{i}]$，$\Omega = \{[\overline{f}]\}$；

(2) $I = \{p_{A-F} | A \to F\}$；

(3) $O = \{p_{F-A} | F \to A\}$；

(4) $F = \overline{F} \cup \{(t, p_{F-A}) | t \in T, \lambda(t) = A, F \to A\} \cup \{(p_{F-A}, t) | t \in T, \lambda(t) = A, A \to F\}$。

特征之间进行通信时，可以接收从外部发过来的信息，也可以向外部发送信息，以此来完成特征之间的通信功能。

定义 6.15[36]（变迁系统）　设变迁系统 TS 是一个四元组 $TS = (S, E, T, s_{\text{in}})$，$S$ 是有限非空集，E 是有限事件集，$T \subseteq S \times E \times S$ 是变迁关系，s_{in} 是初始状态。T 中的元素是变迁系统 TS 中的变迁，通常表示为 $s \xrightarrow{e} s'$ 或者 (s, e, s')。

状态 s' 是从状态 s 可达的，如果存在一个变迁序列 σ（可能是空序列），表示为 $s \xrightarrow{\sigma} s'$ 或者 $s \xrightarrow{*} s'$。如果序列不重要，也可以表示为 $s \xrightarrow{e}$ 或者 $s \xrightarrow{\sigma}$，当且仅当存在状态 $s' \in S$，有 $s \xrightarrow{e} s'$ 或者 $s \xrightarrow{\sigma} s'$。每个状态 s 是从它自身可达的，由于在定义中存在空序列。

对于每一个变迁系统 TS 必须满足以下四个基本条件：

(1) 无自环，即 $\forall (s \xrightarrow{e} s') \in T : s \neq s'$；

(2) 状态对之间无多重弧，即 $\forall (s \xrightarrow{e_1} s_1), (s \xrightarrow{e_2} s_2) \in T : [s_1 = s_2 \Rightarrow e_1 = e_2]$；

(3) 每个事件都能发生，即 $\forall e \in E : \exists (s \xrightarrow{e} s') \in T$；

(4) 每个状态是从初始状态可达的，即 $\forall s \in S : s_{\text{in}} \xrightarrow{*} s$。

定义 6.16[3]（域）　设 $TS = (S, E, T, s_{\text{in}})$ 是变迁系统，$S' \subseteq S$ 是状态集的子集。S' 是一个域，当且仅当对于每个事件 $e \in E$，满足下列条件之一：

(1) 所有变迁 $s_1 \xrightarrow{e} s_2$ 输入 S'，即 $s_1 \notin S'$，$s_2 \in S'$；

(2) 所有变迁 $s_1 \xrightarrow{e} s_2$ 输出 S'，即 $s_1 \in S'$，$s_2 \notin S'$；

（3）所有变迁 $s_1 \xrightarrow{e} s_2$ 不交叉于 S'，即 $s_1, s_2 \in S'$ 或 $s_1, s_2 \notin S'$。

每个变迁系统 TS 都包括两个平凡域：所有状态集 S 和空集 $\varnothing$。本节仅考虑非平凡域。变迁系统 TS 的非平凡域集记作 R_{TS}，对于每一个状态 $s \in S$，包含 s 的非平凡域集记作 R_s。

如果存在两个域 r', r 满足条件 $r' \sqsubset r$，称 r' 是 r 的子域。域 r 称为最小的域，如果域 r 除了它自身和空集，无其他子域。如果事件（变迁）e 从域 r 中输出，称域 r 是事件（变迁）e 的前域，记作 $°e$。如果事件（变迁）e 输入到域 r，称域 r 是事件（变迁）e 的后域，记作 $e°$。

定义 6.17（状态表示函数）　设片段记录事件日志 L_F（说明：忽略实例数），$\sigma = \langle e_1, e_2, \cdots, e_n \rangle \in L_F$ 是长度为 n 的日志轨迹。记 $\varphi^{\text{state}}(\sigma, k) = h^k(\sigma) = \langle e_1, e_2, \cdots, e_k \rangle$（$e_1, e_2, \cdots, e_k$ 两两不同）是状态表示函数，$\varphi'^{\text{state}}(\sigma, k) = \partial_{\text{multiset}}(h^k(\sigma)) = [e_1, e_2, \cdots, e_k]$（$e_1, e_2, \cdots, e_k$ 两两不同）是状态表示函数。

状态表示函数把记录日志轨迹转化为多重集并且此函数忽略活动（事件）的顺序，仅仅考虑事件发生的频率。

定义 6.18（隐变迁）　设 T' 是 Petri 网过程模型中的变迁集，L' 是记录日志事件集。$l: T' \to L'$ 是标记映射，变迁 t' 被称作隐变迁当且仅当 $t' \notin \text{dom}(l)$，即变迁 t' 不在 l 的定义域内。

6.3.2　基于域挖掘业务流程隐变迁的方法

隐变迁是指存在于过程模型，而不出现在事件日志中的不可见任务，这样的变迁大量存在于现实的过程模型中，为了更好地还原初始模型，挖掘过程模型中的隐变迁具有一定的意义。

对于挖掘隐变迁等配置信息的算法，已有的 α 算法计算量较大且发现的模型中行为多于或者少于事件日志记录行为，不能够准确地挖掘出过程模型中的隐变迁，因此，提出了基于域理论来挖掘隐变迁的方法。该方法除了可以减少计算量外，还能够有效避免过拟合或者低拟合。

本节提出的基于域挖掘业务流程隐变迁的方法是以事件日志的行为轮廓为基础，首先，分析执行事件日志，分别计算模块网、特征网的行为轮廓关系，依据行为轮廓关系来构建模块网及模块网之间进行通信的特征网，进而挖掘出模块网与特征网的交互合成网过程模型 M_0，即业务流程初始模型 M_0。其次，查找初始模型 M_0 的预处理部分变化区域，通过片段记录事件日志，建立变迁系统，查找非平凡域，构建相应的含有隐变迁的片段子模型 M_F。通过映射关系，使子模型 M_F 融入初始过程模型 M_0 中，最后，挖掘到含有隐变迁的目标模型 M_T。具体的算法如算法 6.1 和算法 6.2 所示。

算法 6.1　挖掘模块网与特征网的交互合成网过程模型

输入：执行事件日志 L_E。

输出：模块网 $M_i (i = 1, 2)$ 与特征网 M_f 的交互合成网过程模型 M_0。

步骤 1：提取事件日志 $L_E = \{\tau_1, \tau_2, \cdots, \tau_n\}$，$n = 1, 2, 3, \cdots$，其中，$\tau_1, \tau_2, \cdots, \tau_n \in L_E$。

步骤 2：对于提取到的事件日志 $L_E = \{\tau_1, \tau_2, \cdots, \tau_n\}$，$n = 1, 2, 3, \cdots$，其中，$\tau_1, \tau_2, \cdots, \tau_n \in L_E$，进行预处理，去除不完备的事件轨迹。

步骤 3：遍历处理过的每条日志轨迹 $\tau_1, \tau_2, \cdots, \tau_n \in L_E$，计算任意两个事件对（变迁对或者特征对）$t^1, t^2$ 的行为轮廓关系（这里仅给出主要的关系，即 $\to$、$\leftarrow$、$+$、$\parallel$ 分别是严格序关系、逆严格序关系、排他序关系、交叉序关系)。

步骤 4：依据模块日志(日志轨迹中大小写字母分别属于不同的模块日志轨迹)L_M,得到模块网 M_1 的行为轮廓关系表和模块网 M_2 的行为轮廓关系表。

步骤 5：依据特征日志(日志轨迹由大小字母衔接的轨迹组成)L_F,得到特征网 M_f 的行为轮廓关系表。

步骤 6：根据步骤 4 中得到的模块网 M_1 和模块网 M_2 的行为轮廓关系表,构建模块网 M_1 和 M_2。

步骤 7：根据步骤 5 中得到的特征网 M_f 的行为轮廓关系表,依据定义 6.10、定义 6.11 及定义 6.14 中的端口库所 $I = \{p_{A-F} \mid A \rightarrow F\}$, $O = \{p_{F-A} \mid F \rightarrow A\}$ 和端口库所与特征之间的流关系：$F = \overline{F} \bigcup \{(t, p_{F-A}) \mid t \in T, \lambda(t) = A, F \rightarrow A\} \bigcup \{(p_{F-A}, t) \mid t \in T, \lambda(t) = A, A \rightarrow F\}$,构建模块网之间的特征网 M_f。

步骤 8：由步骤 6 和步骤 7 得到的模块网 M_1、M_2 以及特征网 M_f,模块网 M_1、M_2 与特征网 M_f 进行通信,得到模块网与特征网的交互合成网过程模型 M_0。

步骤 9：输出模块网与特征网的交互合成网过程模型 M_0。

通过算法 6.1,依据执行事件日志 L_E,可以得到模块网与特征网的交互合成网流程源模型 M_0。隐变迁是存在于源模型而不能通过日志表现出来的不可见任务,准确地挖掘出源模型中的隐变迁是一个挑战性的问题。下面给出的算法 6.2 是通过把片段事件日志转化成变迁系统 TS,查询 TS 中的基于状态的域,建立含有隐变迁的片段子模型,最终挖掘出源模型 M_0 中的隐变迁,得到优化目标模型 M_T。

算法 6.2　基于域挖掘过程模型隐变迁

输入：模块网与特征网的交互合成网过程模型 M_0,片段记录事件日志 L_F。

输出：含有隐变迁的 Petri 网目标模型 M_T。

步骤 1：依据输入的片段记录事件日志 L_F,计算 $\sigma_1', \sigma_2', \cdots, \sigma_k' \in L_F$ 的状态表示函数 $\varphi^{\text{state}}(\sigma, k) = h^k(\sigma) = \langle e_1, e_2, \cdots, e_k \rangle (e_1, e_2, \cdots, e_k$ 两两不同)。

步骤 2：计算 $\varphi'^{\text{state}}(\sigma, k) = \partial_{\text{multiset}}(h^k(\sigma)) = [e_1, e_2, \cdots, e_k] (e_1, e_2, \cdots, e_k$ 两两不同)。

步骤 3：根据步骤 1、步骤 2 和定义 6.15,建立基于片段记录事件日志 L_F 的变迁系统 $TS = (S, E, T, s_{\text{in}})$。

步骤 4：由步骤 3 得到片段记录事件日志 L_F 的变迁系统,根据定义 6.16 中的域理论,查找出变迁系统 TS 中的非平凡域集 R_{TS}。

步骤 5：任意 $r \in R_{TS}$ 对应着一个库所 $p \in P$,即

$$h : R_{TS} \rightarrow P, \forall r \in R_{TS}, \exists p \in P, s.t. h(r) = p$$

步骤 6：在初始标识 M_0 中,$p \in P$ 只含有一个 token 当且仅当对应的域中只包含 TS 的初始状态 s_{in},即 $M_0 = 1 \Leftrightarrow \exists \lambda : P \rightarrow R_{TS}, \lambda(p) = r_{\text{in}} = \{s_{\text{in}}\}$。

步骤 7：每一个事件 $e \in E$ 产生 $PN = (P, T; F)$ 中标记为 e 的变迁 $t \in T$,即 $\forall e \in E \Rightarrow t \in T \land l(t) = e$。

步骤 8：流关系 $F_{TS} : e \in r^{\bullet}$ 当且仅当 r 是 e 的前域,$e \in {}^{\bullet}r$ 当且仅当 r 是 e 的后域,即 $F_{TS} \stackrel{\text{def}}{=} \{(r, e) \mid r \in R_{TS} \land e \in E \land r \in {}^{\circ}e\} \bigcup \{(e, r) \mid r \in R_{TS} \land e \in E \land r \in e^{\circ}\}$。

步骤 9：查询具有潜在的隐域 r_{hide}、r_{hide}' 及 $(r_{\text{hide}}, t_{\text{hide}}, r_{\text{hide}})$,由步骤 5 可知,两个隐域对应着两个库所,库所之间添加变迁即为隐变迁 t_{hide},依据变迁系统 TS 确定它们的流关系,隐变

迁 t_{hide} 标注黑色,即

$$r_{hide} \wedge r'_{hide} \Rightarrow (r_{hide}, t_{hide}, r'_{hide}) \Rightarrow t_{hide} \in T \wedge l(t_{hide}) = \underline{t} \wedge colour(t) \stackrel{\triangle}{=} black$$

构建含有隐变迁 t_{hide} 的片段子模型 M_F。

步骤 10:$\underline{T}$ 是 M_F 的变迁集,存在映射 ξ,使得 M_F 的变迁集 $\underline{T}$ 映射到 M_0 的变迁集 T 中,即 $\exists \xi, s.t. \xi : \underline{T} \to T$(隐变迁 t_{hide} 以原格式保存在 M_0 中)。通过映射 ξ 把含有隐变迁的片段子模型 M_F 融入初始 Petri 网模型 M_0 中,最后,挖掘出含有隐变迁的 Petri 网目标模型 M_T。

步骤 11:输出含有隐变迁的 Petri 网目标模型 M_T。

算法 6.2 中的具体内容是通过基于状态的域理论准确地挖掘出含有隐变迁的片段子模型,使子模型与初始模型融合得到最终优化目标模型。算法 6.1 和算法 6.2 详细叙述了挖掘初始模型中隐变迁并且得到优化模型的整个过程。

6.3.3 实例分析

为了验证算法 6.1 和算法 6.2 的可行性,在这一部分将给出实例即自动取票机操作流程。自动取票机主要具有两种功能:购票和取票。首先,事件日志轨迹中包含以下事件(任务):A 识别身份证,B 电话订票取票,C 互联网订票取票,D 购票,E 验证身份,F 选票,G 取票,H 继续购票,I 支付,J 取消购票,K 现金支付,L 银行卡支付,M 现金充足,N 现金不足,O 余额不足,P 余额充足,Q、T 支付成功,R、S 支付失败,U 打印车票,a 准备购票,b 准备取票,c 自动购票,d 人工购票,e 自动取票,f 人工取票,g、i 购票成功,h、j 购票失败,k 取票成功,l 取票失败。大写英文字母 $A, B, \cdots, O$ 是模块网 M_1 中的变迁(特征或事件),小写英文字母是模块网 M_2 中的变迁(特征或事件),τ 是沉默变迁。具体的执行事件日志 L_E 如表 6.7 所示。

表 6.7 执行事件日志

实例数	事件日志轨迹
1 999	$bAeBEG$
1 876	$bAeCEGk$
2 017	$aAcDFHFHFIKMQUg$
237	$acADFIKNR$
256	$aAcDFILOS$
2 013	$aAcDFILPTUg$
199	$aAcDFJ$
97	ach
1 787	adi
56	adj
2 011	$bAfEGk$
57	bfl
...	...

　　由表 6.7 中的执行事件日志 L_E 分别计算出模块网的行为轮廓关系，如表 6.8、表 6.9 所示，两个模块网之间进行通信的特征网的行为轮廓关系，如表 6.10 所示，这里的特征是指 Petri 网过程模型中的变迁，由于两个变迁之间的行为轮廓关系具有对称性，此处仅给出一个特征网 M_f 的行为轮廓关系表。

表 6.8　模块网的行为轮廓关系表 1

	A	B	C	D	E	F	G	H	I	J	K	L	M	N	O	P	Q	R	S	T	U
A		→	→	→	→	→	→	→	→	→	→	→	→	→	→	→	→	→	→	→	→
B			+	+	→	→	→	→	→	→	→	→	→	→	→	→	→	→	→	→	→
C				+	→	+	→	+	+	+	+	+	+	+	+	+	+	+	+	+	+
D					+	→	→	→	→	→	→	→	→	→	→	→	→	→	→	→	→
E						+	→	→	+	+	+	+	+	+	+	+	+	+	+	+	+
F							+	‖	→	→	→	→	→	→	→	→	→	→	→	→	→
G								+	+	+	+	+	+	+	+	+	+	+	+	+	+
H									+	+	+	+	+	+	+	+	+	+	+	+	+
I										+	→	→	→	→	→	→	→	→	→	→	→
J											+	+	+	+	+	+	+	+	+	+	+
K												+	→	→	→	→	→	→	→	→	→
L													+	→	→	→	→	→	→	→	→
M														+	+	+	→	→	→	→	→
N															+	+	→	→	→	→	→
O																+	+	→	→	→	→
P																	+	+	+	→	→
Q																		+	+	+	→
R																			+	→	→
S																				+	→
T																					→

表 6.9　模块网的行为轮廓关系表 2

	a	b	c	d	e	f	g	h	i	j	k	l
a		+	→	→	+	+	→	→	→	→	+	+
b			+	+	→	→	+	+	+	+	→	→
c				+	+	+	→	→	+	+	+	+
d					+	+	+	+	→	→	+	+
e						+	+	+	+	+	→	→
f							+	+	+	+	→	→
g								+	+	+	+	+
h									+	+	+	+
i										+	+	+
j											+	+
k												+
l												+

表 6.10　特征网的行为轮廓关系表

	A	B	C	D	E	F	G	H	I	J	K	L	M	N	O	P	Q	R	S	T	U
a	→	→	→	→	→	→	→	→	→	→	→	→	→	→	→	→	→	→	→	→	→
b	→	→	→	→	→	→	→	→	→	→	→	→	→	→	→	→	→	→	→	→	→
c	‖	‖	‖	→	‖	→			→	→	→	→	→	→	→	→	→	→	→	→	→
d	‖	‖	‖	‖	‖	‖	‖	‖	‖	‖	‖	‖	‖	‖	‖	‖	‖	‖	‖	‖	‖
e	‖	→	→	‖	→	‖	→	‖	‖	‖	‖	‖	‖	‖	‖	‖	‖	‖	‖	‖	‖
f	‖	‖	‖	‖	‖	‖	‖	‖	‖	‖	‖	‖	‖	‖	‖	‖	‖	‖	‖	‖	‖
g	←	+	+	←	+	←	+	←	←	+	←	←	+	←	←	+	←	←	+	←	←
h	‖	‖	‖	‖	‖	‖	‖	‖	‖	‖	‖	‖	‖	‖	‖	‖	‖	‖	‖	‖	‖
i	‖	‖	‖	‖	‖	‖	‖	‖	‖	‖	‖	‖	‖	‖	‖	‖	‖	‖	‖	‖	‖
j	‖	‖	‖	‖	‖	‖	‖	‖	‖	‖	‖	‖	‖	‖	‖	‖	‖	‖	‖	‖	‖
k	←	←	←	←		←															‖
l	‖	‖	‖	‖	‖	‖	‖	‖	‖	‖	‖	‖	‖	‖	‖	‖	‖	‖	‖	‖	‖

　　根据表 6.8、表 6.9 以及表 6.10 中的行为轮廓关系挖掘 Petri 网的业务流程初始模型 M_0。模块网 M_1 和模块网 M_2，通过两者之间的特征网进行通信和交互。两模块网中具有交互行为的特征（变迁）连同特征间的流关系共同构成初始模型中的特征网 M_f。其中，p_1，p_2，p_3，p_4，p_5 均是端口库所。具体的模块网与特征网的交互合成网过程模型 M_0 如图 6.3 所示。

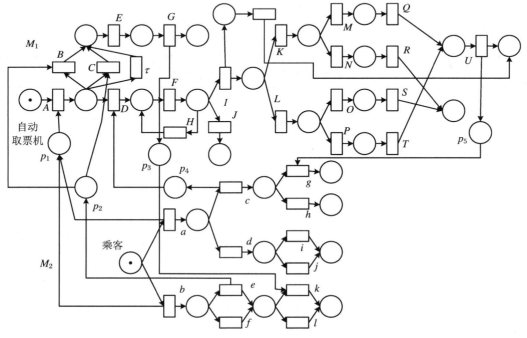

图 6.3　Petri 网的业务流程初始模型

由特征网 M_f 能够使模块网 M_1 和模块网 M_2 进行交互作用,易存在一定的问题,遍历初始模型,找出预处理片段子模型。根据片段记录事件日志 L_F(表 6.11),建立变迁系统 $TS = (S, E, T, s_{in})$(图 6.4),查找变迁系统 $TS = (S, E, T, s_{in})$ 中的非平凡域,基于域的有关概念,根据算法 6.2 挖掘出含有隐变迁的片段子模型 M_F(图 6.5)。

表 6.11　片段记录事件日志

实例数	事件日志轨迹
2 003	ABOEHLM
223	AOBDIX
2 017	ACGKLM
215	AOCFJX
1 998	AOBEHLM
259	ABODIX
2 023	AOCGKLM
199	ACOFJX

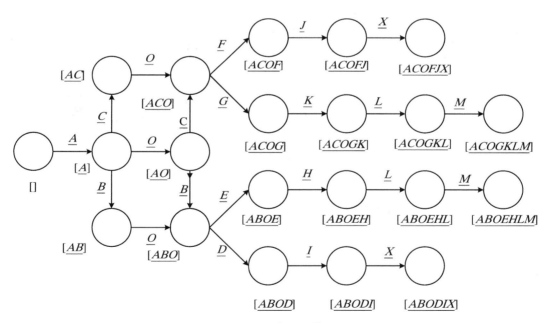

图 6.4　变迁系统

基于映射 ξ,即 $\exists \xi, S.T.\xi : T \rightarrow T$,含有相同标签的变迁映射,源模型 M_0 不发生任何变化。标签不同的变迁映射,把片段子模型 M_F 中的变迁添加到源模型 M_0 中并用黑色标注。依照此方法,使含有隐变迁的片段子模型 M_F 融入 Petri 网的业务流程初始模型 M_0 中,最后,挖掘到带有隐变迁的目标模型 M_T,如图 6.6 所示。

基于状态的域挖掘方法可以避免过拟合或者低拟合,能够有效地挖掘出过程模型中的隐变迁,更好地还原初始模型,提高运作效率,从而达到高效率的服务及生产。

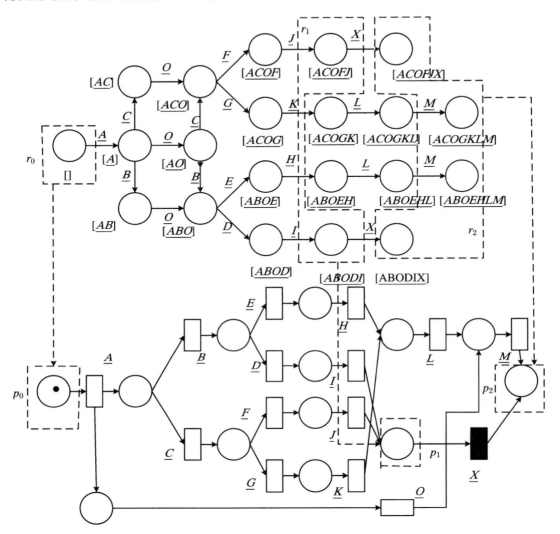

图 6.5　基于域合成含有隐变迁的片段子模型

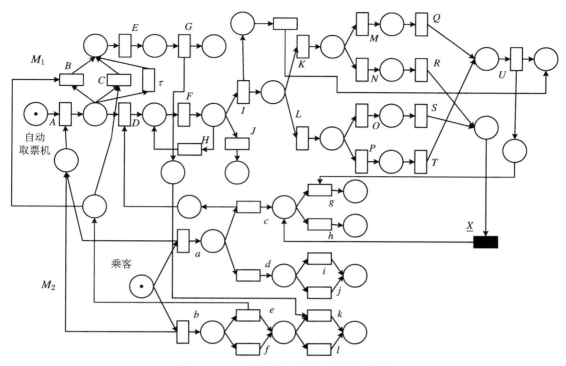

图 6.6　Petri 网的带有隐变迁的目标模型

6.4　基于块结构的过程模型隐变迁挖掘

在业务流程优化过程中,对可配置的模型进行隐变迁的挖掘,可以提高过程模型的完善度并有利于系统高效工作。现有研究主要通过事件日志中活动之间的依赖关系进行隐变迁的挖掘,但很少关注模型的结构。本节提出了基于块结构的隐变迁挖掘方法,利用序列编码过滤将事件日志划分为平凡序列和非平凡序列,利用 α 算法得到初始模型并利用块结构层次分解,然后利用非平凡子序列匹配块结构挖掘隐变迁,融合到初始模型中并优化得到目标模型,最后通过一个流程实例证明该算法的适应性。

6.4.1　基础知识

定义 6.19[37]**（块结构）**　设 Petri 网 $N = (S, T; F)$ 为一个 WF-PN,$N' = (S', T'; F')$ 为 N 的一个子网。

(1) 若 N' 为一个顺序块,记为 SB,当且仅当 $|S'| > 1 \land \forall t_{i1}, t_{i2} \in T' \Rightarrow t_{i1} \to t_{i2} \lor t_{i1} \to t_{i2}$;

(2) 若 N' 为一个并发块,记为 CB,当且仅当 $\forall t \in T' \Rightarrow \exists t' \in T', t \parallel t'$;

(3) 若 N' 为一个选择块,记为 ChB,当且仅当 $\forall t \in T' \Rightarrow \exists t' \in T', t + t'$。

定义 6.20(隐变迁)　　一个 Petri 网过程模型的变迁集为 T',系统记录的日志事件集为 L'。标记映射 $\lambda:T'{\rightarrow}L'$,当且仅当 $t'\notin \mathrm{dom}(\lambda)$,称变迁 t' 为隐变迁,即 t' 不在 λ 的定义域内。

定义 6.21[38](事件日志)　　日志中任务集记为 T,一个执行迹 $\sigma\in T^*$,$L\in P(T^*)$ 是一个事件日志。$P(T^*)$ 是 T^* 的幂集,$L\subseteq T^*$。

定义 6.22[38]　　日志 L 对过程模型 M 的拟合度 $f(M,L)$ 计算公式如下:

$$f(M,L) = \frac{1}{2}\left(1 - \frac{\sum\limits_{i=1}^{k} n_i m_i}{\sum\limits_{i=1}^{k} n_i c_i}\right) + \frac{1}{2}\left(1 - \frac{\sum\limits_{i=1}^{k} n_i r_i}{\sum\limits_{i=1}^{k} n_i p_i}\right)$$

其中,k 为事件日志中的不同轨迹数;n 为日志执行迹中所含实例的数目;m 为丢失令牌的数量;r 为剩余令牌的数量;c 为使用令牌的数量。

定义 6.23[39](行为精确度和查全率)　　事件日志的一条执行迹为 σ,迹 σ 在事件日志中发生的次数记为 $L(\sigma)$,业务流程的参考模型和挖掘模型分别记为 N_r,N_m;C_r,C_m 分别表示 N_r,N_m 的因果关系,则挖掘到的目标模型的行为精确度和查全率的计算式分别为

$$B_P(L,C_r,C_m) = \left(\sum_{\sigma\in L}\left(\frac{L(\sigma)}{|\sigma|}\times\sum_{i=0}^{|\sigma|-1}\frac{|\mathrm{Enabled}(C_r,\sigma,i)\bigcap\mathrm{Enabled}(C_m,\sigma,i)|}{|\mathrm{Enabled}(C_m,\sigma,i)|}\right)\right)/\sum_{\sigma\in L}L(\sigma)$$

$$B_R(L,C_r,C_m) = \left(\sum_{\sigma\in L}\left(\frac{L(\sigma)}{|\sigma|}\times\sum_{i=0}^{|\sigma|-1}\frac{|\mathrm{Enabled}(C_r,\sigma,i)\bigcap\mathrm{Enabled}(C_m,\sigma,i)|}{|\mathrm{Enabled}(C_r,\sigma,i)|}\right)\right)/\sum_{\sigma\in L}L(\sigma)$$

定义 6.24[39](结构精确度和查全率)　　设 N_r,N_m 分别表示 Petri 网的参考模型和挖掘模型;C_r,C_m 分别表示 N_r,N_m 的因果关系,挖掘到的目标模型的结构精确度和查全率的计算公式分别为

$$S_P(N_r,N_m) = \frac{|C_r\bigcap C_m|}{|C_m|},\quad S_R(N_r,N_m) = \frac{|C_r\bigcap C_m|}{|C_r|}$$

6.4.2　基于块结构挖掘隐变迁的方法

在结构良好的流程中,模型支持的行为被设计就期望被执行,而执行频率较低的模型子结构可能会暗示流程中的一条路径,为了增加其频率,必须加强该路径;相反地,可以重新构造分配的资源以优化流程。恰好隐变迁的挖掘能很好地模拟某些低频日志代表的意义,提高一致性评价指标度值,完善系统模型,对提高业务流程管理的效率有很大帮助。因此,对过程模型进行隐变迁的配置挖掘是一个值得研究的方向。

本节通过 Petri 网块结构的相关知识来进行模型隐变迁的配置挖掘。首先对业务系统生成的海量流程日志进行预处理,过滤掉异常日志,利用序列编码过滤图将日志划分为平凡序列和非平凡子序列。对于高频日志利用 α^+ 算法挖掘出初始模型 M_0,利用行为轮廓块结构对初始模型 M_0 进行层次分解。将非平凡子序列与模型分解的模块进行匹配,找出可疑模块,查找出可能含有隐变迁的位置,为子模块添加隐变迁配置,融合配置后的子模块,将其构建为目标模型 M_1,最后通过拟合度、行为精确度、查全率和结构精确度、查全率等指标对模型 M_1 进行评价,剔除异常的,保留有效的隐变迁,以此得到目标优化模型。

算法 6.3　事件日志有效的非平凡子序列挖掘

输入:事件日志集 L,截断系数 c_c,阈值 t_f。

输出：初始模型 M_0 和有效的非平凡子序列。

步骤 1：对日志序列整理和预处理，直接过滤不完整的日志序列（明显为异常序列），例如 $\{\{A\},\{A,B\}\}$。

步骤 2：针对预处理后的序列，先计算其前缀闭包集，然后作出序列的编码过滤图。

步骤 3：以广度的方式遍历图，保留顶点出弧的权值最大的分支，设最大权值为 a，若该顶点其他出弧的权值小于 $a \times c_c$，则截断该分支。

步骤 4：步骤 3 的结果把日志序列划分为平凡序列和非平凡序列，对于平凡序列，在 ProM 软件运用 α^+ 算法挖掘得到其初始模型 M_0。

步骤 5：某些非平凡子序列对模型是有效的，而构建的初始模型 M_0 并未考虑，因此模型是不完善的，为了提高模型准确度，将这些非平凡序列重放到模型 M_0 中。

步骤 6：将步骤 4 得到的非平凡序列重放到初始模型 M_0 中，根据拟合度计算公式

$$f(M,L) = \frac{1}{2}\left(1 - \frac{\sum\limits_{i=1}^{k} n_i m_i}{\sum\limits_{i=1}^{k} n_i c_i}\right) + \frac{1}{2}\left(1 - \frac{\sum\limits_{i=1}^{k} n_i r_i}{\sum\limits_{i=1}^{k} n_i p_i}\right)$$

计算各序列的拟合度。

步骤 7：若拟合度 $f \leqslant t_f$，则把此非平凡序列视为噪音序列，删除；若拟合度 $f \geqslant t_f$，则保留此非平凡序列，记录有效的子序列。递归执行步骤 6。

步骤 8：输出过程模型有效的非平凡子序列。

执行完算法 6.3，事件日志 L 划分为平凡序列、非平凡序列以及异常序列，基于平凡序列，利用 α^+ 算法挖掘初始过程模型，然后分析有效非频繁序列，继续完善模型。通过计算拟合度来判断某序列是否有效，低于设定的阈值，我们将视为噪声序列，反之即为有效。当找到所有的低频有效序列后，如何修改并完善模型就是我们需要考虑的问题。本节需要借助有效的非平凡子序列和块结构完善目标模型，再从模型的行为和结构的精确度、查全率等评价指标进行分析，若度量值满足所设的阈值即为有效，否则将冗余部分删除。下面给出了基于块结构的隐变迁配置挖掘算法。

算法 6.4　基于块结构的隐变迁配置挖掘

输入：算法 6.3 初始模型 M_0 及有效的非平凡子序列。

输出：含有隐变迁的目标模型。

步骤 1：分析初始模型 M_0 中各变迁之间的行为轮廓关系。

步骤 2：依据定义 6.19 利用块结构对初始模型 M_0 进行层次分解，依次得到模块 m_0，$m_1, \cdots, m_n$。

步骤 3：将算法 6.3 得到的有效非平凡子序列与模型的各模块进行对齐，找出可疑位置，对模块进行分析并添加可疑变迁。

步骤 4：将步骤 3 构建的子模块融合到初始模型中，添加适当流弧，因算法 6.1 已经对非平凡子序列的拟合度进行了计算，因此只需计算过程模型行为和结构精确度和查全率。

步骤 5：根据步骤 4 得到目标模型 M_1。根据定义 6.23，计算其行为精确度 $B_P(L,C_r,C_m)$ 和行为查全率 $B_R(L,C_r,C_m)$ 两个指标，若 $B_P \geqslant \delta$ 且 $B_R \geqslant \delta$，则获取的目标模型在行为上符合要求，若 $B_P < \delta \parallel B_R < \delta$，则模型不符合要求，需要进行过滤操作。

步骤 6：根据定义 6.24，计算过程模型的结构精确度 $S_P(N_r,N_m)$、查全率 $S_R(N_r,N_m)$，

若 $S_P \geqslant \delta$ 且 $S_R \geqslant \delta$，则认为在结构上配置的过程模型符合要求，反之异常，将其过滤。

步骤 7：最终保留下的配置变迁即为隐变迁，融合得到含有隐变迁的目标模型。

6.4.3 案例分析

本节借助某保险索赔流程实例，挖掘出保险索赔 Petri 网过程模型中的配置信息——隐变迁，以此验证上述算法的可行性。依次给出业务系统记录的执行日志各活动的含义：A 开始申请索赔，B 申请低额索赔，C 申请高额索赔，D 政策审查，E 低额索赔成功，F 高额索赔成功，G 专家审核，H 检查事宜，I 结束索赔。具体事件日志执行迹如表 6.12 所列。

表 6.12   执行日志序列 L

序号	时间日志轨迹	实例数
L_1	ABDEI	1 406
L_2	ACDGHFI	595
L_3	ACGDHFI	656
L_4	ACDEI	480
L_5	ACHDFI	110
L_6	ACDHFI	85
L_7	ACGDHCDEI	153
L_8	BDE	8
L_9	ABFI	60
L_{10}	ACBGDF	32
L_{11}	CHF	12

对表 6.12 的事件日志集进行初步分析，可以判断日志集 $\langle L_8, L_{11}\rangle$ 发生次数极低且无初始活动 A，可以认为是申请人异常操作造成的异常日志序列，直接从日志中删去。

让我们重新考虑 $L' = [L_1, L_2, L_3, L_4, L_5, L_6, L_7, L_9, L_{10}]$，并计算出其相应的前缀闭包集 $\overline{L}' = [\varepsilon^{4\,664}, \langle A\rangle^{3\,577}, \langle A, B\rangle^{1\,466}, \langle A, C\rangle^{2\,111}, \langle A, B, D\rangle^{1\,406}, \langle A, B, E\rangle^{60}, \cdots, \langle A, C, G, D, H, F, I\rangle^{656}, \langle A, C, G, D, H, C, D, E, I\rangle^{153}]$。依据日志的前缀闭包作出序列编码过滤图，如图 6.7 所示。

构造序列过滤图后，我们首先以广度的方式遍历图，然后截断代表异常行为的分支。设定截止系数 $C_c = 1/10$，从根节点开始遍历，根有一个弧，因此我们保持这个弧。遍历弧，我们到达顶点 c_1，它有两个输出弧。从 c_1 到 c_3 的输出弧权值最大，标记为 2 111。这个弧将保留在图上。从顶点 c_1 开始的任何其他弧的有界范围通过将截止系数与该节点的最大值相乘来计算，即有界范围是：$1/3 \times 2\,111 = 703.7$，任何从 c_1 的出边的权值大于或等于 $2\,111 - 703.7 = 1\,407.3$ 的都保留在图中。在这种情况下，从 c_1 到 c_2 的弧也将保留，在顶点 c_2 中，我们确定保留边 c_4，c_4 具有最大的标签。我们只保留从 c_2 发出的弧，其标签值大于或等于 $1\,406 - 1\,406 \times 1/3 = 937.3$。因此，我们删除 c_2 到 c_{11} 的弧，因为它的标签值仅为 60。对于所有节点重复以上操作，删除异常分支（图 6.7 中用括号所标记的数字），对应到日志为

$L_5, L_6, L_7, L_9, L_{10}$，剩下的即为有效分支。

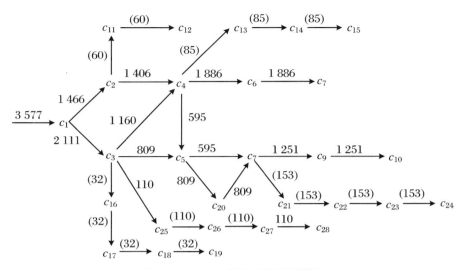

图 6.7　日志 L 的序列编码过滤图

根据序列编码过滤的结果，我们在 ProM 软件中使用 α^+ 算法挖掘到初始模型 M_0，如图 6.8 所示。

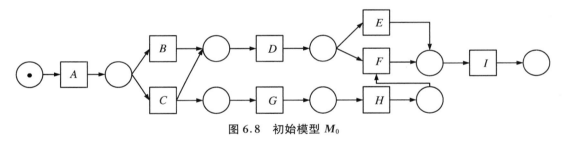

图 6.8　初始模型 M_0

低频序列中不排除对模型有用的序列，即低频有效序列。对于序列编码过滤的异常序列 $L_5, L_6, L_7, L_9, L_{10}$，依次重放到初始模型 M_0 中，根据定义 6.22，计算其拟合度。先计算 $L_5 = \langle ACHDFI \rangle$，$L_6 = \langle ACDHFI \rangle$，$m_1 = r_1 = m_2 = r_2 = m_3 = r_3 = m_4 = r_4 = 0$，$m_5 = r_5 = m_6 = r_6 = 1$，$c_1 = p_1 = c_4 = p_4 = 6$，$c_5 = p_5 = c_6 = p_6 = 8$，故 $f_{L5} = f_{L6} = 0.995\,3 > \lambda$；重复计算可求 $f_{L7} = 0.993\,7$，$f_{L9} = 0.335\,4$，$f_{L10} = 0.268\,3$。通过对各低频日志序列的拟合度分析，发现 L_5, L_6, L_7 的拟合度极高，超过所设定的阈值，可考虑进行下一步操作，试着通过算法 6.2 挖掘模型的隐变迁，L_9, L_{10} 对模型的拟合度较低，小于设定的阈值，视为噪声序列。

根据定义 6.19 利用块结构对初始模型 M_0 抽象化简，例如：活动 A 作为一个单独的顺序块，然后考虑活动 B 和 C。BC 之间的行为轮廓关系为 $B + C$，符合选择块 Chb 的定义，所以将其化简为一个选择块。依次分析其他活动，得到结果如图 6.9 所示，其中 A, I, G 和 H 为顺序块，B 与 C，E 与 F 为选择块。D 与 G, H 为并发块。

根据序列编码过滤删减的三个有效的非平凡子序列 $L_{5'}: HDFI$，$L_{6'}: DHFI$，$L_{7'}: HCDEI$ 分别与模型的块结构进行对齐。找出可疑区域并构建含有可疑的隐变迁子模块，如图 6.10 所示。例如非平凡子序列 $HDFI, DHFI$ 与顺序块 GH 匹配时，发现总存在一条路径

直接越过变迁 G，直达变迁 H。所以怀疑存在一个隐变迁与 G 并行，以此来构建子模块 1（图 6.10(a)），同理可构建子模块 2（图 6.10(b)）。

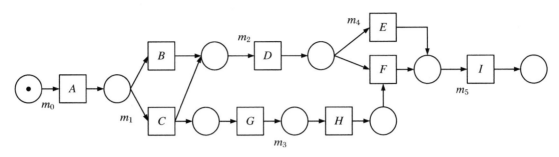

图 6.9　初始模型 M_0 的块结构化简图

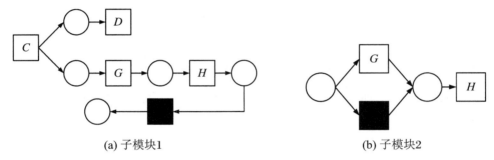

(a) 子模块1　　　　　　　　　　　　(b) 子模块2

图 6.10　含有隐变迁的子模块

在初始模型 M_0 中融合子模块 1 和子模块 2，并添加适当的网关，最终挖掘到带有配置信息（隐变迁）的优化过程模型 M_1，如图 6.11 所示。在配置后的目标优化模型 M_1 中，通过实际案例分析可知，配置的隐变迁 J 和 K 所表示的意义分别是：当申请者为 SVIP 时，可直接跳过专家审核 G，进入政策审查；当申请者在申请索赔过程中可能由于材料不足导致政策审查 H 失败时，应当允许返回开始审查 C 阶段，补充材料继续索赔。实践证明通过完善模型可以让顾客的利益得到保障，提高系统模型的运行效率。

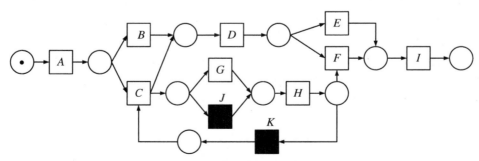

图 6.11　含有隐变迁的目标模型 M_1

根据定义 6.23、定义 6.24 提出的概念以及算法 6.4 中的步骤 6，通过一致性指标对所获取的优化模型进行评价，通过行为精确度、查全率和结构精确度、查全率四个指标，本节中的精确度 δ 取值为 0.85。

$B_P(L, C_r, C_m)$

$$
\begin{aligned}
=& \left(\frac{1\,406}{5} \times \left(\frac{1}{1} + \frac{2}{2} + \frac{2}{2} + \frac{2}{2} + \frac{2}{2} \right) + \frac{595}{7} \times \left(\frac{1}{1} + \frac{2}{2} + \frac{3}{4} + \frac{2}{2} + \frac{1}{2} + \frac{1}{2} + \frac{2}{2} \right) \right. \\
&+ \frac{656}{7} \times \left(\frac{1}{1} + \frac{2}{2} + \frac{3}{4} + \frac{1}{2} + \frac{2}{2} + \frac{1}{2} + \frac{2}{2} \right) + \frac{480}{5} \times \left(\frac{1}{1} + \frac{2}{2} + \frac{3}{4} + \frac{2}{2} + \frac{2}{2} \right) \\
&+ \frac{110}{6} \times \left(\frac{1}{1} + \frac{2}{2} + \frac{3}{4} + \frac{1}{2} + \frac{2}{2} + \frac{2}{2} \right) + \frac{110}{6} \times \left(\frac{1}{1} + \frac{2}{2} + \frac{3}{4} + \frac{1}{2} + \frac{2}{2} + \frac{2}{2} \right) \\
&+ \frac{85}{6} \times \left(\frac{1}{1} + \frac{2}{2} + \frac{3}{4} + \frac{1}{2} + \frac{2}{2} + \frac{2}{2} \right) \\
&\left. + \frac{153}{9} \times \left(\frac{1}{1} + \frac{2}{2} + \frac{3}{4} + \frac{1}{2} + \frac{2}{2} + \frac{1}{2} + \frac{3}{4} + \frac{2}{2} + \frac{2}{2} \right) \right) / 3\,485 \\
\approx& 0.911\,2
\end{aligned}
$$

$B_R(L, C_r, C_m)$

$$
\begin{aligned}
=& \left(\frac{1\,406}{5} \times \left(\frac{1}{1} + \frac{2}{2} + \frac{2}{2} + \frac{2}{2} + \frac{2}{2} \right) + \frac{595}{7} \times \left(\frac{1}{1} + \frac{2}{2} + \frac{3}{3} + \frac{2}{2} + \frac{1}{2} + \frac{1}{2} + \frac{2}{2} \right) \right. \\
&+ \frac{656}{7} \times \left(\frac{1}{1} + \frac{2}{2} + \frac{3}{3} + \frac{1}{1} + \frac{2}{2} + \frac{1}{2} + \frac{2}{2} \right) + \frac{480}{5} \times \left(\frac{1}{1} + \frac{2}{2} + \frac{3}{3} + \frac{2}{2} + \frac{2}{2} \right) \\
&+ \frac{110}{6} \times \left(\frac{1}{1} + \frac{2}{2} + \frac{3}{3} + \frac{1}{1} + \frac{2}{2} + \frac{2}{2} \right) + \frac{85}{6} \times \left(\frac{1}{1} + \frac{2}{2} + \frac{3}{3} + \frac{1}{1} + \frac{2}{2} + \frac{2}{2} \right) \\
&\left. + \frac{153}{9} \times \left(\frac{1}{1} + \frac{2}{2} + \frac{3}{3} + \frac{1}{2} + \frac{2}{2} + \frac{1}{1} + \frac{3}{3} + \frac{2}{2} + \frac{2}{2} \right) \right) / 3\,485 \\
=& 1
\end{aligned}
$$

通过计算得出 $B_P(L, C_r, C_m) = 0.911\,2 > 0.85$ 且 $B_R(L, C_r, C_m) = 1 > 0.85$，说明在行为精确度和查全率上所构建的目标模型 M_1 都比初始模型 M_0 好，再通过算法 6.4 中的步骤 7 对初始模型 M_0 和目标模型 M_1 的结构精确度和结构查全率进行比较。

$$
\begin{aligned}
S_P(N_r, N_m) =& \left| \{(A,B),(A,C),(B,D),(C,D),(C,G),(D,E),(D,F),(E,I),(F,I), \right. \\
& (G,H),(H,F)\} \left| \right. / \left| \{(A,B),(A,C),(B,D),(C,D),(C,G),(D,E), \right. \\
& (D,F),(E,I),(F,I),(G,H),(H,F),(C,H),(H,C)\} | \\
=& \frac{11}{13} \approx 0.85
\end{aligned}
$$

$$
\begin{aligned}
S_R(N_r, N_m) =& \left| \{(A,B),(A,C),(B,D),(C,D),(C,G),(D,E),(D,F),(E,I),(F,I), \right. \\
& (G,H),(H,F)\} \left| \right. / \left| \{(A,B),(A,C),(B,D),(C,D),(C,G),(D,E), \right. \\
& (D,F),(E,I),(F,I),(G,H),(H,F)\} | \\
=& \frac{11}{13} \approx 0.85
\end{aligned}
$$

通过计算得出 $S_P(N_r, N_m) = 0.85$ 且 $S_R(N_r, N_m) = 1 > 0.85$，可知目标模型 M_1 在结构精确度和结构查全率上都比初始模型 M_0 好，因此含有隐变迁 J 和 K 的模型 M_1 即为所得到的理想过程模型。

通过算法 6.3、算法 6.4 挖掘的隐变迁使所构建模型更加完善、稳定，模型效率也得到了提高，而且在四个维度的一致性评价指标上，所挖掘的过程模型 M_1 都得到了提升。所以含有隐变迁的目标模型 M_1 更符合事件日志的要求。

6.5　基于流程树切挖掘业务流程隐变迁

隐变迁是指存在于事件日志中的不频繁行为，从过程模型中挖掘出隐变迁，提高流程运行效率和服务质量显得尤为重要。已有的方法大部分基于业务流程序列进行分析，但很少考虑跨序列间的关系，因此对挖掘业务流程隐变迁有一定的影响。本节提出流程树切挖掘业务流程隐变迁的方法，首先根据发生频数较高的日志序列得到初始模型，再根据流程树切预处理事件日志，把日志活动关系与初始模型关系进行对比，找到存在变化的区域，挖掘可能存在的隐变迁，通过评价指标判定带隐变迁的模型是最优模型，最后用实例验证了该方法。

本节对流程挖掘在流程优化中的应用进行一些整理与分析，为今后的过程模型优化提供新的思路，图 6.12 所示为挖掘与智能优化的基本结构。

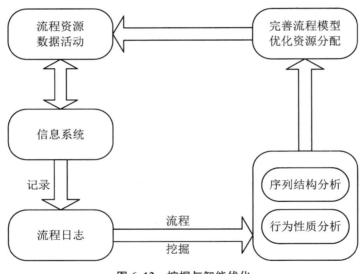

图 6.12　挖掘与智能优化

6.5.1　基本概念

为识别日志活动对间的关系，需要对日志进行预处理，给定事件日志在流程树切作用下的关系：

定义 6.25（关于流程树切（日志））　假定 $L_i(i=1,2,\cdots,n)$ 为过程模型 $CP=(S,T,F,c)$ 对应事件日志，$S(T)$ 为关于变迁 T 的迹，$L\in S(T)$，$c\subseteq S\bigcup T$，如果变迁对 $\forall x,y\in c:((x,y\notin F^+)\bigwedge(y,x\notin F^+))$，其中 F^+ 为流关系 F 的传递闭包，那么 c 为流程树切，对于任意一个活动对 $(x,y)\in L_i\times l_i$，存在日志序列 $\delta=t_1t_2\cdots t_n$，其中 $i,j\in\{1,2,\cdots,n\}$，$i<j$，满足下列关系中的一种：

（1）$x>y$，当且仅当 $\exists\delta\in L\Rightarrow t_i=x,t_j=y$；

(2) $x \to y$,当且仅当 $x > y,y \not> x$;

(3) $x \leftrightarrow y$,当且仅当 $x \not> y,y \not> x$;

(4) $x \parallel y$,当且仅当 $x > y,y > x$;

(5) $x \neg y$,当且仅当 $\forall \delta \in L, \forall x,y \in T \Rightarrow (x \in \delta, y \notin \delta) \lor (y \in \delta, x \notin \delta)$。

$x > y$ 说明活动对间存在弱序关系,$x \to y$ 说明活动对存在因果关系,$x \leftrightarrow y$ 说明活动对无关系,$x \parallel y$ 说明活动对存在平行交叉关系,$x \neg y$ 说明活动对间存在互斥关系。

特别说明,排他序关系的两个变迁不可能出现在同一个日志中。$L_1 : [\langle a,b,c,a,b,\tau, e,f,g,h \rangle^{30}, \langle d,e,f,g,h \rangle^{70}, \langle d,e,g,f,h \rangle^{90}, \langle a,b,c,a,b,e,f,g,h \rangle^{80} \langle a,b,e,g,f, h \rangle^{60}]$ 中,把日志 L_1 划分为一些子日志:$L_2 = [\langle a,b,c,a,b \rangle^{110}, \langle a,b,\tau \rangle^{30}, \langle a,b \rangle^{280} \langle d \rangle^{240}]$,$L_3 = [\langle g,f \rangle^{150}, \langle f,g \rangle^{180}]$,$L_4 = [\langle a,b,c,a,b \rangle^{110}, \langle a,b \rangle^{280}]$,图 6.13 中虚线为切,图 6.13(a)日志 L_1 是关于弱序切的流程树;图 6.13(b)日志 L_2 是关于互斥切的流程树;图 6.13(c)日志 L_3 是关于平行交叉切的流程树;图 6.13(d)日志 L_4 是关于因果切的流程树。

运用流程树切把事件日志划分为一些小的子日志,把这些子日志的行为关系用流程树切的直接流图表示出来,具有简洁性和通用性,然后把这些关系对应到已有的过程模型中,对模型进行调整。

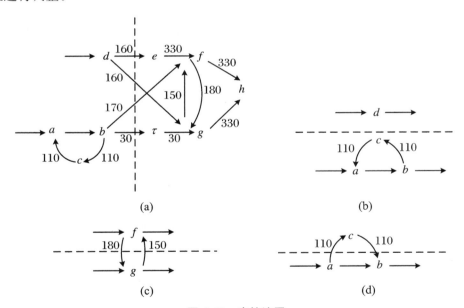

图 6.13　直接流图

定义 6.26(最优匹配)　设 $TP = (S^*, T^*, F^*, c^*)$ 为一个四元组的过程模型,$a_i \in S$ 为一个最初的活动变迁,$a_0 \in S$ 为一个最终的活动变迁,c^* 为流程树切,任意一个变迁对 $(x,y) \in T^* \times T^*$ 匹配到基于流程树切挖掘模型 $CP = (S,T,F,c)$ 中,$\approx \subseteq T \times T^*$ 为 TP 和 CP 中相应变迁的对应关系:$\forall T_1 \subseteq T, T_2^* \subseteq T^*$ 为两个子变迁集,$T_1 \times T_2^* \subseteq \approx$,$\forall t_1 \in (T \setminus T_1)[(T_2^* \times \{t_1\}) \not\subseteq \approx]$,$\forall t_2 \in (T^* \setminus T_2^*)[(T_1 \times \{t_2\}) \not\subseteq \approx]$,则称 T_1 与 T_2^* 为 T 和 T^* 的最优匹配。

定义 6.27(目标模型变化区域)　设 $\delta^* = t_1^*, t_2^*, \cdots, t_n^*$ 为初始模型 TP 的发生序列,$\delta = t_1, t_2, \cdots, t_n$ 为流程树切挖掘的模型 CP 的发生序列,$\forall t_i, t_j \in \delta (i < j)$ 对应到 $\forall t_i^*$,

$t_j^* \in \delta^*$，δ 中不满足 δ^* 中最佳匹配的关系构成集合 $\{t_i^*, t_j^* \cdots\}$，称作 TP 的变化区域。

定义 6.28[40]（合理性）   若业务流程 Petri 网 $CP = (P, T; F)$ 满足如下条件，则称满足合理性：

(1) $\exists t \in T$，如果对 $\forall M \in R(M_0)$，$\exists M' \in R(M)$ 使得 $M'[t>$；

(2) 若 $\exists B \in Z^*$，使得对 $\forall M \in R(M_0) : M(p) \leqslant B$，其中 z^* 为正整数。

定义 6.29（适合度）   设 $L_p = n_1, \cdots, n_m$ 是过程模型 $P = (A, C, T, F)$ 的一组日志。集合 $SR \subseteq (A_L \times A_L)$ 包含所有的活动变迁对 (x, y)，其中日志 L_P 的行为关系映射到过程模型 P 中，$SR(R_P, R_L)$ 满足 $R_P \in \{\rightarrow, \rightarrow^{-1}\} \wedge R_L = \times$ 或 $R_P = R_L$ 或 $R_P = \wedge$，则日志 L_P 在过程模型 P 中的重放适合度 $a_{LP} = |SR| \backslash (|A_L \times A_L|)$。

考虑行为适当性 a_B[41]（表明该行为在模型中对应的精确程度）。

$$a_B = 1 - \frac{\sum\limits_{i=1}^{k} n_i (x_i - 1)}{(m-1) \sum\limits_{i=1}^{k} n_i}$$

其中，k 为给定相应日志对应的不同轨迹数目，n 为轨迹中所包含数目，x 表明当重放日志轨迹时相应变迁的平均数目，m 表明过程模型中可见任务的数目。

定义 6.30（松散关系）   在合理的网 $N = (P, T; F, a_i, a_o)$ 中，$L_i (i = 1, 2, \cdots, n)$ 是 N 的日志，存在映射 $N \xrightarrow{f} L$，将每个变迁同一个事件日志相关联，$\exists x, y \in T, f(x) = L_1$，$f(y) = L_2$，如果变迁 x 与 y 存在松散性，当且仅当 $x^\bullet \wedge {}^\bullet y = \varnothing$；$\exists t \in T \nRightarrow f(t) = L, x^\bullet \bigcap {}^\bullet t \neq \varnothing \wedge t^\bullet \bigcap {}^\bullet y \neq \varnothing$。

由于任何变迁都和事件日志标签相对应，没有任何两个不同的变迁具有相同的标签。同时模型中不存在事件日志中未出现的变迁，然而在现实生活中，业务流程可能包含日志中没有对应的变迁。

定义 6.31（隐变迁） T' 是过程模型的变迁集合，L' 为相对应的过程模型 $N = (P, T; F, a_i, a_o)$ 的事件日志集合，即 $T' \xrightarrow{f} L'$。如果 $\exists t \in T' \nRightarrow f(t) = l$（其中 $l \in L'$），那么变迁 t 被称为隐变迁。

对于如何从给定事件日志中挖掘最优模型是大家关注的问题，图 6.14 是挖掘的初步思路。

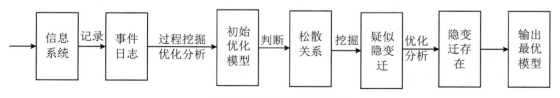

图 6.14   流程挖掘过程图

6.5.2   流程树切挖掘业务流程隐变迁的算法

隐变迁是一个合理的工作流网中的不可见任务，从事件日志中挖掘隐变迁能很好地还原模型，提高日志在模型中重放适合度。本节提出基于流程树切挖掘隐变迁算法是以日志改进流程树的切为基础。基于频数较高的日志活动关系表,依次用较长的日志在模型中重放,得到合理的初始模型,然后检测初始模型变迁间是否存在松散关系,用流程树切预处理事件日志对应到初始模型中,找到可能存在的隐变迁,最后考虑适合度和行为适当性来检验模型,直到挖出符合要求的过程模型。该方法可以快速挖掘日志中的隐变迁,完善过程模型。具体的业务流程挖掘算法如下:

算法 6.5　流程树切挖掘隐变迁

输入:处理过的事件日志。

输出:Petri 网模型。

步骤 1:预处理事件日志,按事件日志发生频数从大到小排列,找到发生频数最高的日志序列。

步骤 2:根据频数最高日志构成的活动关系表,构造初始过程模型 S_0。

步骤 3:计算日志与模型的适合度 a_{LP}。

步骤 4:根据定义 6.29,若 $a_{LP}(S_0) > 0.9$,则转入步骤 5,否则用剩余模型中发生频数最高的日志在模型中重放来优化模型,得到调整后的模型 S_1,则 $S_0 = S_1$ 转入步骤 3。

步骤 5:计算 $a_B(S_0)$,若 $a_B(S_0) < 0.9$,则转入步骤 4,否则转入步骤 7。

步骤 6:若 $a_{LP}(S_0) < a_{LP}(S_1)$,$a_B(S_0) < a_B(S_1)$,则转入步骤 7;如果计算得出 $a_{LP}(S_0) > a_{LP}(S_1) a_B(S_0) < a_B(S_1)$ 或者 $a_{LP}(S_0) < a_{LP}(S_1)$,$a_{LP}(S_0) > a_{LP}(S_1)$,则考虑到适合度和行为适当性的权重分别为 w_i 和 w_k,由实际需求设 $w_i > w_k$,根据公式 Q,通过多次调整 w_i 和 w_k,得出一个最优值,其中

$$Q = w_i \cdot a_{LP}(S_1) + w_k \cdot a_B(S_1)/(w_i + w_k) > w_i \cdot a_{LP}(S_0) + w_k \cdot a_B(S_0)/(w_i + w_k)$$

若满足上述条件,转入步骤 7;否则转入步骤 4。

步骤 7:根据定义 6.30,观察变迁间是否存在松散关系,如果模型中的变迁对 $\forall p_i, p_r \in T, (p_i = p_r \lor p_i \to p_r) \land \exists a, b \in T: (p_i \to a \land b \to p_r \land b > a \land a \parallel p_r)$,则变迁 p_i, p_r 满足松散关系,转入步骤 8。

步骤 8:根据定义 6.25,流程树切划分给定的事件日志,把事件日志中活动对的关系用带切关系的直接流图表示出来,然后根据定义 6.26,定义 6.27 判断初始模型的序列关系和直接流图的序列关系是否为最佳匹配,若不是最佳匹配,则找到初始模型中引起变化的变迁,转入步骤 9;否则转入步骤 4。

步骤 9:在网 $N = (P, T; F, a_i, a_o)$ 中,若 $\exists t \in T$,使得 $\exists p_0, p_1, \cdots, p_k (k \geqslant 4)$ 满足如下条件:

(1) $p_0 = a_i \land p_k \neq a_o, 0 \leqslant i \leqslant k-1, (p_i, p_{i+1}) \in F, \forall 0 \leqslant i < r \leqslant k, p_i \neq p_r$;

(2) $\exists 2 \leqslant i < r \leqslant k, p_i \in {}^{\cdot}t \land p_r \in t^{\cdot}$。

则得出变迁 p_i, p_r 间可能存在隐变迁,标识此变迁为隐变迁,把它加入到模型 S_0,得到模型 S_2,转入步骤 10。

步骤 10:重放所有日志,若 $a_{LP}(S_1) < a_{LP}(S_2)$,$a_B(S_1) < a_B(S_2)$,则模型 S_2 即为所要挖掘的模型,否则转入步骤 11。

步骤 11:若 $a_{LP}(S_1) > a_{LP}(S_2)$,$a_B(S_1) > a_B(S_2)$,则 $S_2 = S_1$,转入步骤 4;否则转入步骤 6,直到挖掘出最终的过程模型。

注:① 流程树切挖掘出疑似隐变迁,标识隐变迁,考虑适合度 a_{LP} 和行为适当性 a_B 进行

模型优化,直到挖掘出的加权优化值 Q 最大,则挖掘模型为最终模型。② 如果出现日志 $\{ABCD, ACD\}$,由缺省的 B 可以判断与 B 并列可能存在一个隐变迁。

算法 6.5 提供如何运用流程树切挖掘过程模型,图 6.15 给出基本思路。

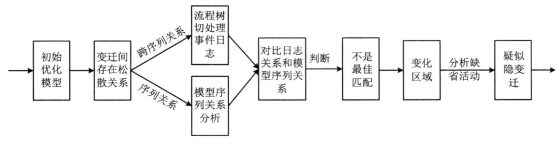

图 6.15   流程树切挖掘过程模型

6.5.3   实例分析

为了验证上述算法的可行性,在这一部分将给出简单的实例即基于流程树切的隐变迁挖掘出乘客在地铁站自助售票机购票的过程模型中的隐变迁,表 6.13 记录的执行日志分别用下列大写字母表示:A 浏览线路,B 线路显示,C 确定路线,D 显示起始终点站,E 选择到达站,F 计算金额,G 无卡,H 有卡,I 投币(全价),J 刷卡(8 折),K 余额不足,L 余额足,M 售票机系统显示,N 不识别,P 识别,R 票价 8 折,S 全价票,T 扣除费用,U 找零,V 出票,W 取出钱(卡)票,Z 余额刷卡。

表 6.13   事件日志

实例数	事件轨迹数
4 832	$ABCDEFHJLMPRTVW$(L_1)
2 235	$ACBDFEHJKIMPSTUVW$(L_2)
3 996	$ACBDEFGIMPRSTUVW$(L_3)
560	$ACBDEFGIMN$(L_4)
2 825	$ABCDEFGIMPSVW$(L_5)
685	$ACBDEFHJKIZMPRSTUVW$(L_6)

表 6.13 按实例数从大到小排列,结果为 $\{\langle ABCDEFHJLMPRTVW \rangle^{4\,832},$ $\langle ACBDEFGIMPRSTUVW \rangle^{3\,996}, \langle ABCDEFGIMPSVW \rangle^{2\,825}, \langle ACBDFEHJKIMPSTUVW \rangle^{2\,235},$ $\langle ACBDEFHJKIZMPRSTUVW \rangle^{685}, \langle ACBDEFGIMN \rangle^{560}\}$,依次记为 $t_1, t_2, \cdots$。根据算法 6.5 计算频数较高的日志活动关系表,如表 6.14 所示,其中 1 表示→,2 表示×,3 表示∧。

表 6.14 日志关系表

	A	B	C	D	E	F	G	H	I	J	K	L	M	N	P	R	S	T	U	V	W
A		3	1																		
B	3		3	1																	
C		3		3	1																
D					1	1															
E						3	1	1													
F					3		1	1					1								
G									2	1											
H									2		1										
I												1								1	
J											1	1									
K									1			2	1							1	
L											2		1							1	
M														1	1						
N							1	1							2						
P																1	1				
R																	3	1			
S																3		1			
T																			1	1	
U																				1	
V																					1
W																					

通过日志关系表，得到初始模型 S_0，如图 6.16 所示。

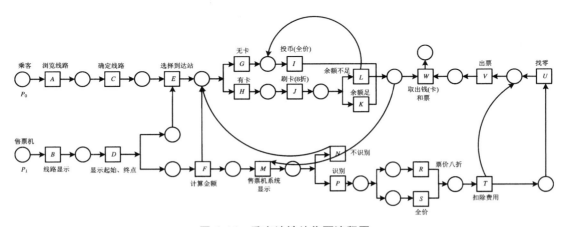

图 6.16 乘客地铁站售票流程图

根据定义 6.28 得出初始模型 S_0 是合理的，根据定义 6.29 计算得出 $a_{LP}(S_0)>0.9$，$a_B(S_0)>0.9$，根据定义 6.25 的步骤 7 得出过程模型中变迁 L 和 R 存在松散关系，由步骤 8 分析模型 S_0 与给定事件日志的直接流图不是最佳匹配，存在疑似变化的区域，通过步骤

9，判断变迁 L 和 R 间可能存在隐变迁 Z，此时把它加入模型，得到模型 S_2，如图 6.17 所示。

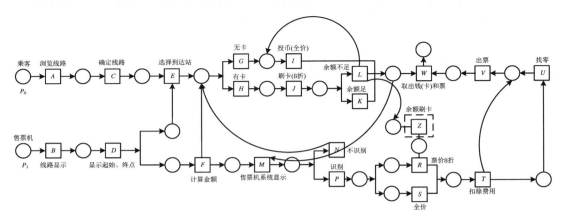

图 6.17　带隐变迁的 Petri 网模型

根据 S_0 和 S_2 的适合度及行为适当性的值得到表 6.15，其中 w_i，w_k 分别为适合度和行为适当性的权重；Q_{s_0}，Q_{s_2} 表示在不同权重下模型 S_0 和 S_2 适合度及行为适当性的加权后值。

表 6.15　模型的加权值对比表

序列	w_i	w_k	Q_{s_0}	Q_{s_2}
1	0.4	0.6	0.951	0.957
2	0.45	0.55	0.968	0.969
3	0.5	0.5	0.975	0.976
4	0.55	0.45	0.993	0.998
5	0.6	0.4	0.989	0.995

经比较得出 $Q_{s_0} < Q_{s_2}$，当 $w_i = 0.55$，$w_k = 0.45$ 时，Q_{s_2} 值最大，所以模型 S_2 即为所要挖掘模型。挖掘出隐变迁 Z，即乘客自动售票机购票时，可以选择刷卡（8 折），选择投币（全价）。假设当乘客购地铁票时需要 10 元，卡上余额只有 4 元，他可以先刷卡 4 元，享受 8 折优惠，剩余的票价选择全价投币需 5 元，此时刷卡和投币同时进行，共花费 9 元，享受最多优惠。然而由于变迁 Z 的隐藏，乘客需要花费 10 元。通过算法 6.5 的步骤 9，当余额不足时，挖掘出变迁 Z 来控制 L，使得购票最优惠。变迁 Z 的隐藏是引起问题的关键，通过流程树切挖掘出隐变迁，对初始模型进行调整，得到优化后的过程模型。

本章小结

隐变迁是指存在于事件日志中的不频繁行为，从过程模型中挖掘出隐变迁，提高流程运行效率和服务质量显得尤为重要。6.1 节提出的增强挖掘流程方法，主要挖掘流程中的隐变迁分支，以增强模型的适合度。提出了日志中活动的输入捆绑及输出捆绑的概念，用于识别存在于日志中而过程模型中没有的活动捆绑关系来确定隐变迁的存在位置，增强了模型的描述性与适用性。同时，运用松弛思想，在选择低频日志中的有效低频时，过滤最可能是噪音的低频日志。最后,利用剩余低频近似适合度在高频日志与初始模型行为子集的适合度上下界区间范围的日志,对初始模型进行修复。基于松弛思想,所得模型更符合日志实际。

6.3 节在现有研究的基础上,给出了基于域挖掘业务流程隐变迁的方法。该方法以事件日志的行为轮廓为基础,首先,分析执行事件日志,计算模块网、特征网的行为轮廓关系,依据计算出的行为轮廓关系构建模块网、特征网,模块网与特征网进行交互通信,进而挖掘出模块网与特征网的交互合成网过程模型即初始模型。其次,查找初始模型的预处理部分区域,依据片段记录事件日志,建立相应的变迁系统,在变迁系统中查询非平凡域,依照域的有关理论,构建相应的含有隐变迁的片段子模型。通过映射关系,使子模型融入初始模型中。最后,挖掘到含有隐变迁的目标优化模型。在上述工作的基础上,下一步工作以域理论为基础,挖掘配置信息中的 block 变迁来完善过程模型,以达到满足人们需求的目的。

6.4 节提出了基于块结构的过程模型隐变迁挖掘方法。首先,利用序列编码过滤将事件日志中的序列分为平凡序列和非平凡序列,对平凡序列利用 α^+ 算法挖掘出初始模型,再利用块结构进行层次分解;针对非平凡序列,计算其拟合度,保留拟合度高于阈值的有效的低频日志。其次,利用这些有效的非平凡子序列对过程模型分解的块结构进行配置和优化,构建含有配置元素的子模块,将其融合于过程模型中。通过行为精确度和结构精确度指标评价已配置的优化目标模型,与初始模型比较有了很大的提高。最后,结合实际的业务流程实例验证了该算法的有效性。

6.5 节考虑业务流程跨序列间的关系,提出流程树切挖掘隐变迁的算法,在行为轮廓挖掘初始模型的基础上,利用流程树切预处理事件日志,标识可能存在的隐变迁得到新的模型,通过优化指标说明带隐变迁的模型是最优模型,最后用实例验证了该方法的有效性。

参考文献

[1]　Ikeda M, Otaki K, Yamamoto A. Generating event logs for high-level process models [C]// Simulation Modelling Practice and Theory. Kovsice, Slovakia: CEUR-WS. org, 2017, 74:1-16.

[2]　Mitsyuk A A, Lomazova I A, Shugurov I S, et al. Process model repair by detecting unfitting fragments[C]//Russian Federation, Moscow: Information Systems WSK&I; Process Science, 2017: 301-313.

[3]　Leemans S J, Fahland D, van der Aalst W M. Using life cycle information in process discovery[C]// Business Process Management Workshops. Cham: Springer, 2016:204-217.

[4]　Pourmasoumi A, Kahani M, Bagheri E. Mining variable fragments from process event logs[J]. Information Systems Frontiers, 2017, 19(6):1423-1443.

[5]　Tax N, Sidorova N, Haakma R, et al. Mining local process models[J]. Journal of Innovation in Digital Ecosystems, 2016, 3(2):183-196.

[6]　Bolt A, De Leoni M, van der Aalst W M P. Scientific workflows for process mining: building blocks, scenarios, and implementation [J]. International Journal on Software Tools for Technology Transfer, 2016, 18(6):607-628.

[7]　Boushaba S, Kabbaj M I, Bakkoury Z. Process discovery-automated approach for block discovery [C]//Proceedings of the 9th International Conference on Evaluation of Novel Approaches to Software Engineering. Lisbon, Portugal: SCITEPRESS, 2014:1-8.

［8］　van der Aalst W M P, van Dongen B F, Herbst J, et al. Workflow mining: A survey of issues and approaches[J]. Data & Knowledge Engineering,2003,47(2):237-267.

［9］　De Medeiros A K A, van der Aalst W M, Weijters A. Workflow mining: current status and future directions[C]//On The Move to Meaningful Internet Systems 2003: CoopIS, DOA, and ODBASE. Berlin, Heidelberg: Springer,2003:389-406.

［10］　van der Aalst W M P, Weijters A J M M. Process mining: a research agenda[J]. Computers in Industry,2004,53(3):231-244.

［11］　Hermosillo G, Seinturier L, Duchien L, et al. A workflow process mining algorithm based on synchro-net[J]. Journal of Computer Science and Technology,2006,21(1):66-71.

［12］　Rozinat A, van der Aalst W M. Decision mining in ProM[C]//Lecture Notes in Computer Science. Berlin, Heidelberg: Springer,2006:420-425.

［13］　Medeiros A K, Weijters A, van der Aalst W M. Genetic process mining: a basic approach and its challenges[C]//Business Process Management Workshops. Berlin, Heidelberg: Springer, 2006: 203-215.

［14］　Fang X, Cao R, Liu X, et al. A method of mining hidden transition of business process based on region[J]. IEEE Access,2018,6:25543-25550.

［15］　De Medeiros A K A, Weijters A J M M, van der Aalst W M P. Genetic process mining: an experimental evaluation[J]. Data Mining and Knowledge Discovery,2007,14(2):245-304.

［16］　Skobelev V V. Analysis of the structure of attributed transition systems without hidden transitions [J]. Cybernetics and Systems Analysis,2017,53(2):165-175.

［17］　Weijters A, van der Aalst W M, De Medeiros A A. Process mining with the heuristics miner-algorithm[J]. Technische Universiteit Eindhoven, Tech. Rep. WP,2006,166(July 2017):1-34.

［18］　Jian Pei, Jiawei Han, Mortazavi-Asl B, et al. PrefixSpan: mining sequential patterns efficiently by prefix-projected pattern growth [C]//Proceedings 17th International Conference on Data Engineering. Citeseer,2001:215-224.

［19］　Conforti R, Rosa M L, Hofstede A H M Ter. Filtering out infrequent behavior from business process event logs[J]. IEEE Transactions on Knowledge and Data Engineering, 2017, 29(2): 300-314.

［20］　Ghionna L, Greco G, Guzzo A, et al. Outlier detection techniques for process mining applications [C]//Lecture Notes in Computer Science. Berlin, Heidelberg: Springer,2008:150-159.

［21］　Chapela-Campa D, Mucientes M, Lama M. Discovering infrequent behavioral patterns in process models[C]//Lecture Notes in Computer Science. Berlin, Heidelberg: Springer,2017:324-340.

［22］　Tax N, Sidorova N, van der Aalst W M P. Discovering more precise process models from event logs by filtering out chaotic activities[J]. Journal of Intelligent Information Systems, 2019, 52(1): 107-139.

［23］　Claes J, Poels G. Merging event logs for process mining: A rule based merging method and rule suggestion algorithm[J]. Expert Systems with Applications,2014,41(16):7291-7306.

［24］　Shejale A, Gangawane V. Tree based mining for discovering patterns of human interactions in meetings[J]. Journal of Engineering Research and Applications,2014,4(7):78-83.

［25］　van der Aalst W M P. Decomposing Petri nets for process mining: A generic approach[J]. Distributed and Parallel Databases,2013,31(4):471-507.

［26］　Wang XiaoHui, Guo FengJuan. Workflow process mining based on Rough Petri Net[C]//2010 International Conference on Advances in Energy Engineering. Beijing, China: IEEE,2010:277-280.

［27］　Buijs J C A M, van Dongen B F, van der Aalst W M P. A genetic algorithm for discovering process trees[C]//2012 IEEE Congress on Evolutionary Computation. Brisbane, QLD, Australia: IEEE, 2012:1-8.

[28] Yzquierdo-Herrera R, Silverio-Castro R, Lazo-Cortés M. Sub-process discovery: opportunities for process diagnostics[C]//Lecture Notes in Business Information Processing. Berlin, Heidelberg: Springer, 2013:48-57.

[29] Leemans S J, Fahland D, van der Aalst W M. Discovering block-structured process models from incomplete event logs[C]//Application and Theory of Petri Nets and Concurrency. Berlin, Heidelberg: Springer, 2014:91-110.

[30] Sahlabadi. Detecting abnormal behavior in social network websites by using a process mining technique[J]. Journal of Computer Science, 2014, 10(3):393-402.

[31] van der Aalst W M. Process mining: data science in action[M]. Springer, 2016.

[32] 张志利, 李向阳, 高钦和, 等. 基于资源竞争的协同式维修操作过程建模[J]. 系统仿真学报, 2015, 27(1):82.

[33] Sellers P H. The theory and computation of evolutionary distances: Pattern recognition[J]. Journal of Algorithms, 1980, 1(4):359-373.

[34] Fani Sani M, Zelst S J V, van der Aalst W M. Conformance checking approximation using subset selection and edit distance[C]//Advanced Information Systems Engineering. Cham: Springer, 2020:234-251.

[35] van der Aalst W M. Verification of workflow nets[C]//Application and Theory of Petri Nets 1997. Berlin, Heidelberg: Springer, 1997:407-426.

[36] Kalenkova A A, Lomazova I A. Discovery of cancellation regions within process mining techniques[J]. Fundamenta Informaticae, 2014, 133(2-3):197-209.

[37] 方欢, 何路路, 方贤文, 等. 基于搜索树的业务流程 Petri 网模型抽象化简方法[J]. 控制理论与应用, 2018, 35(1):92-102.

[38] Rozinat A, van der Aalst W M. Conformance testing: measuring the fit and appropriateness of event logs and process models[C]//Business Process Management Workshops. Berlin, Heidelberg: Springer, 2006:163-176.

[39] Cheng H-J, Kumar A. Process mining on noisy logs-Can log sanitization help to improve performance? [J]. Decision Support Systems, 2015, 79(November 2015):138-149.

[40] Kunze M, Weidlich M, Weske M. Querying process models by behavior inclusion[J]. Software & Systems Modeling, 2015, 14(3):1105-1125.

[41] Weidlich M, Polyvyanyy A, Desai N, et al. Process compliance measurement based on behavioural profiles[C]//Advanced Information Systems Engineering. Berlin, Heidelberg: Springer, 2010:499-514.

第 7 章　基于 Petri 网行为关系的隐变迁挖掘

在信息技术不断发展的背景下,业务流程管理被各行各业关注。流程挖掘主要目的就是从业务流程的事件日志中挖掘主要的信息,通过分析这些日志,来检测该业务流程所存在的异常和偏差,以此改善过程模型,达到优化。但是在实际的流程挖掘过程中,过程模型中总是存在一些这样的变迁,即在过程模型中它是存在的,但在所执行的日志中并没有出现,这种变迁称为隐变迁。为了更好地改善过程模型,从所记录的事件日志中挖掘隐变迁的工作变得尤为重要。

目前,针对流程挖掘的研究方法有许多,研究人员在过程挖掘方面也做了许多工作。过程挖掘的主要目的是对频繁行为进行研究,便于监控和增强不同任务中更常见的部分。文献[1]提出了几种挖掘算法。文献[2]提出在过程模型的发现过程中,对非频繁行为(偏差或异常迹)进行搜索,将其删除,以降低模型的复杂性。文献[3]提出的流程挖掘技术能够从记录的事件日志中提取相关信息,并建立较为完善的过程模型,确保建立的过程模型尽可能与实际中所执行的流程相一致,从而实现改进和优化实际过程模型的目的。文献[4]利用过程树来搜索本地过程模型,并提出了描述一种递归地探索候选过程树的方法,以达到一定的规模大小。为了实现从事件日志中自动发现模型,文献[5]提出了能够系统地处理生命周期信息的过程发现及其影响的方法,以及一种能够处理生命周期数据并区分并发和交错的过程发现技术。文献[6]基于定位事件的挖掘算法,通过给每个事件分配一个非空的域集,分析了被定位的事件。文献[7]提出了局部过程模型(LPM)描述发生在较少结构化业务流程中的结构片段的过程行为,并且提出了一个基于效用函数和约束条件的目标驱动的 LPM 发现框架。文献[7]中提出一种如何判断日志与模型间一致性的方法,通过将事件日志中的序列重放于模型中,以此计算日志与模型间的合理性和适当性。文献[8,9]介绍了 Petri 网的相关定义和基本原理,利用相关原理构建对应的 Petri 模型,能够准确地分析业务流程的活性以及可达性。

在日志中挖掘不可见变迁最开始是由 van der Aalst 等人提出来的,他分析了不可见任务产生的原因。在文献[8]中提出了 Petri 网的相关概念。在文献[10—12]中有提到不可见任务在哪几种情形下产生。在过程挖掘中常常会因为类似的原因出现一些存在于过程模型中,但没有出现在日志序列中的变迁。这样的变迁称为隐变迁。然而从事件日志中挖掘隐变迁在流程挖掘中是一个巨大挑战。文献[13]提出了判定日志与模型一致性的分析方法,通过日志序列在模型中重放来计算其合理性和适当性。国内外学者已经做了很多关于不可见任务挖掘的文章。文献[3,14]讲述了有关流程挖掘的方法。文献[15]先介绍了行为轮廓的相关概念,之后 Weidlich. M 等人又提出因果行为轮廓的概念,因果行为轮廓是行为轮廓的一个补充及扩展,其在原来的三种关系基础上添加了共生关系。在文献[16]中基于流程挖掘提出了一种新颖的方法去解决异常的事件日志,这种方法能够形成一个与源模型相关的新的进程模型,最后基于新的进程模型重新执行事件日志。在文献[17]中把流程挖掘的技术运用到社会网络服务中检测异常行为的出现,使得社会网络服务系统更加完善。在建模过程中通过查找隐藏(Hide)变迁和阻止(Block)变迁来配置过程模型,可以使系统更加流程化。

7.1　基于 Petri 网行为轮廓从事件日志中挖掘隐变迁

业务流程管理领域中的隐变迁是指一些存在于过程模型中,但没有出现在日志序列中的变迁。这样的变迁大量存在于现实的模型中。从事件日志中寻找挖掘隐变迁的方法是过程模型中重要的困难之一。目前针对自由选择网有一些解决办法,但是对于复杂的过程模型有一定的局限性。本节基于 Petri 网行为轮廓的方法寻找隐变迁。首先根据发生频率最高日志序列得出源模型,再根据剩余的日志序列一步步优化源模型从而找到隐变迁,最后通过评价指标来判定模型的合理性。

7.1.1　动机例子

在本节的介绍中,已经提到了挖掘隐变迁的重要性,并且介绍了挖掘隐变迁的算法。在实际生活中,不乏存在不可见任务的业务流程日志。本节利用一个简单的例子来证明隐变迁的存在性及挖掘隐变迁的重要性。下面给出一个操作记录的日志序列 L:

〈$ABCEDFGHJ$,$ABEDFGHJ$,ABJ,$ABCEGHJ$,$ABEGHJ$,$ABCDEFGHJ$,$ABDEFGHJ$,$ABDCEFGHJ$,$ABDFEGHJ$,$ABDFCEGHJ$,$ABCEGDFHJ$,$ABCEDGFHJ$,$ABCDEGFHJ$,$ABDCEGFHJ$〉

根据 α 算法挖掘出来的模型如图 7.1 和图 7.2 所示。

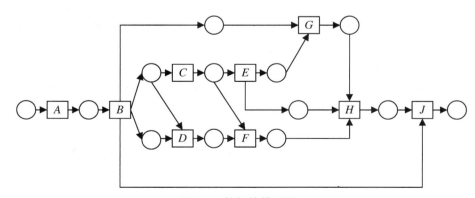

图 7.1　挖掘的模型图 1

分析图 7.1 与图 7.2 可知,这两个模型的合理性与行为适当性的值偏低。在运转的过程中会出现死锁的情况。而且它们产生的日志轨迹并不符合过程挖掘的准则。在过程挖掘中所得到的模型必须完全覆盖所有的日志轨迹。

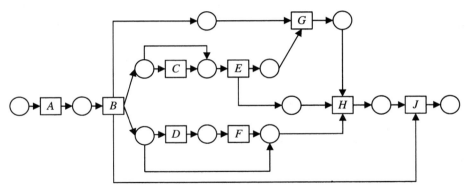

图 7.2　挖掘的模型图 2

7.1.2　基本概念

Petri 网能简洁直观地描述过程模型的结构和行为,首先给出了过程模型 Petri 网的定义。

定义 7.1[18]**（过程模型 Petri 网）**　网 $P=(A,a_i,a_0,C,F,T)$ 满足以下条件:

(1) A 是活动节点,$A\neq\varnothing$;C 是控制节点,$C\neq\varnothing$;

(2) $a_i,a_0\in A,a_i$ 是起始活动,a_0 是结束活动;

(3) $F\subseteq((A\backslash\{a_0\})\bigcup C)\times((A\backslash\{a_i\})\bigcup C)$ 是流关系;

(4) $T:C\longmapsto(AND,OR,XOR)$ 是网的结构类型函数。

则称 $P=(A,a_i,a_0,C,F,T)$ 为过程模型。

所有的节点集合 $N=PYT$,并且要求所有的过程模型 Petri 网是连通的。

定义 7.2[19]**（执行序列）**　过程模型 $BP_N=(P,T,n_i,n_o,F,C)$,对于 $(x,y)\subseteq(AYF)\times(FYA)$,如果存在发生序列 $\tau=n_1n_2\cdots n_k$,使得 $n_j=x,n_h=y$,其中 $1\leqslant j\leqslant k-1,j<h<k$,则 τ 为一条执行迹,记为 $x<y$,同时一个执行序列集合 ε_p 是一系列这种形式 $\sigma=\langle n_i,n_1,\cdots,n_n,n_o\rangle$ 的集合,其中 $n>0,n\in N,n_j\in N,0<j\leqslant0$。对于过程模型 BP_N 的一个可观察到的案例 $C:C=\langle n_1,\cdots,n_n\rangle$,其中 $n>0,n\in N,n_j\in N,0<j\leqslant0$。

定义 7.3[15]**（弱序）**　设 M_0 是过程模型 $P=(A,a_i,a_0,C,F,T)$ 的一个初始标识,T_x 和 T_y 是网中的两个变迁,$(t_x,t_y)\in(T\times T)$ 若对于 $j\in\{1,\cdots,n-1\},j<k<n$,存在一个发生序列 $\sigma=t_1,\cdots,t_n$ 使 $M_0[\sigma$,有 $x=j,y=k$,则变迁对 T_x 和 T_y 满足弱序关系,记作 $t_x>t_y$。

定义 7.4[20]**（行为轮廓）**　设 M_0 是过程模型 $P=(A,a_i,a_0,C,F,T)$ 的一个初始标识,则任意的变迁对 $(x,y)\in(T\times T)$ 至少满足以下三种关系中的一种:

(1) 严格序关系:$\rightarrow(x,y)$,当且仅当 $x>y,y\not>x$,记为 $R(x,y)=\rightarrow$;

(2) 排他序关系:$+(x,y)$,当且仅当 $x\not>y,y\not>x$,记为 $R(x,y)=+$;

(3) 交叉序关系:$\|(x,y)$,当且仅当 $x>y,y>x$,记为 $R(x,y)=\|$。

则三种行为关系的集合称为 P 的行为轮廓,记为 $BP=\{\rightarrow,+,\|\}$。

7.1.3　基于 Petri 网行为轮廓从事件日志中挖掘隐变迁的方法

下面介绍相关概念及一致性评价标准。

定义 7.5[13]（**合理性及行为适当性**）　首先根据日志序列在模型中的重放来评价模型是否合理,合理性的判断标准 f: $\text{fitness} = \dfrac{1}{2}\left(1 - \dfrac{\sum\limits_{i=1}^{k} n_i m_i}{\sum\limits_{i=1}^{k} n_i c_i}\right) + \dfrac{1}{2}\left(1 - \dfrac{\sum\limits_{i=1}^{k} n_i r_i}{\sum\limits_{i=1}^{k} n_i p_i}\right)$。其中,$k$ 为给定日志中的不同轨迹数,n 为日志轨迹中所含的数目,m 为日志轨迹中缺少的标识数,r 为日志轨迹中遗留的标识数,c 为日志轨迹中消耗的标识数,p 为日志轨迹中产生的标识数。

最后,在 $f{\rightarrow}1$ 的情况下再考虑行为适当性 a_B（指所观察到的行为在此模型中的精确程度）:

$$a_B = 1 - \frac{\sum\limits_{i=1}^{k} n_i (x_i - 1)}{(m - 1)\sum\limits_{i=1}^{k} n_i}$$

其中,k 为给定日志中的不同轨迹数,n 为日志轨迹中所含的数目,x 表示日志轨迹重放时就绪变迁的平均数目,m 表示模型中可见任务的个数。

定义 7.6[12]（**标记函数**）　T' 是进程模型的变迁集合,L' 是对应的日志序列集合,标记函数 $l \in T' \rightarrow L'$ 是一个偏序标记函数,它把每一个变迁和日志序列相关联。

定义 7.7（**隐变迁**）　T' 是进程模型的变迁集合,l 代表来自 T' 的标记函数的定义域,变迁 $t \in T'$ 被称为隐变迁,当且仅当 $t \notin \text{dom}(l)$,即 t 不在 l 的定义域范围内。

下面给出隐变迁常出现的几种类型:

（1）给出完备日志 $W_1 = \{ABC, BAC\}$,由行为轮廓弱关系定义得知 $A \parallel_L B$,$A \rightarrow_L C$,$B \rightarrow_L C$,得出图 7.3。

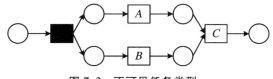

图 7.3　不可见任务类型一

（2）给出完备日志 $W_2 = \{ABC, AC\}$,由行为轮廓弱关系定义得知 $A \rightarrow_L B$,$A \rightarrow_L C$,$B \rightarrow_L C$,得出图 7.4。

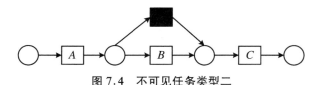

图 7.4　不可见任务类型二

（3）给出完备日志 $W_3 = \{ABC, ABBBC\}$，由行为轮廓弱关系定义得知 $A \twoheadrightarrow_L B$，$A \twoheadrightarrow_L C, B \twoheadrightarrow_L C$，得出图 7.5。

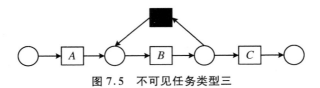

图 7.5　不可见任务类型三

（4）给出完备日志 $W_4 = \{ABCD, ACBD, ACD\}$，由行为轮廓弱关系定义得知 $A \twoheadrightarrow_L B$，$A \twoheadrightarrow_L C, A \twoheadrightarrow_L D, B \parallel_L C, C \twoheadrightarrow_L D$，得出图 7.6。

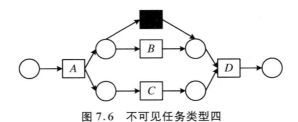

图 7.6　不可见任务类型四

7.1.4　挖掘不可见任务的算法

算法 7.1　行为轮廓挖掘隐变迁

输入：处理过的执行日志。

输出：Petri 网模型。

步骤 1：从产生的日志序列中找出发生频率最高且最长的日志序列（最长的日志序列中发生作用的隐变迁最少）。

步骤 2：得出模型简图（初始模型 λ_0）。根据最长的日志序列建立日志活动关系表，根据日志活动关系表可以画出 Petri 网模型简图，此时不考虑评价指标。

步骤 3：将已确定的具有严格序关系的变迁相连形成链，把它们视为整体，剔除冗余的日志序列（冗余的日志序列指的是在严格序关系的变迁中夹有与其存在并列关系的变迁）。

步骤 4：剩余日志序列中用发生频率最高且最长的来优化模型 λ_0 中的控制流，从而得到模型 λ_1。根据执行日志来计算模型的合理性 f，根据合理性来判断日志的重放效果。

步骤 5：在 $f \to 1$ 的情况下，再考虑模型的行为适当性 a_B，此时把找到的隐变迁视为正常变迁计算，如果 $f_0 < f_1, a_{B_0} < a_{B_1}$，反之转入步骤 4。如果计算得出 $f_0 < f_1, a_{B_0} > a_{B_1}$ 或者 $f_0 > f_1, a_{B_0} < a_{B_1}$，则需要通过公式 $Q = 1 - \dfrac{mf + na_B}{m + n}$（$m, n$ 代表它们所占的权重）计算得出一组数。再计算这组数据的方差，方差越小，波动越小，越稳定，则越好，如表 7.2 所示。

步骤 6：所有日志重放完毕，模型 λ_1 即为所挖掘的模型。

注：① 如果日志序列中的起始变迁或者终止变迁出现不一致，则考虑起始变迁或者终止变迁是隐变迁的情况。② 如果出现 $\{ABC, ABBC\}$ 此类日志序列，则考虑此自交叉变迁与隐变迁构成循环结构的情况。

7.1.5　实例分析

在本节中,我们利用一个简单的实例来说明上述挖掘隐变迁方法的可行性。表 7.1 是各个日志的轨迹和实例数(即频数)。

表 7.1　执行日志列表

实例数	日志轨迹	实例数	日志轨迹
246	*ABCEDFGHJ*	1 012	*ABCDEFGHJ*
3 240	*ABDCEFGHJ*	268	*ABCEGDFHJ*
236	*ABDFCEGHJ*	284	*ABCEDGFHJ*
1 028	*ABDCEGFHJ*	120	*ABCDEGFHJ*
1 205	*ABEDFGHJ*	224	*ABEGDFHJ*
21	*ABDEFGHJ*	156	*ABEDGFHJ*
15	*ABDFEGHJ*	34	*ABDEGFHJ*
3	*ABJ*	12	*ABCEGHJ*
12	*ABEGHJ*		

下面给出了一个操作记录的日志序列 L:

{*ABCEDFGHJ*, *ABEDFGHJ*, *ABJ*, *ABCEGHJ*, *ABEGHJ*, *ABCDEFGHJ*, *ABDEFGHJ*, *ABDCEFGHJ*, *ABDFEGHJ*, *ABDFCEGHJ*, *ABCEGDFHJ*, *ABCEDGFHJ*, *ABCDEGFHJ*, *ABDCEGFHJ*}

(1) 首先根据几个最长的序列且发生频率较高的,可以画出如图 7.7 所示的简图。

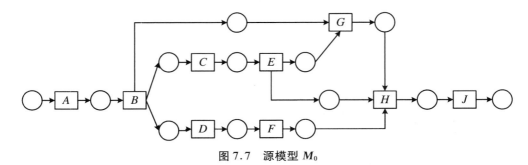

图 7.7　源模型 M_0

(2) 再把具有并列关系的严格序(集)分为一个模块,如图 7.8 所示。

图 7.8　模块图 M_1

(3) 剔除冗余的日志序列{*ABCDEFGHJ*, *ABDCEFGHJ*, *ABDFCEGHJ*}及{*ABDEFGHJ*, *ABDFEGHJ*}并由缺省的 C 可以判断出与 C 并列的存在一个隐变迁,如图 7.9 所示。

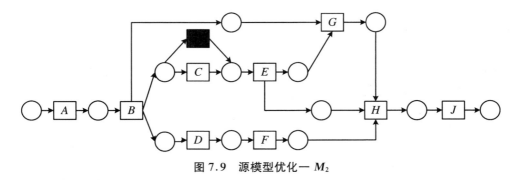

图 7.9　源模型优化一 M_2

（4）由缺省 D,F 的这个模块的序列 $\{ABCEGHJ\}$ 可以判断出与 D,F 并列的存在一个隐变迁,如图 7.10 所示。

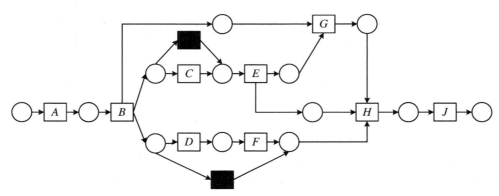

图 7.10　源模型优化二 M_3

（5）由剩余的序列 $\{ABJ,ABEGHJ\}$ 优化得出图 7.11。

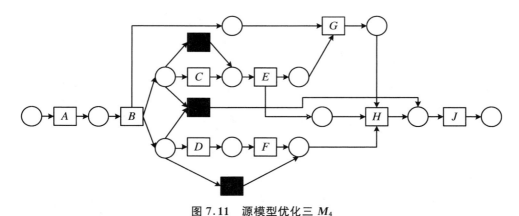

图 7.11　源模型优化三 M_4

根据合理性公式计算得出模型 $f(M_0,L)=0.657,f(M_4,L)=1$。再考虑日志与模型的行为适当性计算得出 $a_B(M_0,L)=0.975,a_B(M_4,L)=0.823$。根据算法 3.1 可以得到 $f(M_0,L)<f(M_4,L),a_B(M_0,L)>a_B(M_4,L)$ 需根据公式 $Q=1-\dfrac{mf+na_B}{m+n}$,再根据方差公式得出稳定性较好的即为要选择的模型。根据 M_0,M_4 的合理性及行为适当性的值得到表 7.2。

表 7.2　一致性评价表

m	n	Q_{M_0}	Q_{M_4}
0.3	0.7	0.120 4	0.123 9
0.4	0.6	0.152 2	0.106 2
0.5	0.5	0.184	0.088 5
0.6	0.4	0.215 8	0.070 8
0.7	0.3	0.247 6	0.053 1

经计算得出 $S_{M_0}^2 = 0.001\ 0$，$S_{M_4}^2 = 0.000\ 63$，即 $S_{M_0}^2 > S_{M_4}^2$，所以模型 M_4 更稳定，更符合日志序列的要求。

7.2　基于 Petri 网行为轮廓挖掘业务流程隐变迁

随着人工智能以及大数据的发展，在过程模型挖掘过程中，发现不频繁的行为也越来越重要，其中最突出的就是关于隐变迁的挖掘。隐变迁是指存在于过程模型中，而在日志中并不显示出来，这样的现象在现实的实例中是大量存在的。如果能够将这些隐变迁挖掘出来，我们就可以更好地将原过程模型进行还原。本节根据行为轮廓的方法，从大量日志中进行挖掘，再由剩下的低频日志作为补充，使源模型进一步得到改善，最终挖掘出含有隐变迁的过程模型。最后通过具体的事例以及仿真软件对所构建的模型进行分析，验证该方法的有效性。

本节中，根据行为轮廓原理，通过行为轮廓的关系来挖掘日志中的隐变迁。在进行流程挖掘之前，我们先定义一个阈值，然后从大量的事件日志中先选出发生频率比较高的日志，通过这些比阈值大的事件序列并且依据行为轮廓关系，挖掘出需要的源模型。针对小于规定阈值的日志序列，可以通过低频序列来逐步优化我们的模型，使模型变得更加完整。再通过算法来检验模型的合理性和适当性，从而将隐变迁从事件日志中挖掘出来。最后挖掘出含有隐变迁的目标模型。

7.2.1　基本概念

定义 7.8[21]（日志的弱行为轮廓）　设 L 是一条日志，对任意两个活动 $X, Y \in L$，对于创建的执行日志的活动关系表，X 与 Y 之间的关系最多是以下三种之一：

(1) 严格序关系 $\to_L$，若满足 $N(X, Y) \neq 0 \wedge N(Y, X) = 0$，记作 $X \to_L Y$；

(2) 交叉序关系 $\|_L$，若满足 $N(X, Y) \neq 0 \wedge N(Y, X) \neq 0$，记作 $X \|_L Y$；

(3) 排他序关系 $+_L$，若满足 $\sigma \in R: 0 < \sigma \leqslant 1$，记作 $X +_L Y$。

我们称集合 $B_L = \{\to_L, \|_L, +_L\}$ 为日志 L 的行为轮廓。

注：对任意活动 X, Y，若有 $N(X, Y) = n$，则表示 X, Y 在日志中出现了 n 次。

定义 7.9[14]（事件日志）　T 是任务集，$\sigma \in T^*$ 是一个执行迹，$L \in P(T^*)$ 是一个事件日

志。$P(T^*)$ 是 T^* 的幂集，$L \subseteq T^*$。

定义 7.10[22]（**行为精确度和查全率**）　设 σ 是一个事件日志的迹，$L(\sigma)$ 为迹 σ 在一个事件日志中所发生的次数，N_r，N_m 分别表示 Petri 网的参考模型和挖掘模型；C_r，C_m 分别表示 N_r，N_m 的因果关系，行为精确度和查全率的计算公式分别如下：

$$B_P(L, C_r, C_m) = \left(\sum_{\sigma \in L} \left(\frac{L(\sigma)}{|\sigma|} \times \sum_{i=0}^{|\sigma|-1} \frac{|\text{Enabled}(C_r, \sigma, i) \bigcap \text{Enabled}(C_m, \sigma, i)|}{|\text{Enabled}(C_m, \sigma, i)|} \right) \right) / \sum_{\sigma \in L} L(\sigma)$$

$$B_R(L, C_r, C_m) = \left(\sum_{\sigma \in L} \left(\frac{L(\sigma)}{|\sigma|} \times \sum_{i=0}^{|\sigma|-1} \frac{|\text{Enabled}(C_r, \sigma, i) \bigcap \text{Enabled}(C_m, \sigma, i)|}{|\text{Enabled}(C_r, \sigma, i)|} \right) \right) / \sum_{\sigma \in L} L(\sigma)$$

定义 7.11[22]（**结构精确度和查全率**）　设 $N_r = (P_r, T_r, F_r)$ 参考模型；$N_m = (P_m, T_m, F_m)$ 为挖掘到的模型；C_r，C_m 分别表示 N_r，N_m 的因果关系；结构精确度和查全率计算公式分别如下：

$$S_P(N_r, N_m) = \frac{|C_r \bigcap C_m|}{|C_m|}, \quad S_R(N_r, N_m) = \frac{|C_r \bigcap C_m|}{|C_r|}$$

定义 7.12[23]（**低频模式**）　设 L 是过程日志的迹集，一个简单模式 S_P 的频率为 $\text{freq}(S_P) = \frac{|\{\tau \in L : S_P \mapsto \tau\}|}{|L|}$，而模式 P 的频率为简单模式的最大频率，即 $\text{freq}(P) = \max \text{freq}(s_p) \forall s_p \in p$。给定一个频率阈值 $\sigma \in R : 0 < \sigma \leqslant 1$，一个模式 P 是一个低频模式当且仅当 $\text{freq}(P) < \sigma$。

定义 7.13（**隐变迁**）　设 T' 是 Petri 网过程模型中的变迁集，L' 是记录日志事件集。$l : T' \rightarrow L'$ 是标记映射，变迁 t' 被称作隐变迁，当且仅当 $t' \notin \text{dom}(l)$。

7.2.2　基于行为轮廓挖掘隐变迁的方法

隐变迁是指存在于过程模型中，但在事件日志中不存在，即日志中并没有显现出来。这样的例子在业务流程中是普遍存在的，为了完善过程模型，将隐变迁从事件日志的活动中挖掘出来显得至关重要。从事件日志中挖掘隐变迁当前比较常用的一种算法就是 $\alpha^\#$ 算法。但是 $\alpha^\#$ 算法的计算工作量比较大，并且利用 $\alpha^\#$ 算法对事件日志进行挖掘时，该算法会对日志中的高频序列进行建模，出现的低频序列日志进行过滤处理。因此所挖掘出的模型合理性以及行为的适应性都会降低，不能准确地将隐变迁从业务流程所记录的事件日志中挖掘出来，得到的过程模型在完善性方面也需要进一步提高。

本节通过行为轮廓的理论来挖掘事件日志中的隐变迁。首先，从大量流程日志中将高频的日志序列全部挖掘出来，基于这些高频日志，以及各个变迁之间的行为轮廓关系，构建出业务流程的初始模型 M_0。利用行为轮廓关系，从低频序列中找出非噪音的日志序列进行补充，构建为模型 M_1。其次，根据文献[24]所提出的适合度算法来对 M_1 模型进行计算，并且与原模型的适合度进行比较，若该片段对模型的适合度降低了，则视为冗余，将其当作噪音过滤；若该低频对模型的适合度提高了，则说明该低频有效。然后，结合该低频序列的行为轮廓关系，查找出可能含有隐变迁的位置，并进一步依据行为的适当性进行验证。我们将所有的低频序列，都按照此方法重复操作，对模型有改善的低频将其保留，无用的则过滤，最终挖掘出含有隐变迁的目标模型。

根据给定的日志序列，在模型中重放需要判断适合度[25]，适合度的具体定义如下：设

$L_P = n_1, n_2, \cdots, n_m$ 是过程模型 $P = (A, C, T, F)$ 的一组日志。集合 $S_R \subseteq (AL \times AL)$ 包含所有的活动变迁对 (x, y),其中日志 L_P 的行为关系映射到过程模型 P 中,$S_R(R_P, R_L)$ 满足 $R_P \in \{\rightarrow, \rightarrow^{-1}\} \wedge R_L = \times$ 或 $R_P = R_L$ 或 $R_P = \wedge$,则日志 L_P 在过程模型 P 中的重放适合度 $\varepsilon_{LP} = \dfrac{|S_R|}{|(A_L \times A_L)|}$(通常 $\varepsilon_{L_p} \geqslant 0.8$,则说明满足重放适合度)。再考虑到行为的适当性 a_B(所查到的行为在此模型中的精确程度):

$$a_B = 1 - \frac{\displaystyle\sum_{i=1}^{k} n_i (x_i - 1)}{(m-1) \displaystyle\sum_{i=1}^{k} n_i}$$

a_B(通常 $a_B \geqslant 0.8$,则说明满足行为的适当性)值越大,说明精确度越高,挖掘的模型越准确。假设 k 是聚合日志中不同轨迹的数量,n 为日志文件中所含的数目,m 为标记的数量任务(即不包括不可见任务,并且假设 $m > 1$)在 Petri 网中模型,x 是日志重放期间转换的平均数量。

算法 7.2　从事件日志中找出符合过程模型的低频序列

输入:事件日志序列 L,定义合理性阈值 t_f 和频率阈值 t_r(通常取 0.1)。

输出:得到符合过程模型的低频序列日志。

步骤 1:将所得到的日志序列按照频率大小依次排列,例如 $\{t_1, t_2, t_3, \cdots, t_n\}$,$n \in \{1, 2, 3, \cdots\}$;$t_1, t_2, t_3, \cdots, t_n \in L$。

步骤 2:对日志进行预处理,将不完备的事件日志过滤删除,并将相同的序列日志进行合并。

步骤 3:记日志的总频数为 N,每条日志的频数分别记为 $n_i (i = 1, 2, \cdots, n)$,计算日志的频率 $\sigma_i = \dfrac{n_i}{N}$,$i = 1, 2, 3, \cdots$。若 $\sigma_i \geqslant t_r$,则归为频繁序列集;若 $\sigma_i < t_r$,则归为非频繁序列集。

步骤 4:根据行为轮廓定义,计算出各频繁序列集合中各变迁之间的行为轮廓关系,并做出行为轮廓关系表。根据行为轮廓关系表构建初始模型 M_0。

步骤 5:在步骤 4 中构建的初始模型 M_0,并未考虑日志中的非频繁序列,所以所得到的模型并不完善。从非频繁序列集中,将这些低频序列考虑进行考虑。根据低频模式定义,计算日志的频率 $\text{freq}(i)$,$i = 1, 2, 3, \cdots$。若 $\text{freq}(i) > t_f$,则该日志序列属于噪音序列日志,可以直接过滤掉;若 $\text{freq}(i) \leqslant t_f$,则说明这条日志是满足合理性的低频序列日志,将该序列保留,执行步骤 6。

步骤 6:将步骤 5 得到日志序列,利用行为轮廓关系重放到初始模型 M_0 中,对模型进行重新构建,假设经过添加新的序列所得到的模型为 M_1,利用第三部分提出的重放适合度定义,计算模型 M_0 和 M_1 的重放适合度值,分别记作 $\varepsilon_{L_p}(M_0)$ 和 $\varepsilon_{L_p}(M_1)$,若得到 $\varepsilon_{L_p}(M_1) \geqslant \varepsilon_{L_p}(M_0)$,则说明将该序列日志重放至模型中,使模型的适合度得到提高,则该日志序列保留,否则直接删除。

步骤 7:重复步骤 6 的操作,对所有的非频繁序列进行重放合适度计算,将所有得到 $\varepsilon_{L_p}(M_i) \geqslant \varepsilon_{L_p}(M_0) (i = 1, 2, \cdots)$ 都保留,否则直接过滤。

步骤 8:删除所有低频序列模式的冗余日志信息,输出过程模型的低频序列日志。

在算法 7.2 中,执行事件日志 L,将日志序列中的高频序列抽离出来。有些低频序列虽然属于低频,但它在模型中是有意义的,并不属于噪音序列。因此我们就要通过计算序列的合理度,看是否满足我们所定义的要求。若满足预定义的阈值则保留,不满足则直接删除。当所有的低频找到后,需要借助低频序列,构建完善模型,再从行为的适当性进行考虑,若满足则保留,不满足就重新安放,若对模型的行为度还是没有改善,则当冗余删除。下面具体给出了基于行为轮廓挖掘隐变迁算法。

算法 7.3　基于行为轮廓挖掘隐变迁

输入:算法 7.2 得到的事件日志序列。

输出:挖掘出含有隐变迁的 Petri 网模型。

步骤 1:将算法 7.2 所得到的日志序列按照频率大小依次排列,如$\{t_1,t_2,t_3,\cdots,t_n\}$,$n\in\{1,2,3,\cdots\}$,$t_1,t_2,t_3,\cdots,t_n\in L$。

步骤 2:算法 7.2 中基于高频序列日志已经建立初始模式 M_0。将步骤 1 中的低频序列日志,利用行为轮廓定义,建立行为轮廓关系,找出其变化区域。构建增量模块$(M_1,M_2,\cdots)$,将得到的增量模块配置到初始模型,并操作步骤 3。

步骤 3:利用步骤 2 中找出的增量模块,通过行为轮廓关系,找出变化区域部分可能存在的变迁对,再对照原事件日志序列的变迁对之间的关系。若存在变化,则说明该处存在疑似变迁,可能是隐变迁,也可能是其他因素(业务流程发生改变引起的变迁对变化)导致的,为了进一步验证,执行步骤 4。

步骤 4:增量模块的序列日志重放至初始模型中,算法 7.2 已经对重放适合度进行计

算,当前需要计算模型的行为适当性,根据行为适当性计算公式 $a_B = 1 - \dfrac{\sum\limits_{i=1}^{k} n_i(x_i - 1)}{(m-1)\sum\limits_{i=1}^{k} n_i}$,

令重放后的模型为 $M_i(1,2,\cdots)$,若计算得出 $a_{B(M_0)} \geqslant a_{B(M_1)}$,保留该增量日志模块,否则过滤处理。

步骤 5:为考虑模型的适合度以及模型的行为适合度,分别设置权重 W_i 和 W_k(其中

$W_i \geqslant W_k$)。并且将设置不同参数的权重 W_i,W_k 代入公式 $Q_M = \dfrac{W_i \varepsilon_{L_P} + W_k a_B}{W_i + W_k}$ 中,出现

$Q_{M_1} > Q_{M_0}$,从而得出最优值,执行步骤 6。

步骤 6:将步骤 4 得到的序列日志(包含疑似隐变迁的序列),利用行为轮廓关系,继续构建新的增量子模块,将可能含有隐变迁的活动标记出来,将挖掘到的隐变迁放置到初始模型中,对初始模型进行补充,得到目标模型 M_1。根据定义 7.10,挖掘得到的模型 M_1 需要考虑模型的行为精确度 $B_P(L,C_{M_0},C_{M_1})$ 和行为查全率 $B_R(L,C_{M_0},C_{M_1})$,若 $B_P \geqslant 0.85$ 且 $B_R \geqslant 0.85$,则说明所挖掘到的模型在行为上是符合语义的,否则不符合行为语义,需要进行过滤。

步骤 7:步骤 5 完成后,依据定义 7.11,需要再次计算模型的结构精确度 $S_P(N_{M_0},N_{M_1})$ 和结构查全率 $S_R(N_{M_0},N_{M_1})$,若 $S_R \geqslant 0.85$ 且 $S_P \geqslant 0.85$,则说明所挖掘到的模型在结构上是符合要求的,若不符合结构要求,要将其过滤。

步骤 8:经步骤 7 操作后,所得到的变迁为最终满足要求的变迁——隐变迁,模型为最终包含隐变迁的目标模型。最后输出符合要求的包含隐变迁 Petri 网优化模型。

7.2.3 案例分析

为了进一步验证算法的可行性,给出一个超市购物的实例,以此来验证算法的可行性。为方便区分各个活动,采用不同的字母来代表各个活动。其中顾客活动用大写字母表示,商家活动用小写字母表示。事件日志中各字母所代表的具体信息如下所示:A 进店选物品,B 排队付款,C 选择现金支付,D 选择购物卡,E 网银支付,F 确认支付,G 放弃支付,H 余额不足,I 余额充足,J 确认支付,K 确认支付,L 收款成功,M 打印发票,N 交易结束,a 对商品扫码,b 统计价格,c 收银机统计价格,d 待付款。具体的事件日志如表 7.3 所示。

表 7.3 执行日志序列 L

日志名称	事件日志轨迹	实例数	日志名称	事件日志轨迹	实例数
L_1	$AabcdBCJLMN$	983	L_{12}	$AabcdBDIKLMN$	883
L_2	$ABabcdCJLMN$	1 623	L_{13}	$AabcdBEFLMN$	766
L_3	$ABabcdDIKLMN$	1 238	L_{14}	$AabcdBDHGCJLMN$	839
L_4	$ABabcdEFLMN$	1 129	L_{15}	$AabcdBDHGEFLMN$	689
L_5	$ABabcdDHGCJLMN$	980	L_{16}	$ABabcd$	9
L_6	$ABCJLMN$	23	L_{17}	$ABab$	8
L_7	$ABabcdDHGEFLMN$	898	L_{18}	$ABabcdDHGCHLMN$	78
L_8	$abcdLMN$	18	L_{19}	$ABabcdDHGEHLMN$	117
L_9	$abcd$	10	L_{20}	AB	2
L_{10}	$AabcdBDHGCHLMN$	83	L_{21}	$\cdots$	$\cdots$
L_{11}	$AabcdBDHGEHLMN$	98			

将表 7.3 中的日志序列由实例数从高到低排列顺序如下所示:$\langle ABabcdCJLMN \rangle^{1\,623}$, $\langle ABabcdDIKLMN \rangle^{1\,238}$, $\langle ABabcdEFLMN \rangle^{1\,129}$, $\langle AabcdBCJLMN \rangle^{983}$, $\langle ABabcdDHGCJLMN \rangle^{980}$, $\langle ABabcdDHGEFLMN \rangle^{898}$, $\langle AabcdBDIKLMN \rangle^{883}$, $\langle AabcdBDHGCJLMN \rangle^{839}$, $\langle AabcdBEFLMN \rangle^{766}$, $\langle AabcdBDHGEFLMN \rangle^{689}$)。通过这些发生频率高的日志轨迹,根据定义 7.12,建立活动关系表如表 7.4 所示,再根据定义 7.11 作出日志序列的行为轮廓关系表,具体如表 7.5 所示。

表 7.4 日志序列活动关系表

	A	B	C	D	E	F	G	H	I	J	K	L	M	N	a	b	c	d
A	0	5	0	0	0	0	0	0	0	0	0	0	0	0	5	0	0	0
B	0	0	1	3	1	0	0	0	0	0	0	0	0	0	5	0	0	0
C	0	0	0	0	0	0	4	2	4	0	0	0	0	0	0	0	0	0
D	0	0	0	0	0	0	0	4	2	0	0	0	0	0	0	0	0	0
E	0	0	0	0	0	3	0	0	0	0	0	0	0	0	0	0	0	0

续表

	A	B	C	D	E	F	G	H	I	J	K	L	M	N	a	b	c	d
F	0	0	0	0	0	0	0	0	0	0	0	4	0	0	0	0	0	0
G	0	0	2	0	2	0	0	0	0	0	0	0	0	0	0	0	0	0
H	0	0	1	0	0	0	4	0	0	0	0	0	0	0	0	0	0	0
I	0	0	0	0	0	0	0	0	0	0	2	0	0	0	0	0	0	0
J	0	0	0	0	0	0	0	0	0	0	0	4	0	0	0	0	0	0
K	0	0	0	0	0	0	0	0	0	0	0	2	0	0	0	0	0	0
L	0	0	0	0	0	0	0	0	0	0	0	0	10	0	0	0	0	0
M	0	0	0	0	0	0	0	0	0	0	0	0	0	10	0	0	0	0
N	0	0	0	0	0	0	0	0	0	0	0	0	0	0	0	0	0	0
a	0	0	0	0	0	0	0	0	0	0	0	0	0	0	0	10	0	0
b	0	0	0	0	0	0	0	0	0	0	0	0	0	0	0	0	10	0
c	0	0	0	0	0	0	0	0	0	0	0	0	0	0	0	0	0	10
d	0	5	1	3	1	0	0	0	0	0	0	0	0	0	0	0	0	0

表 7.5　日志序列行为轮廓关系表

	A	B	C	D	E	F	G	H	I	J	K	L	M	N	a	b	c	d
A	+	→	→	→	→	→	→	→	→	→	→	→	→	→	∥	∥	∥	∥
B		+	→	→	→	→	→	→	→	→	→	→	→	→	∥	∥	∥	∥
C			+	+	+	+	+	+	+	→	+	→	→	→	∥	∥	∥	∥
D				+	+	+	→	→	→	+	→	→	→	→	∥	∥	∥	∥
E					+	→	+	+	+	+	+	→	→	→	∥	∥	∥	∥
F						+	+	+	+	+	+	→	→	→	∥	∥	∥	∥
G							+	←	+	+	+	→	→	→	∥	∥	∥	∥
H								+	+	+	+	→	→	→	∥	∥	∥	∥
I									+	+	→	→	→	→	∥	∥	∥	∥
J										+	+	→	→	→	∥	∥	∥	∥
K											+	→	→	→	∥	∥	∥	∥
L												+	→	→	∥	∥	∥	∥
M													+	→	∥	∥	∥	∥
N														+	∥	∥	∥	∥
a															+	→	→	→
b																+	→	→
c																	+	→
d																		+

通过活动关系表(表 7.4)以及行为轮廓关系表(表 7.5)之间的关系,我们可以建立出初始模型 M_0,如图 7.12 所示。

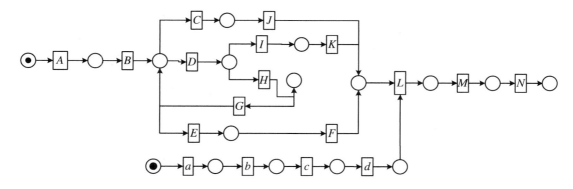

图 7.12　Petri 网的业务流程初始模型 M_0

根据文献[24]提出的合理性概念我们得到初始模型 M_0 是合理的,其中不符合实际运行的日志可以直接将其过滤,如日志⟨AB⟩,⟨abcd⟩,⟨ABab⟩等,因为这些日志是其他因素导致而产生的,对构建模型没有任何帮助,而且会降低模型的适合度和行为适当性,所以可以直接视为噪音过滤。通过适合度公式的计算得到 $\varepsilon_{L_{p0}} > 0.901$,在通过行为适当性计算得到 $a_{B0} > 0.901$。我们在计算过程中,对于相对低频日志序列 L_{10},L_{11},L_{18},L_{19} 在建立初始模型时,并没有将其考虑进去。而在接下来挖掘隐变迁的过程中,依据算法 7.2,我们从这些低频日志中,对模型进行补充完善。通过分析序列日志 L_{10},L_{18} 可以发现,在该日志付款流程中都存在 $D{\rightarrow}H{\rightarrow}G{\rightarrow}C{\rightarrow}H{\rightarrow}L{\rightarrow}M{\rightarrow}N$ 这样的序列。在所构建的初始模型中,通过分析可以发现该日志的频率虽然相对较低,但对模型的稳定性以及适合度方面都有改善。我们将日志 L_{10},L_{18} 进行分析,挖掘带有隐变迁的子模块图 M_1,得到的隐变迁用字母 O 表示,挖掘到子模块后,将其放入初始流程图中,并通过行为适当性计算:

$$a_{B_1} = 1 - \frac{14 \times 13 + 14 \times 13}{(83 + 78) \times (14 + 14)} = 0.9193 > a_{B_0} = 0.901$$

所以该子模块是有效的,日志序列 L_{10},L_{18} 视为有效低频,子模块 M_1 如下图 7.13 所示。同理,对日志 L_{11},L_{19} 进行同样的分析,并且通过行为适当性计算

$$a_{B_2} = 1 - \frac{14 \times 13 + 14 \times 13}{(98 + 117) \times (14 + 14)} = 0.9395 > a_{B_1} = 0.9193 > a_{B_0} = 0.901$$

发现行为适当性得到进一步提高,所以日志序列 L_{11},L_{19} 也是有效的低频序列日志,挖掘出带有隐变迁的子模块 M_2,得到的隐变迁用 P 表示,子模块 M_2 如图 7.14 所示。

最后将子模块 M_1,M_2 合并到初始模型 M_0 中,对初始模型进行补充完善,最终得到图 7.15 含有隐变迁的模型 M_3。我们设置参数 W_i,W_k,其中 W_i、W_k 分别为适合度和行为适当性的权重,根据算法 7.3 中计算不同权重下 Q_{M_0},Q_{M_3} 的值,具体计算结果如表 7.6 所示,并将得到的模型加权值用散点表形式表示出来,如表 7.7 所示。

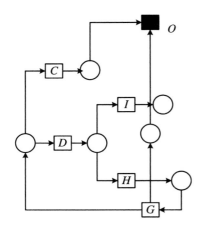

图 7.13　带有隐变迁子模块 M_1

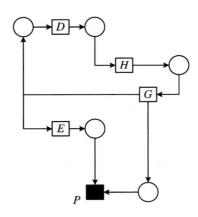

图 7.14　带有隐变迁子模块 M_2

表 7.6　模型加权值表

序列	W_k	W_i	Q_{M_0}	Q_{M_3}
1	0.35	0.65	0.905 9	0.914 2
2	0.40	0.60	0.906 6	0.915 4
3	0.45	0.55	0.907 3	0.916 5
4	0.50	0.50	0.908 1	0.917 7
5	0.55	0.45	0.908 7	0.918 9
6	0.60	0.40	0.908 4	0.917 4

表 7.7　模型散点表

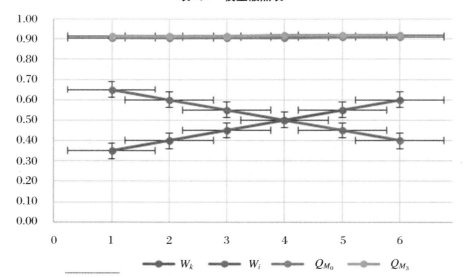

通过表 7.6 计算以及表 7.7 的散点图发现 $Q_{M_0} < Q_{M_3}$，即当 $W_k = 0.45$，$W_i = 0.55$ 时，Q_{M_3} 的值最大，因此 M_3 的模型即为我们所要的模型。在该完善后的模型中，我们分析所挖

掘到的隐变迁 O 和隐变迁 P,可知该活动所表示的意义是当顾客使用购物卡进行付款时,顾客并没有直接选择放弃支付。先将购物卡已有的现金进行付款,余下的部分将采用现金付款或者网银支付,这样促使支付变得更加便捷,同时也使顾客的利益得到保障。完整的含有隐变迁的过程模型如图 7.15 所示。

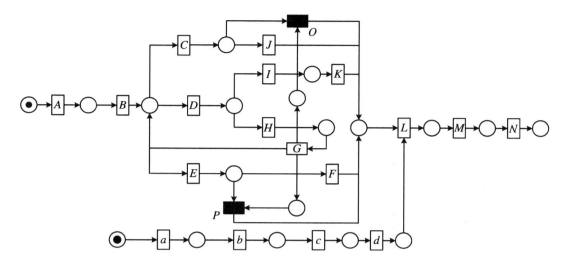

图 7.15　带有隐变迁的 Petri 网过程模型 M_3

为了对所构建的模型进行结构分析,将模型的关联矩阵写出来,关联矩阵 C 表示如下:

$$
C =
\begin{bmatrix}
-1 & 1 & 0 & 0 & 0 & 0 & 0 & 0 & 0 & 0 & 0 & 0 & 0 & 0 & 0 & 0 & 0 & 0 \\
0 & -1 & 1 & 0 & 0 & 0 & 0 & 0 & 0 & 0 & 0 & 0 & 0 & 0 & 0 & 0 & 0 & 0 \\
0 & 0 & -1 & 1 & 0 & 0 & 0 & 0 & 0 & 0 & 0 & 0 & 0 & 0 & 0 & 0 & 0 & 0 \\
0 & 0 & -1 & 0 & 1 & 0 & 0 & 0 & 0 & 0 & 0 & 0 & 0 & 0 & 0 & 0 & 0 & 0 \\
0 & 0 & -1 & 0 & 0 & 1 & 0 & 0 & 0 & 0 & 0 & 0 & 0 & 0 & 0 & 0 & 0 & 0 \\
0 & 0 & 0 & -1 & 0 & 0 & 0 & 1 & 0 & 0 & 0 & 0 & 0 & 0 & 0 & 0 & 0 & 0 \\
0 & 0 & 0 & 0 & -1 & 0 & 1 & 0 & 0 & 0 & 0 & 0 & 0 & 0 & 0 & 0 & 0 & 0 \\
0 & 0 & 0 & 0 & -1 & 0 & 0 & 1 & 0 & 0 & 0 & 0 & 0 & 0 & 0 & 0 & 0 & 0 \\
0 & 0 & -1 & 0 & 0 & 0 & -1 & 0 & 0 & 0 & 0 & 0 & 0 & 0 & 0 & 0 & 0 & 0 \\
0 & 0 & 0 & 0 & 0 & -1 & 0 & 1 & 0 & 0 & 0 & 0 & 0 & 0 & 0 & 0 & 0 & 0 \\
0 & 0 & 0 & 0 & 0 & -1 & 0 & 1 & 0 & 0 & 0 & 0 & 0 & 0 & 0 & 0 & 0 & 0 \\
0 & 0 & 0 & 0 & 0 & 0 & 0 & -1 & 1 & 0 & 0 & 0 & 0 & 0 & 0 & 0 & 0 & 0 \\
0 & 0 & 0 & 0 & 0 & 0 & 0 & -1 & 1 & 0 & 0 & 0 & 0 & 0 & 0 & 0 & 0 & 0 \\
0 & 0 & 0 & 0 & 0 & 0 & 0 & 0 & -1 & 1 & 0 & 0 & 0 & 0 & 0 & 0 & 0 & 0 \\
0 & 0 & 0 & 0 & 0 & 0 & 0 & 0 & 0 & -1 & 1 & 0 & 0 & 0 & 0 & 0 & 0 & 0 \\
0 & 0 & 0 & 0 & 0 & 0 & 0 & -1 & 0 & 0 & 0 & -1 & 1 & 0 & 0 & 0 & 0 & 0 \\
0 & 0 & 0 & 0 & 0 & 0 & 0 & 0 & 0 & 0 & 0 & 0 & -1 & 1 & 0 & 0 & 0 & 0 \\
0 & 0 & 0 & 0 & 0 & 0 & 0 & 0 & 0 & 0 & 0 & 0 & 0 & -1 & 1 & 0 & 0 & 0
\end{bmatrix}
$$

利用 MATLAB 编程计算公式 $C \times Y = 0$,求解出 S - 不变量。得到该方程是有解的,说明该方程 S - 不变量是存在的,并解得 $Y = [\,0,0,0,0,0,0,0,0,0,1,1,1,1,1,1,1,1\,]^T$。$S$ - 不变量对应的列向量均非负,并且分向量都为 1 或者 0,由文献[8]可知,所构建的过程模型是有界可达的,不出现死锁和冲突,符合实际流程,从而说明该方法以及模型是正确可行的。

根据定义 7.13 提出的概念以及算法 7.3 中的步骤 6,需要计算初始模型 M_0 和目标模型 M_3 的行为精确度和行为查全率:

$$B_P(L,C_{M_0},C_{M_3})$$

$$= \frac{1}{376} \times \left(\frac{83}{14} \times \left(\frac{1}{1} + \frac{1}{1} + \frac{1}{1} + \frac{1}{1} + \frac{1}{1} + \frac{3}{3} + \frac{1}{1} + \frac{1}{1} + \frac{1}{2} + \frac{1}{1} + \frac{1}{1} + \frac{1}{1} + \frac{1}{1} + \frac{1}{1} \right) \right.$$

$$+ \frac{98}{14} \times \left(\frac{1}{1} + \frac{1}{1} + \frac{1}{1} + \frac{1}{1} + \frac{1}{1} + \frac{3}{3} + \frac{1}{1} + \frac{1}{1} + \frac{1}{2} + \frac{1}{1} + \frac{1}{1} + \frac{1}{1} + \frac{1}{1} + \frac{1}{1} \right)$$

$$+ \frac{78}{14} \times \left(\frac{1}{1} + \frac{3}{3} + \frac{1}{1} + \frac{1}{1} + \frac{1}{1} + \frac{1}{1} + \frac{1}{1} + \frac{1}{1} + \frac{1}{2} + \frac{1}{1} + \frac{1}{1} + \frac{1}{1} + \frac{1}{1} + \frac{1}{1} \right)$$

$$+ \frac{117}{14} \times \left(\frac{1}{1} + \frac{3}{3} + \frac{1}{1} + \frac{1}{1} + \frac{1}{1} + \frac{1}{1} + \frac{1}{1} + \frac{1}{1} + \frac{1}{2} + \frac{1}{1} + \frac{1}{1} + \frac{1}{1} + \frac{1}{1} + \frac{1}{1} \right) \right)$$

$$= 0.964\,3$$

同理算出:

$$B_R(L,C_{M_0},C_{M_3})$$

$$= \frac{1}{376} \times \left(\frac{83}{14} \times \left(\frac{1}{1} + \frac{1}{1} + \frac{1}{1} + \frac{1}{1} + \frac{1}{1} + \frac{3}{3} + \frac{1}{1} + \frac{1}{1} + \frac{2}{2} + \frac{1}{1} + \frac{1}{1} + \frac{1}{1} + \frac{1}{1} + \frac{1}{1} \right) \right.$$

$$+ \frac{98}{14} \times \left(\frac{1}{1} + \frac{1}{1} + \frac{1}{1} + \frac{1}{1} + \frac{1}{1} + \frac{3}{3} + \frac{1}{1} + \frac{1}{1} + \frac{2}{2} + \frac{1}{1} + \frac{1}{1} + \frac{1}{1} + \frac{1}{1} + \frac{1}{1} \right)$$

$$+ \frac{78}{14} \times \left(\frac{1}{1} + \frac{3}{3} + \frac{1}{1} + \frac{1}{1} + \frac{1}{1} + \frac{1}{1} + \frac{1}{1} + \frac{1}{1} + \frac{2}{2} + \frac{1}{1} + \frac{1}{1} + \frac{1}{1} + \frac{1}{1} + \frac{1}{1} \right)$$

$$+ \frac{117}{14} \times \left(\frac{1}{1} + \frac{3}{3} + \frac{1}{1} + \frac{1}{1} + \frac{1}{1} + \frac{1}{1} + \frac{1}{1} + \frac{1}{1} + \frac{2}{2} + \frac{1}{1} + \frac{1}{1} + \frac{1}{1} + \frac{1}{1} + \frac{1}{1} \right) \right)$$

$$= 1$$

计算得出 $B_P(L,C_{M_0},C_{M_3})=0.964\,3>0.85$ 且 $B_R(L,C_{M_0},C_{M_3})=1>0.85$,所以得到目标模型 M_3 在行为精确度和查全率上都满足要求。在通过算法 7.3 中的步骤 7 对初始模型 M_0 和目标模型 M_3 的结构精确度和结构查全率进行计算验证。

计算得出 $B_P(L,C_{M_0},C_{M_3})=0.964\,3>0.85$ 且 $B_R(L,C_{M_0},C_{M_3})=1>0.85$,所以得到目标模型 M_3 在行为精确度和查全率上都满足要求。在通过算法 7.3 中的步骤 7 对初始模型 M_0 和目标模型 M_3 的结构精确度和结构查全率进行计算验证。计算结果为 $S_P(N_r,N_m)=0.88>0.85$ 且 $S_R(N_r,N_m)=1>0.85$,可得目标模型 M_3 在结构精确度和结构查全率上都满足要求,因此所得到含有隐变迁活动 O,P 的模型 M_3 即为最终模型。

计算得出 $S_P(N_r,N_m)=0.88>0.85$ 且 $S_R(N_r,N_m)=1>0.85$,可得目标模型 M_3 在结构精确度和结构查全率上都满足要求,因此所得到的含有隐变迁活动 O,P 的模型 M_3 即为最终模型。

通过算法 7.2、算法 7.3 以及日志之间的行为轮廓关系,将隐变迁挖掘出来。隐变迁的挖掘使模型更加完整,稳定性也得到提高,隐变迁嵌入到初始模型后,通过计算发现过程模型行为精确度以及适当性也得到很大的提高,使模型得到优化,更符合日志序列的要求。

7.2.4　仿真实验

为了分析算法的有效性,采用 PIPE、SPSS 软件对所挖掘到的过程模型进行模型分析和数据分析。在 PIPE 软件中,将挖掘到的 Petri 网进行仿真实验,在图 7.16 中所标记黑色的 token 点最终移动到 P16 库所中,则说明整个 Petri 网是流通的、有界的。若在图 7.17 的仿真结果中,所建的 Petri 网模型图的有界性、安全性、死锁性都得到正确的验证。针对权值数据采用 SPSS 软件对数据进行拟合分析,在表 7.8 中,W_i、W_k 通过 SPSS 软件对数据进行拟合处理,得到表 7.8 中(1)和(2)的参数估计值实验数据。从表中发现在参数估计值数据处理中,$W_i = 0.913 > W_k = 0.902$,在利用 SPSS 软件对生成的数据采用曲线拟合的方法处理,生成图 7.18 的曲线拟合,从图中能够更直观地看出 $Q_{M_3} > Q_{M_0}$,而且图 7.18(b)生成的曲线拟合效果优于图 7.18(a),说明挖掘得到的业务流程 M_3 更加符合我们的需求,模型也更加完善。

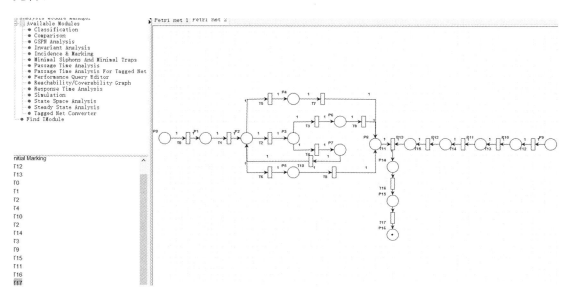

图 7.16　PIPE 软件模型仿真截图

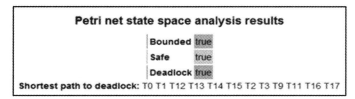

图 7.17　PIPE 软件结果仿真截图

表 7.8　模型汇总和参数估计值

（1）W_i 模型汇总和参数估计值

自变量：W_i 　　　　　　　　　　　　　　　　　　　　因变量为 Q_{M_0}

方程	模型汇总					参数估计值		
	R 方	F	df_1	df_2	Sig.	常数	b_1	b_2
线性	.766	13.100	1	4	.022	-43.891	48.398	
二次	.766	13.100	1	4	.022	-43.891	48.398	.000
复合	.810	17.104	1	4	.014	$1.013E-43$	$3.479E46$	
增长	.810	17.104	1	4	.014	-98.998	107.166	

（2）W_k 模型汇总和参数估计值

自变量：W_i 　　　　　　　　　　　　　　　　　　　　因变量为 Q_{M_3}

方程	模型汇总					参数估计值		
	R 方	F	df_1	df_2	Sig.	常数	b_1	b_2
线性	.912	41.263	1	4	.003	-73.391	81.395	
二次	.912	41.276	1	4	.003	-36.466	.000	44.855
复合	.940	62.477	1	4	.001	$3.545E-71$	$1.850E77$	
增长	.940	62.477	1	4	.001	-162.218	177.914	

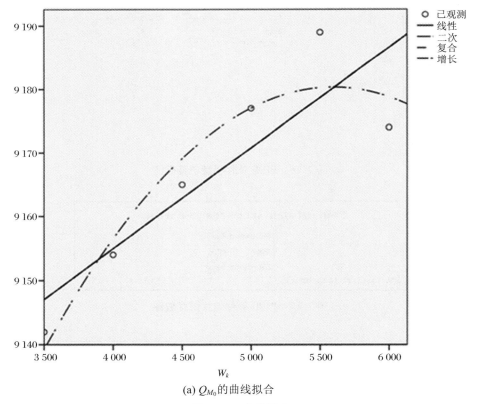

(a) Q_{M_0} 的曲线拟合

图 7.18　曲线拟合

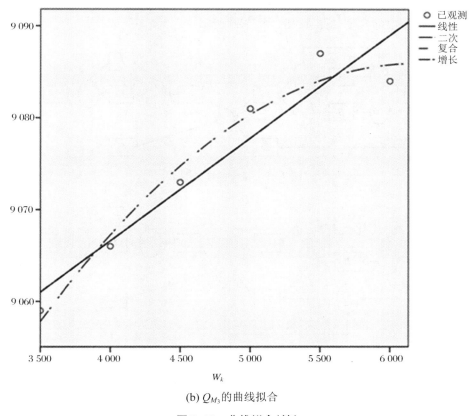

(b) Q_{M_3} 的曲线拟合

图 7.18　曲线拟合(续)

7.3　基于 Petri 网概率行为关系挖掘隐变迁模型

在过程挖掘中,通过所描述所观察到的行为以尽可能最好的方式去发现一个过程模型是主要的挑战之一。隐变迁是指一些存在于过程模型中,但没有出现在日志序列中的变迁。本节是基于概率行为关系从业务流程的不完备日志中挖掘带有隐变迁的模型。首先,根据概率行为关系得出模块与模块之间的关系;其次,计算概率得出变迁与变迁之间的关系,以此为基础构建带有隐变迁的过程模型;最后,通过分析日志序列中缺省的变迁确定隐变迁的具体位置,该方法能够有效、快捷地找到隐变迁的位置。

7.3.1　研究动机

在本节提出了从不完备的日志中挖掘带有隐变迁模型的重要性。在实际生活中不乏存在这样的过程模型,本节将利用一个简单的例子来证明从不完备日志中挖掘隐变迁的重要性。下面给出了日志示例:

$L = \{(A,B,E,F),(A,B,E),(C,D,G),(C,D,E,F),(A,B,E,F,E,F,E),(C,$

$D,E,F,E),(B,E,F),(C,G),(C,E,F,E)$}（这里不考虑日志序列发生的次数）根据以往的挖掘算法挖掘出的模型如图 7.19、图 7.20 所示。

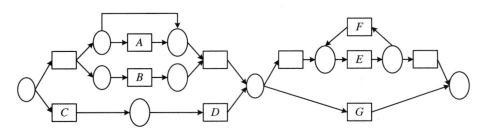

图 7.19　挖掘的模型图 1

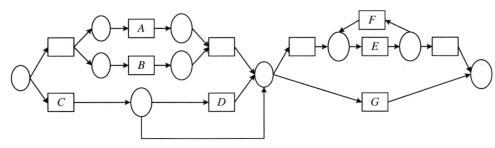

图 7.20　挖掘的模型图 2

分析图 7.19、图 7.20 可知这两个模型的合理性值偏低。这两个图形所产生的日志序列并不符合过程挖掘的准则。

7.3.2　基本概念

定义 7.14[26]（**过程模型**）　设 $P=(A,a_i,a_0,C,F,T)$ 为一个六元组的进程模型，其中 A 为一个非空的活动变迁节点集，C 为控制流节点集，A 和 C 不相交；

$a_i \in A$ 为一个最初的活动变迁，$a_0 \in A$ 为一个最终的活动变迁；

$F \subseteq ((A \backslash \{a_0\}) \cup C) \times ((A \backslash \{a_i\}) \cup C)$ 为流关系；

$T:C \mapsto \{\text{AND},\text{OR},\text{XOR}\}$ 过程模型控制流的类型。

定义 7.15[26]（**弱序关系（日志）**）　设 $L_P = n_1,\cdots,n_m$ 是过程模型 $P=(A,a_i,a_0,C,F,T)$ 中的一条日志。弱序关系 $>_L \subseteq (A_L \times A_L)$ 包含了所有的变迁对 (x,y)，如果存在两个下标指数 $j,k \in \{1,\cdots,m-1\}$ 使得 $j<k \leqslant m$ 且 $n_j = x,n_k = y$。

定义 7.16[26]（**行为轮廓（日志）**）　设 $L_P = n_1,\cdots,n_m$ 为过程模型 $P=(A,a_i,a_0,C,F,T)$ 中的一条日志，变迁对 $(x,y) \in (A_L \times A_L)$ 至多存在下面两种关系中的一种：

（1）严格序关系 $\rightarrow_L$，当且仅当 $x>_L y,y \not>_L x$；

（2）交叉序关系 $\parallel_L$，当且仅当 $x>_L y$ 或 $y \not>_L x$。

这两种关系的集合 $BP_L = \{\rightarrow_L,\parallel_L\}$ 称之为日志中的行为轮廓。

注：一条日志中的两个活动变迁是不存在排他序关系的。

定义 7.17[12]（**执行日志、事件轨迹**）　设 T 是活动集合，$\sigma \in T^*$ 是一条事件轨迹，$L \in T^*$ 是一个执行日志。

定义 7.18[13]（合理性及行为适当性）

$$\text{fitness} = \frac{1}{2}\left(1 - \frac{\sum\limits_{i=1}^{k} n_i m_i}{\sum\limits_{i=1}^{k} n_i c_i}\right) + \frac{1}{2}\left(1 - \frac{\sum\limits_{i=1}^{k} n_i r_i}{\sum\limits_{i=1}^{k} n_i p_i}\right)$$

其中，k 为给定日志中的不同轨迹数，n 为日志轨迹中所含的数目，m 为日志轨迹中缺少的标识数，r 为日志轨迹中遗留的标识数，c 为日志轨迹中消耗的标识数，p 为日志轨迹中产生的标识数。

最后，在 $f \to 1$ 的情况下再考虑行为适当性 a_B（指的是所观察到的行为在此模型中的精确程度）。

$$a_B = 1 - \frac{\sum\limits_{i=1}^{k} n_i(x_i - 1)}{(m-1)\sum\limits_{i=1}^{k} n_i}$$

其中，k 为给定日志中的不同轨迹数，n 为日志轨迹中所含的数目，x 表示日志轨迹重放时就绪变迁的平均数目，m 表示模型中可见任务的个数。

定义 7.19（隐变迁）　T' 是进程模型的变迁集合，l 代表来自 T' 的标记函数的定义域，变迁 $t \in T'$ 被称为隐变迁当且仅当 $t \notin \text{dom}(l)$，即 t 不在 l 的定义域范围内。

定义 7.20[24]（块结构（block-structured）工作流网）　M_E 是一个块结构工作流网，它能够递归地被分开成工作流网，图 7.21 所示虚线框内的就为块结构。

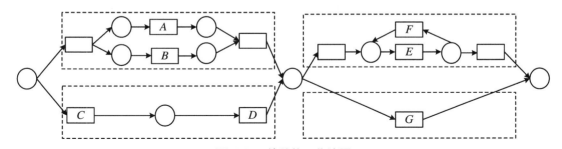

图 7.21　块结构工作流图

定义 7.21[24]（进程树）　P_E 为进程树，它是块结构工作流网的一个抽象化层次代表。树的叶子代表活动变迁，树的节点代表运算符 $\bigoplus \in (\times, \to, \wedge, \Theta)$，$\times$ 代表排他序关系，$\to$ 代表严格序关系，$\wedge$ 代表并行（选择）关系，Θ 代表循环。$\Theta(a, b)$ 中 a 代表迹的构成，b 代表重做部分。图 7.20 的进程树 $\to(\times(\wedge(A, B), \to(C, D)), \times(\Theta(E, F), G))$。

定义 7.22[24]（分区与分割）　分区指的是把活动变迁集 Σ 分配成不相交的非空子集 $\Sigma_1, \Sigma_2, \cdots, \Sigma_n (n > 1)$，对于一个活动变迁对 (A, B) 通过 $\Sigma_1, \Sigma_2, \cdots, \Sigma_n$ 分割当且仅当 A 与 B 不在同一个 Σ_i 里。分割指的是把分区的部分用一个进程树运算符连接起来，例如 $(\to, \{A\}, \{B, C, D, E, F\})$。

定义 7.23[24]（传递闭包 $\to^+$ 与直接跟随关系 $\to$）　对于两个变迁 a, b，如果存在 $a \to^+ b$ 当且仅当存在一条路径使得 a 到 b，则称为传递闭包。如果 $\langle \cdots, a, b, \cdots \rangle \in L(M)$ 且 $a \to_M b$，则称在模型 M 里 b 直接跟随 a。

定义 7.24[24]（对于 $\times$，$\to$ 和 $\wedge$ 的累积概率）　假设 $c = (\bigoplus, \Sigma_1, \Sigma_2)$ 为一个分割 $\bigoplus \in \{\times,$

$\rightarrow,\wedge\}$,然后 $P_{\oplus}(\Sigma_1,\Sigma_2)$ 对于 c 的累积概率表示如下：

$$P_{\oplus}(\Sigma_1,\Sigma_2) = \frac{\sum\limits_{a\in\Sigma_1,a\in\Sigma_2} P_{\oplus}(a,b)}{|\Sigma_1|\cdot|\Sigma_2|}\quad(\text{其中 } P_{\oplus}\text{ 为人为估计的累积概率})$$

$P_{\oplus}$ 人为估计的累计概率如表 7.9 所示。其中，$\rightarrow$ 在这里仅代表相邻两个变迁之间的严格序关系即为直接继承关系，$z = \dfrac{(|a|+|b|)}{2}$，$P_{\oplus}(a,b) = 1 - \dfrac{(|a|+|b|)}{2}$（其中 $|a|$,$|b|$ 代表变迁 a 与变迁 b 发生的次数，z 代表变迁 a 与变迁 b 发生的平均次数）。

定义 7.25（循环体的累积概率）[24]　假设 $c=(\Theta,\Sigma_1,\Sigma_2)$ 为一个分割，L 为一条日志；S_2,E_2 为两个活动变迁集合，分别代表循环重做的开始部分和结束部分。

$$\text{redo}_{\text{Start}} = \sum_{(a,b)\in\text{End}(L)\times S_2} P\underline{\Theta_s}(a,b)$$

$$\text{redo}_{\text{End}} = \sum_{(a,b)\in E_2\times\text{Start}(L)} P\underline{\Theta_s}(a,b)$$

$$\text{indirect} = \sum_{\substack{a\in\Sigma_1,b\in\Sigma_2\\(a,b)\notin(\text{End}(L)\times S_2)\bigcup(E_2\times\text{Start}(L))}} P\underline{\Theta_i}(a,b)$$

$$P\Theta(\Sigma_1,\Sigma_2,S_2,E_2) = \frac{\text{redo}_{\text{Start}} + \text{redo}_{\text{End}} + \text{indirect}}{|\Sigma_1|\cdot|\Sigma_2|}$$

其中在环里直接继承关系用 Θ_s 表示，其他的用 Θ_i 表示。

表 7.9　活动变迁 a,b 之间人为估计的概率行为关系表

	$P_x(a,b)$	$P_{\rightarrow}(a,b)$	$P_{\rightarrow}(b,a)$	$P_{\underline{\Theta_i}}(a,b)$	$P_{\underline{\Theta_s}}(a,b)$	$P_{\underline{\Theta_s}}(b,a)$	$P_{\wedge}(a,b)$
（nothing）	$1-\dfrac{1}{z+1}$	$\dfrac{1}{6}\cdot\dfrac{1}{z+1}$	$\dfrac{1}{6}\cdot\dfrac{1}{z+1}$	$\dfrac{1}{6}\cdot\dfrac{1}{z+1}$	$\dfrac{1}{6}\cdot\dfrac{1}{z+1}$		$\dfrac{1}{6}\cdot\dfrac{1}{z+1}$
$a\rightarrow^+ b$		$1-\dfrac{1}{z+1}$		$\dfrac{1}{4}\cdot\dfrac{1}{z+1}$	$\dfrac{1}{4}\cdot\dfrac{1}{z+1}$	$\dfrac{1}{4}\cdot\dfrac{1}{z+1}$	$\dfrac{1}{4}\cdot\dfrac{1}{z+1}$
$b\rightarrow^+ a$	0	0	$1-\dfrac{1}{z+1}$	$\dfrac{1}{4}\cdot\dfrac{1}{z+1}$	$\dfrac{1}{4}\cdot\dfrac{1}{z+1}$	$\dfrac{1}{4}\cdot\dfrac{1}{z+1}$	$\dfrac{1}{4}\cdot\dfrac{1}{z+1}$
$a\rightarrow^+ b\wedge$ $b\rightarrow^+ a$	0	0	0	$1-\dfrac{1}{z+1}$	$\dfrac{1}{3}\cdot\dfrac{1}{z+1}$	$\dfrac{1}{3}\cdot\dfrac{1}{z+1}$	$\dfrac{1}{3}\cdot\dfrac{1}{z+1}$
$a\rightarrow b$	0	$1-\dfrac{1}{z+1}$	0	0	$\dfrac{1}{2}\cdot\dfrac{1}{z+1}$	0	$\dfrac{1}{2}\cdot\dfrac{1}{z+1}$
$a\rightarrow b\wedge$ $b\rightarrow^+ a$	0	0	0	0	$1-\dfrac{1}{z+1}$	0	$\dfrac{1}{z+1}$
$b\rightarrow a$	0	0	$1-\dfrac{1}{z+1}$	0	0	$\dfrac{1}{2}\cdot\dfrac{1}{z+1}$	$\dfrac{1}{2}\cdot\dfrac{1}{z+1}$
$b\rightarrow a\wedge$ $a\rightarrow^+ b$	0	0	0	0	0	$1-\dfrac{1}{z+1}$	$\dfrac{1}{z+1}$
$a\rightarrow b\wedge$ $b\rightarrow a$	0	0	0	0	0	0	1

7.3.3　基于概率行为关系挖掘带有隐变迁的模型

本节主要通过概率行为关系来挖掘事件日志中的隐变迁。首先,通过计算模块与模块之间的概率,选择概率较大的行为关系,再一步步分割计算概率。其次,得出变迁之间的行为关系,由此得出源模型,再通过分析日志序列中缺省的变迁找到隐变迁所在的位置。这种方法能够方便快捷地挖掘日志中的隐变迁,使得模型更加完备。

本节的这一部分主要通过分析概率行为关系一步步挖掘出隐变迁。通过计算概率首先得出模块与模块间的关系,再一步步推进得出变迁之间的关系,最后通过缺省变迁找到隐变迁所在的位置。

算法 7.4　用概率行为关系挖掘隐变迁

输入:处理过的执行日志。

输出:Petri 网模型。

步骤 1:从记录的日志序列中,对其进行第一步分割,计算模块与模块间的概率行为关系 $P_{\oplus}$,选择概率最大的作为模块间的关系。

步骤 2:对步骤 1 的子模块进行概率行为关系统计,同样选择概率最大的作为它们之间的关系。如此进行下去得出变迁之间的关系,由此得出源模型 M_0。

步骤 3:将日志序列进行比较,找出缺省变迁的位置,从而相应地找到隐变迁。

步骤 4:根据执行日志计算模型的合理性 f,根据合理性判断日志的重放效果。

步骤 5:在 $f \to 1$ 的情况下,再考虑模型的行为适当性 a_B,此时把找到的隐变迁视为正常变迁计算,如果 $f_0 < f_1, a_{B_0} < a_{B_1}$,则转入步骤 6,反之转入步骤 4。如果计算得出 $f_0 < f_1$, $a_{B_0} > a_{B_1}$ 或者 $f_0 > f_1, a_{B_0} < a_{B_1}$,则需要通过公式 $Q = 1 - \dfrac{mf + na_B}{m + n}$($m, n$ 代表它们所占的权重)计算得出一组数。再计算这组数据的方差,方差越小,表示波动越小,则越稳定。

步骤 6:所有日志重放完毕,模型 M_1 即为所挖掘的模型。

7.3.4　实例分析

在本节中我们将用一个简单的例子来证明上述方法的可行性。表 7.10 是各个日志的轨迹及频数。

$L = \{ ABEFEFE, BAEFEFE, ABE, BAE, ABG, BAG, CDEFEFE, CDE, CDG, BEFEFE, BE, BG, CG, CEFEFE, CE \}$

表 7.10　执行日志列表

实例数	日志轨迹	实例数	日志轨迹
245	ABEFEFE	1 012	ABG
3 241	BAEFEFE	268	BAG
220	ABE	284	CDEFEFE
1 028	BAE	120	CDE

续表

实例数	日志轨迹	实例数	日志轨迹
1 250	*CDG*	224	*CG*
22	*BEFEFE*	34	*CEFEFE*
15	*BE*		
50	*BG*		

首先根据给出的日志序列计算其概率行为关系得出如图 7.22 所示的进程树。第一步根据最高的累积概率 $P_{\oplus}$ 将其分割成 $(\rightarrow,\{A,B,C,D\}\{E,F,G\})$，然后再对 $\{A,B,C,D\}$ 和 $\{E,F,G\}$ 进行分割,得出 A,B,C,D,E,F,G 之间的行为关系,进一步得出源模型 M_0,再根据日志序列中的缺省变迁找到相应隐变迁的位置,从而得到模型 M_1。

根据图 7.22 里变迁 A,B,C,D,E,F,G 之间的关系得出源模型 M_0,如图 7.23 所示,即源模型 M_0。

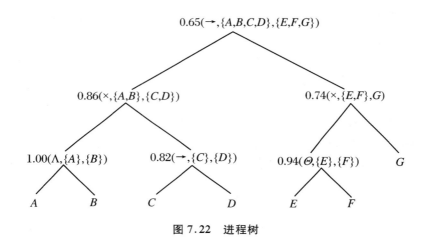

图 7.22 进程树

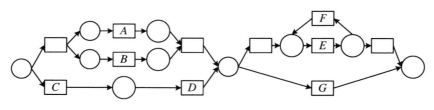

图 7.23 源模型图(M_0)

再根据日志序列 $L=\{BEFEFE,BE,BG,CG,CEFEFE,CE\}$ 中缺少变迁 A 和变迁 D,可以得出与之并列存在隐变迁。画出图 7.24,即优化后的模型 M_1。

根据概率行为关系优化后的模型,计算其合理性和行为适当性,得出 $f=1$,$aB=0.89$,大大提高了模型的完备性。

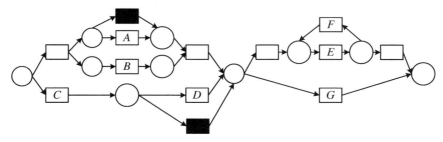

图 7.24 优化后的模型图(M_1)

本章小结

隐变迁是指一些存在于过程模型中,但没有出现在日志序列中的变迁。因此,为了得到尽可能好的过程模型,从事件日志中寻找挖掘隐变迁也就成为过程挖掘的一个重点和难点。目前隐变迁的挖掘在针对自由选择网方面有一些解决办法,但对于复杂的过程模型有一定的局限性。从事件日志中挖掘隐变迁可以很好地还原模型,提高操作的运转效率,进而达到高效率的生产及服务。针对业务流程中的隐变迁,本章主要开展以下研究:

7.1 节主要通过行为轮廓的关系来挖掘事件日志中的隐变迁。通过发生频率最高的且最长的日志序列得出源模型,再通过剩余的序列一步步优化。最后通过计算合理性及适当性得出所挖掘出模型的完备性。这种方法能够方便快捷地挖掘出日志中的隐变迁,从而使得模型更加完备。

7.2 节在现有的研究基础上,提出基于行为轮廓从事件日志中挖掘隐变迁的方法。从事件日志中将符合业务流程的高频日志筛选出来,利用高频日志构建初始模型。然后从低频事件日志中将不符合业务流程的事件日志删除,将余下的低频日志保留,通过这些低频事件日志对模型进行一步步的优化和补充,挖掘出含有隐变迁的子模块,最后将挖掘到的子模块嵌入初始模型中,对初始模型进行完善。通过计算行为的适当性和模式适合度,发现构建的模型在优化指标上有很大的提高,通过软件对所建的模型进行仿真分析,最后结合实例验证了该方法的有效性。

7.3 节提出了基于 Petri 网概率行为关系挖掘事件日志中隐变迁的方法。首先,介绍了进程模型与日志的相关概念。其次,讲述了日志与模型间的一致性判别方法。然后,引出了本文的核心部分,即基于 Petri 网概率行为关系挖掘事件日志中的隐变迁,因为概率行为关系对不完备性不是很敏感。根据概率行为关系首先得出模块之间的关系,再一步步计算概率得出变迁之间的关系。最后,通过分析日志序列中缺省的变迁得出相应的隐变迁的位置。这种方法能够简单快捷地找到隐变迁的位置。

未来的工作主要有两个方面:① 考虑如何改进该方法将其拓展到非自由选择结构。② 当日志的行为关系不完备时,如何正确地发现活动间的可能行为关系和隐变迁的挖掘方法。

参考文献

[1] Weijters A, van der Aalst W M, De Medeiros A A. Process mining with the heuristics miner-

　　　　algorithm[J]. Technische Universiteit Eindhoven,Tech. Rep. WP,2006,166:1-34.

[2]　Conforti R,Rosa M L,Hofstede A H M Ter. Filtering out infrequent behavior from business process event logs[J]. IEEE Transactions on Knowledge and Data Engineering, 2017, 29(2): 300-314.

[3]　van der Aalst W M P. Process mining:discovery, conformance and enhancement of business processes[M]. 1st. Berlin,Heidelberg:Springer,2011.

[4]　Buijs J C A M,van Dongen B F,van der Aalst W M P. A genetic algorithm for discovering process trees[C]//2012 IEEE Congress on Evolutionary Computation. Brisbane, QLD, Australia: IEEE, 2012:1-8.

[5]　Leemans S J,Fahland D,van der Aalst W M. Using life cycle information in process discovery[C]// Business Process Management Workshops. Cham:Springer,2016:204-217.

[6]　van der Aalst W M P,Kalenkova A,Rubin V,et al. Process discovery using localized events[C]// Application and Theory of Petri Nets and Concurrency. Cham:Springer,2015:287-308.

[7]　Tax N,Dalmas B,Sidorova N,et al. Interest-driven discovery of local process models[J]. Information Systems,2018,77:105-117.

[8]　吴哲辉. Petri 网导论[M].北京:机械工业出版社,2006.

[9]　郭圆圆,赵前进,刘祥伟.基于 Petri 网行为轮廓寻找业务流程变化域方法[J].皖西学院学报,2015, (5):35-39.

[10]　van der Aalst W M P,Weijters A J M M. Process mining:a research agenda[J]. Computers in Industry,2004,53(3):231-244.

[11]　van der Aalst W M P,van Dongen B F,Herbst J,et al. Workflow mining:A survey of issues and approaches[J]. Data & Knowledge Engineering,2003,47(2):237-267.

[12]　闻立杰.基于工作流网的过程挖掘算法研究[D].北京:清华大学,2007.

[13]　Rozinat A,van der Aalst W M. Conformance testing:measuring the fit and appropriateness of event logs and process models[C]//Business Process Management Workshops. Berlin, Heidelberg: Springer,2006:163-176.

[14]　van der Aalst W,Weijters T,Maruster L. Workflow mining:discovering process models from event logs[J]. IEEE Transactions on Knowledge and Data Engineering,2004,16(9):1128-1142.

[15]　Weidlich M,Mendling J. Perceived consistency between process models[J]. Information Systems, 2012,37(2):80-98.

[16]　Yang Z,Zhang L,Hu Y. A method to tackle abnormal event logs based on process mining[C]// Proceedings of the 2nd International Conference on Software Engineering,Knowledge Engineering and Information Engineering(SEKEIE 2014). Paris,France:Atlantis Press,2014,114:34-38.

[17]　 Sahlabadi. Detecting abnormal behavior in social network websites by using a process mining technique[J].Journal of Computer Science,2014,10(3):393-402.

[18]　王俊杰.基于事件日志的过程模型的变化分析[D].淮南:安徽理工大学,2015.

[19]　郝文君,方贤文.基于 Petri 网的过程模型中最小变化域的分析方法[J].计算机科学,2012,39(z3): 76-78,98.

[20]　Weidlich M,Mendling J,Weske M. Efficient consistency measurement based on behavioral profiles of process models[J]. IEEE Transactions on Software Engineering,2011,37(3):410-429.

[21]　Fang X,Wu J,Liu X. An optimized method of business process mining based on the behavior profile of Petri nets[J]. Information Technology Journal,2013,13(1):86-93.

[22]　Cheng H J,Kumar A. Process mining on noisy logs-Can log sanitization help to improve performance? [J].Decision Support Systems,2015,79(November 2015):138-149.

［23］ Kunze M, Weidlich M, Weske M. Querying process models by behavior inclusion［J］. Software & Systems Modeling,2015,14(3):1105-1125.

［24］ Leemans S J, Fahland D, van der Aalst W M. Discovering block-structured process models from incomplete event logs［C］//Application and Theory of Petri Nets and Concurrency. Berlin, Heidelberg:Springer,2014:91-110.

［25］ Chapela-Campa D, Mucientes M, Lama M. Discovering infrequent behavioral patterns in process models［C］//Lecture Notes in Computer Science. Berlin,Heidelberg:Springer,2017:324-340.

［26］ Weidlich M,Polyvyanyy A,Desai N,et al. Process compliance analysis based on behavioural profiles ［J］. Information Systems,2011,36(7):1009-1025.

第 8 章　过程模型优化分析

　　过程模型优化是业务流程管理的核心内容之一,它是一种数据挖掘在业务流程管理领域的较新应用,通过对提取到的日志进行分析,还原业务流程的实际操作流程。在较短的时间内生产更多的产品,提供优质的服务,是每个企业期望达到的,因此,业务流程的运营效率和服务质量,是现代化企业在充满竞争的全球化市场中占有一席之地的关键。在企业中,新的业务流程不断出现,现有的业务流程不断更新,因而对业务流程的不断改进和完善是企业持之以恒的追求。

8.1　过程模型优化概述

　　随着计算机技术应用的普及,各个企业都借助信息系统对其业务加以管理、规范,构建丰富的过程模型满足自身所需的各种服务。基于现实背景的约束,已有的两大工具控制流模型和数据流模型存在一定的缺陷,特别是后者,面对越来越复杂的数据信息,建立单纯的数据流模型也将越发复杂和困难。针对模型优化的研究不仅可以提升服务系统的服务质量,还能够降低企业的运营成本以及减少系统运行下潜在的风险,在提高企业各部门性能方面有着重要作用。因此,对过程模型进行优化分析是国内外关注的研究重点之一。

　　已有的研究探讨了业务流程的挖掘方法和一致性检验问题。文献[1]提出了挖掘合理的、结构化的工作流的 β 挖掘算法,以面向同时包含任务的开始事件和完成事件的事件日志为基础,根据文中明确定义的直接依赖关系和间接依赖关系,提出了能够从完备事件日志中挖掘包含非自由选择结构的合理工作流网的 α^{++} 算法。文献[2]介绍了三种从工作流日志中挖掘组织结构的方法,分别是缺陷挖掘(default mining)、基于活动相似性的挖掘和基于案例(case)相似性的挖掘。同样,文献[3,4]论述了有关流程挖掘的方法。

　　分析优化过程模型的技术也是过程挖掘的一个范畴。过程模型的分析优化处理有助于提高企业的构建效率,同时可以在企业相关流程故障区域发挥重要作用。目前,过程模型能够在各种业务领域上得到广泛应用,不仅由于模型本身的功能强大,还得益于遇到实际问题前建模工作者对模型的拓展。为保障业务管理的正常运转,实现企业在市场中的竞争力优势,拓展模型功能,追求简洁有效的过程模型成为有实用价值的研究课题。

　　面对服务簇模式的服务组合问题,文献[5]利用 Petri 网加以建模描述,结合逻辑 Petri 网的传值不确定性特点改善原模型,使 Web 服务业务在服务发现、组合效率及自适应上的性能均有提升。文献[6]以 X-Petri 网过程模型的等价性能为依据,结合实际需求优化原模型。文献[7]以行为轮廓为工具从多方面对 Petri 网模型的性能给予分析,为改善过程模型性能的相关工作提供有效方法和有力保障。文献[8]在分析进程问题时考虑到了控制流和数据流对模型模拟实际问题的影响。文献[9]将数据依赖关系单独提出来,并探索了数据依赖关系对所建过程模型精确度的影响。但上述系统忽略了模型中变迁的决策功能,面对包含数据的特殊工作流程,若模型只扮演着类似 Moore 状态机的角色,则缺陷是显然的。交互过程模型是系统运行过程中资源和顾客之间交互产生的,对交互过程模型进行优化分析不仅能够提高资源的利用率,还可以使得系统更好地服务顾客。

文献[10]概述了一种结合配置建模的方法,有利于过程模型建立的实现。为满足每个客户需求的多样性,文献[11]提出了一种 BPaaS 可配置的方法,即允许用户确保他们的交易需求不被侵犯,适当配置活动、资源和使用服务的数据对象。该服务配置和验证在三个步骤的流程中,适用于二进制决策图分析和模型检验。为了方便工作,改善模型所造成的不确定性情况,文献[12]提出了一个软件支持的方法,自动创建配置过程模型。在指定其可变性和不确定性的语言的场景下,通过多目标函数、资源和控制流,创建灵活的可配置过程模型解决这些不确定性。文献[13]讨论了关于业务流程变量配置和管理的高级概念。对于特定的业务流程,存在不同的变体。这些变体各自构成一个主流程(例如参考过程)的调整,以构建过程上下文的特定需求。文献还同时讨论了 Provo 方法提出的概念,它提供了一个灵活、强大的业务管理流程变量以及它们的生命周期的解决方案。这种变体支持将促进更系统的流程配置以及流程维护。文献[14]基于监督控制理论提出了一个控制方法来支持选择和配置过程变量。文献[15]提出了一种算法,围绕一个特定的活动,提取、聚类和合并过程中的片段,构建一个可配置的片段,以协助配置过程模型的设计与可配置的过程片段。可配置的过程模型可以通过不同的配置来满足用户的特定需求,同时包含了更多行为和结构方面的信息。文献[10]提出了一个可配置的过程建模符号,通过结合资源、数据以及物理对象参与的任务性能的特征,使用可配置的过程模型来填补数据和资源之间的差距。文献[16]添加数据流扩展过程模型,通过处理数据语义优化可配置的过程模型,提出在考虑数据流的情况下,如何有效地验证过程模型完备性的方法。文献[17]基于服务中的候选服务与预期特征不完全匹配的情况,定义了六个静态适配器和五个动态适配器,提出了动静相结合适配的方法。通过重新配置,软件适配技术试图克服操作环境变化的问题,文献[18]提出了一个正式的框架来表示整个系统,给出了服务行为的适配合同和系统架构。为解决服务之间的松耦合、可重用性和可替换性等问题,文献[19]使用安全自适应合同,给定一个安全适应合同和服务的行为描述,避免了服务间不兼容的情况,保证了适配行为的安全性。

8.2　基于执行日志的业务流程挖掘优化

现阶段,几乎所有企业的管理应用软件,如业务流程管理系统[20]、企业资源计划等都随着系统的运行自动生成且记录日志信息,这些日志信息记录了企业管理中实际执行的运行过程。通过分析这些日志文件数据,可从中发现业务流程的运行模式,画出 Petri 网模型,然后根据该运行程序产生的日志信息不断地优化该 Petri 网模型,从而得到更加有效率的过程模型,提高企业的工作效率,产生更高的效益。这项工作便是业务流程挖掘技术在现实生活中的应用,这项技术现已得到国内外相关研究人员的重视。

本节提出了基于行为轮廓一致性的业务流程挖掘优化方法,我们将根据程序运行产生的执行日志挖掘出相应的业务流程,再利用日志与模型的行为轮廓一致性进行层层优化,最终得出满足行为合理、结构得当的过程模型。

8.2.1 基础知识

本节中的流程挖掘是根据实际执行过程产生的日志来构建过程模型的,以日志为输入,输出过程模型。在这个过程中,首先要确保日志的唯一性,即不含有重复的操作;然后建立日志中各个活动的关系表[2],由关系矩阵可得出活动间的基本次序关系,进而根据定义 8.1 得出它们的行为轮廓;最后根据之前的基本结构构建出过程模型。

下面我们给出含有 5 个活动的一组日志{$ABDE$, $ACDE$, $ADBE$, $ADCE$},根据定义 8.1 计算该组日志中活动的关系表,如表 8.1 所示。

表 8.1   活动关系表

	A	B	C	D	E
A	0	1	1	1	0
B	0	0	0	1	1
C	0	0	0	1	1
D	0	1	1	0	1
E	0	0	0	0	0

其中,对任意两个活动 X 和 Y,整数 m,$N(X,Y)=m$ 表示 XY 形式在所有执行日志中出现了 m 次,例如表中 $N(B,D)=1$ 表示 BD 形式在执行中出现一次,$N(D,B)=0$ 表示 DB 形式在执行中未出现。

我们根据上述活动关系表给出一种定义日志的弱行为轮廓的方法:

定义 8.1(日志的弱行为轮廓) 设 L 是一条日志,对任意两个活动 $X,Y \in L$,对于创建的执行日志的活动关系表,X 与 Y 之间的关系最多是以下三种之一:

(1) 严格序关系 $\to_L$,若满足 $N(X,Y) \neq 0 \land N(Y,X)=0$,记作 $X \to_L Y$;

(2) 交叉序关系 $\parallel_L$,若满足 $N(X,Y) \neq 0 \land N(Y,X)=0$,记作 $X \parallel_L Y$;

(3) 排他序关系 $+_L$,若满足 $N(X,Y) \neq 0 \land N(Y,X)=0$,记作 $X +_L Y$。

我们称集合 $B_L = \{\to_L, \parallel_L, +_L\}$ 为日志 L 的行为轮廓。

注:从在序列中出现不同的活动开始,如表 8.1 中 A 和 E 不是排他序关系,虽然 $N(A, E)=0 \land N(E,A)=0$。

在表 8.1 中,A 和 B 是严格序关系,因为 $N(A,B)=1 \neq 0$,而 $N(B,A)=0$;C 和 D 是交叉序关系,因为 $N(C,D)=1 \neq 0$,$N(D,C)=1 \neq 0$;B 和 C 是排他序关系,因为 $N(B,C)=N(C,B)=0$。

8.2.2 基于 Petri 网行为轮廓的基本结构

业务流程挖掘不同于工作流挖掘,它由一个或多个工作流构成,验证一个模型挖掘的优劣很重要的一步就是验证它的合理性,在满足合理性的基础上再考虑行为适当性与结构适当性。下面便是在以上三个条件下基于 Petri 网行为轮廓的基本结构。

（1）图 8.1(a)中活动 A 和 B 是行为轮廓中的严格序关系，对应到 Petri 网结构中便是顺序关系；

（2）图 8.1(b)、图 8.1(c)中活动 A 和 B 是排他序关系，即二者不能同时发生，对应到 Petri 网结构中便是选择结构，选择其中一个分支运行；

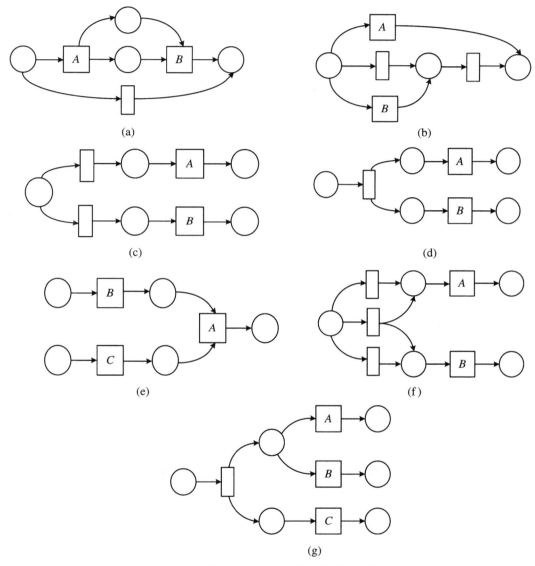

图 8.1　基于 Petri 网行为轮廓的基本结构

（3）图 8.1(d)中活动 A 和 B 属于交叉序关系，即 A 可以发生在 B 之前，或者 B 发生在 A 之前，对应到 Petri 网结构中便是并发关系，两个分支可同时运行；

（4）图 8.1(e)中活动 B 和 C 同样属于交叉序关系，这里强调的是若要 A 发生，活动 B 和 C 必须同时发生，对应到 Petri 网结构中同样是并发关系；

（5）图 8.1(f)中活动 A，B 既可以单独发生，也可以同时发生，单独发生属于排他序关

系,同时发生时则属于交叉序关系,对应到 Petri 网结构中,首先是一个选择结构,若出现交叉序关系,对应的是并发结构;

(6) 图 8.1(g)中活动 A,B 是排他序关系,而这只发生一个,发生的活动 A 或 B 与 C 是交叉序关系,对应到 Petri 网结构中首先是一个并发关系(A(或 B)与 C 的发生),然后是一个选择结构(A 或 B 的发生)。

8.2.3　业务流程挖掘优化算法

以基于 Petri 网行为轮廓的结构为基础,通过分析每个日志的日志轨迹,每一个日志轨迹都可表示 Petri 网的一种控制流状态,以频数最多的日志轨迹为基准,频数少的为辅,这样就能够保证频数最多的日志轨迹符合挖掘出的模型。下面给出 Petri 网行为轮廓的一个模型挖掘优化算法。

算法 8.1　Petri 网行为轮廓的模型挖掘

输入:处理过的执行日志。

输出:Petri 网模型。

步骤 1:首先对所有日志进行预处理,合并相同的日志,避免出现重复操作。

步骤 2:建立初始模型 λ_0,分析处理过的日志中频数较高的日志轨迹(最少要有三条日志轨迹)的行为轮廓,建立日志活动关系表,直接利用活动关系表建立初步的 Petri 网模型,在建立模型的过程中,不考虑评价指标。

步骤 3:根据执行日志计算模型的合理性,根据合理性来判断日志的重放效果,然后根据剩余日志中频数最大的轨迹来调整模型 λ_0 中的控制流,从而得到模型 λ_1。

步骤 4:在模型的合理性接近 1 的情况下,计算行为适当性 a_B 和结构适当性 a_S,如果 $|a_B(\lambda_0,L)-a_B(\lambda_1,L)|<0.1$ 且 $a_S(\lambda_0,L)\leqslant a_S(\lambda_1,L)$,或者如果 $a_B(\lambda_0,L)-a_B(\lambda_1,L)>0.1$ 则转入步骤 5;否则,转入步骤 3。

步骤 5:根据剩余日志中频数最高的轨迹,对 λ_1 进行调整得到 λ_2。

步骤 6:分别计算模型 λ_0 和 λ_1 及模型 λ_0 和 λ_2 的行为轮廓一致性度 $MBP(\lambda_0,\lambda_1)$ 和 $MBP(\lambda_0,\lambda_2)$,若满足 $MBP(\lambda_0,\lambda_1)<MBP(\lambda_0,\lambda_2)$,则令 $\lambda_0=\lambda_2$;否则,$\lambda_0=\lambda_1$,$\lambda_1=\lambda_2$。进入步骤 3。

步骤 7:所有日志重放完毕,模型 λ_0 即为所挖掘的模型。

在上述算法中,一些值如 0.1 是在反复试验中得出的经验值。该算法的执行首先能够保证日志序列的成功重放,将其还原成路径,其次利用一致性能够使得模型达到预期目标。

8.2.4　实例分析

在本节中,我们将利用一个简单的实例来说明上述业务流程挖掘优化算法的可行性。给定 4 个执行日志,表 8.2 是各个日志的轨迹和实例数(即频数),首先将日志合并,并按照实例数的大小顺序排列。

表 8.2　执行日志列表

执行日志 L_1		执行日志 L_2	
实例数	日志轨迹	实例数	日志轨迹
3 428	ABGEF	2 012	ABGEF
1 246	ABCDEF	968	ABCDEF
245	AHIJGKF	286	AHGIJKF
236	AHIGJKF	26	ABGF
执行日志 L_3		执行日志 L_4	
实例数	日志轨迹	实例数	日志轨迹
1 205	ABIJGKF	224	ABCDEF
21	AHIJKF	156	AHIJGKF
15	BGEF	34	BCDE
3	AHKF	12	HGKF

将所有执行日志进行处理得到的日志轨迹及实例数如下：

$\langle ABGEF$（5 440），$ABCDEF$（2 438），$AHIJGKF$（1 606），$AHIGJKF$（236），$AHGIJKF$（286），$BCDE$（34），$ABGF$（26），$AHIJKF$（21），$BGEF$（15），$HGKF$（12），$AHKF$（3）$\rangle$。

考虑频数较大的日志轨迹，这里选取前 3 个，建立活动关系表如表 8.3 所示，然后，根据定义 8.1 计算出各个活动间的行为轮廓（忽略自身与自身的关系）如表 8.4 所示。

由表 8.5 得出的活动间的行为轮廓，结合上节的 Petri 网基本结构可得出初始模型 M_0，如图 8.2 所示。

表 8.3　活动关系表

	A	B	C	D	E	F	G	H	I	J	K
A	0	2	0	0	0	0	0	1	0	0	0
B	0	0	1	0	0	0	1	0	0	0	0
C	0	0	0	1	0	0	0	0	0	0	0
D	0	0	0	0	1	0	0	0	0	0	0
E	0	0	0	0	0	2	0	0	0	0	0
F	0	0	0	0	0	0	0	0	0	0	0
G	0	0	0	0	1	0	0	0	0	0	1
H	0	0	0	0	0	0	0	0	1	0	0
I	0	0	0	0	0	0	0	0	0	1	0
J	0	0	0	0	0	0	1	0	0	0	0
K	0	0	0	0	0	1	0	0	0	0	0

表 8.4　各个活动间的行为轮廓关系

	A	B	C	D	E	F	G	H	I	J	K
A		$\rightarrow_L$						$\rightarrow_L$			
B			$\rightarrow_L$				$\rightarrow_L$	$+_L$			
C				$\rightarrow_L$			$+_L$				
D					$\rightarrow_L$		$+_L$				
E						$\rightarrow_L$					
F											
G						$+_L$	$+_L$	$\rightarrow_L$			
H						$\rightarrow_L$					
I								$\rightarrow_L$			$\rightarrow_L$
J									$\parallel_L$		
K								$\rightarrow_L$	$\parallel_L$		

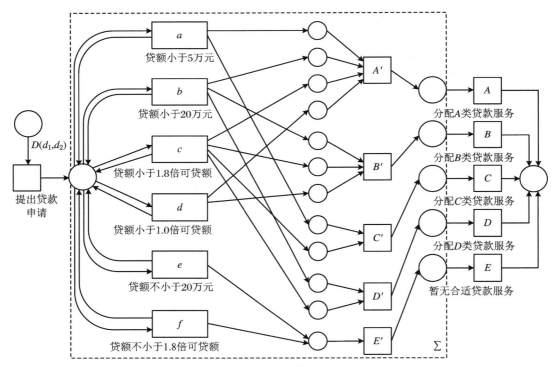

图 8.2　初始模型 M_0

　　然后,计算出合理性 fitness$(M_0)\approx0.913\,7$,这个值相较于接近 1 来说效果并不太好,我们根据处理过的日志中除去已经利用过的,再找出频数比较大的日志轨迹,将模型 M_0 进行调整,得到 M_1,如图 8.3 所示。

　　计算其合理性 fitness$(M_1)\approx0.982\,6$,接下来,将行为适当性和结构适当性分别作比较,行为适当性 $a_B(M_0,L)\approx0.932\,7$, $a_B(M_1,L)\approx0.961\,1$,结构适当性 $a_S(M_0,L)\approx0.590\,9$,

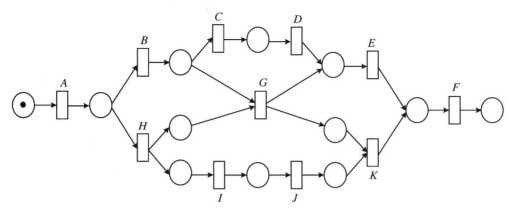

图 8.3 调整模型 M_1

$a_S(M_1, L) \approx 0.565\,2$。若一个模型的行为比较复杂,那么它的结构就不太可能会简单,所以若是行为适当性相差不大的情况下,我们倾向于选择结构适当性较大的模型,若是行为适当性相差很大,我们有理由选择值较大的模型。

另外,文献[21]中提出了基于离散的粒子群集优化算法(DPSO)的流程挖掘算法,我们将本文中的方法(记为 BCO)与 DPSO 方法进行比较,实验环境:1.60 GHz 的 Intel 双核 CPU,2.00 GB 的存储器,操作系统是 Windows XP,挖掘工具采用版本 4.2 的 ProM。

对于从大型标准检测程序中得到相同的日志,分别采用本文中的方法和 DPSO 方法。为了更好地比较由这两种方法挖掘的模型之间的关系,我们比较二者的消耗时间(time-cost)、行为合理性、行为适当性和结构适当性。

从表 8.5 中可以看出,行为合理性和行为适当性两种方法相差不大,对于消耗时间,二者都随着实例数的增加而增加,但本文中方法增加的幅度略小于 DPSO 方法。

表 8.5 结果比较表

		a22f0n00-1		a22f0n00-2		a22f0n00-3	
	Log	Case	[S]	Case	[S]	Case	[S]
Methods	Index	100	227	300	657	500	917
BCO	Cost	5.14sec		7.13sec		11.02sec	
	Beh-Fit	1.00		0.987		0.947	
	Beh-App	0.972		0.954		0.927	
DPSO	Cost	5.19sec		7.34sec		12.05sec	
	Beh-Fit	1.00		0.990		0.944	
	Beh-App	0.980		0.956		0.933	
		a22f0n00-4		a22f0n00-5		a22f0n00-6	
	Log	Case	[S]	Case	[S]	Case	[S]
Methods	Index	700	1 123	900	786	1 100	1 009
BCO	Cost	14.01sec		19.23sec		26.78sec	

续表

	Log	a22f0n00-4		a22f0n00-5		a22f0n00-6	
		Case	[S]	Case	[S]	Case	[S]
	Beh-Fit	0.915		0.892		0.811	
	Beh-App	0.920		0.899		0.817	
DPSO	Cost	14.97sec		20.09sec		28.07sec	
	Beh-Fit	0.910		0.897		0.820	
	Beh-App	0.918		0.900		0.814	

8.3　基于片段适配的业务模型的优化

　　传统的优化方法多是基于配置变迁的观点,通过挖掘隐藏变迁和阻止变迁优化过程模型。但是在处理带有时间/次数信息或添加指定任务的模型要求方面,挖掘配置变迁的优化方法存在一定的局限性。本节提出基于片段适配的交互过程模型优化方法。首先,基于配置过程模型分析系统运行反馈的模型要求,查找需要进行适配处理的流程片段。其次,撤销配置过程模型中与适配片段重叠的隐藏变迁和阻止变迁,保留其他配置变迁。最后,基于模型要求选择恰当的适配模式类型,通过适配规则对适配片段增加时间任务或限制其发生次数,以此对配置过程模型进行优化。本节的最后通过实例和仿真分析验证该优化方法的有效性。

8.3.1　研究动机

　　随着网络技术的发展,网上订购飞机票越来越便捷。基于网上订票系统,考虑如图 8.4 所示的源模型。根据图 8.4,网上订票系统由三个模块交互形成,即乘客中心、航空公司和支付中心。乘客进入乘客中心,通过填写个人信息注册登录账号,然后选择业务进行交易;航空公司则需要实时监管系统中票务情况,不断地为乘客更新机票信息,以便乘客购换机票;支付中心则负责乘客的缴、退款任务。

　　流程模型管理在网上订票系统中发挥了重要作用,源模型中三个模块有效交互,保证了系统完整、正常的运行。但是,源模型并不完全适用于实际操作的所有情况。相反,其在一些情况下的运行会比较冗长低效,而且部分任务信息并不明确,比较模糊。例如,在实际情况中,已注册的乘客在下次进入系统的时候可以直接登录,不需要再次填写个人信息注册账号;办理改签业务的乘客也无需重新输入机票信息(国内/国际、单程/往返、出发城市、目的城市),只需要更改机票出发日期或者乘坐舱位即可;改签或退订机票也应该有时间限制,比如飞机起飞后停止该机票的一切业务办理;流程中的会员积分如何进行记录,会员卡类型又是如何划分;对已经完成一次积分的机票进行改签或退票时,积分如何记录。

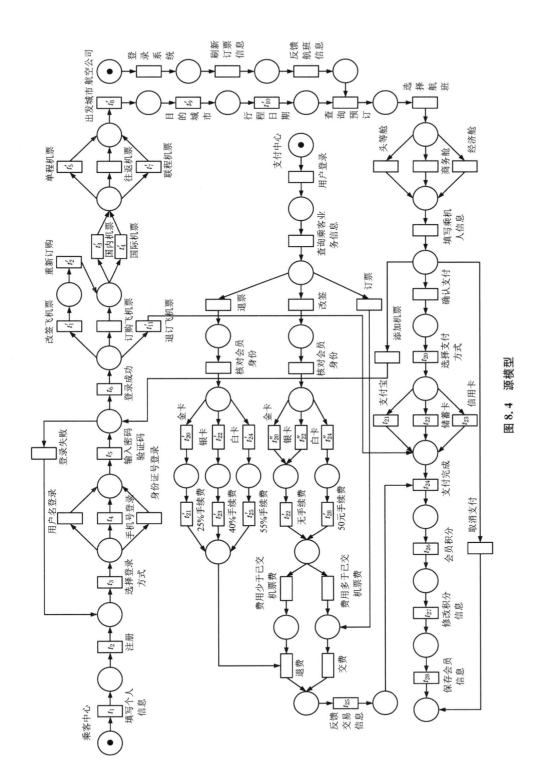

图 8.4　源模型

上述例子显示,交互过程模型并不一定能简单高效地运行,而且模型内部的任务信息并不一定表达明确。因此,对过程模型进行合理优化,从而获得质量更优、效率更高、任务更加清晰明确的模型很有必要。本节基于 Petri 网配置和适配给出两种优化算法,并基于网上订票系统的源模型验证了基于片段适配的优化方法的有效性。

8.3.2　基本概念

这一部分给出了交互过程模型优化方法的基础知识。在前文介绍的 Petri 网的性质中,提到了 Petri 网的可达性,是指在一个 Petri 网中,存在一个变迁 $t \in T$,且该变迁满足发生规则,如果该变迁使得 $M[t>M'$,那么称标识 M' 是从 M 可达的。如果把所有的可达标识看作顶点,连接相应的弧,可以定义可达图。

定义 8.2[22]**(可达图)**　一个 Petri 网 PN 的可达图是一个有着顶点和弧的图,其中顶点对应网 PN 中的各个标识,弧被定义为:(M_1, M_2) 是可达图中的一个弧,当且仅当在网 PN 中有 $M_1 \rightarrow M_2$。

对于一个标签工作流网 PN,其可达图中的每一个弧都被对应的变迁标签所标记。

定义 8.3[23]**((标签)工作流网)**　设 $PN = (P, T, F)$ 是一个(标签)Petri 网,PN 是一个(标签)工作流网(WF-nets),当且仅当:

(1) 存在唯一的源库所 $p_s \in P$ 和汇库所 $p_e \in P$,其中 $\cdot p_s = p_e \cdot = \varnothing$;

(2) 对 $P \cup T$ 中的任意节点,从源库所 p_s 到汇库所 p_e 都有一条路径,即 $\forall n \in P \cup T$,$(p_s, n) \in F \land (n, p_e) \in F$;

(3) PN 的初始标识只有源库所中包含一个 token。

工作流网是 Petri 网的一个特殊子集,可以被用来构建工作流过程模型。在一个工作流网 PN 中,用 i 来表示初始标识,用 f 来表示终止标识。其中,终止标识表示只有汇库所包含一个 token。

8.3.3　基于 Petri 网优化交互过程模型

已有的过程模型优化方法主要关注配置变迁的挖掘,本部分首先基于 Petri 网配置提出交互过程模型的优化算法。基于 Petri 网配置的优化算法,主要是通过合理的工作流网,查找有效的隐藏变迁和阻止变迁,以此将源模型转化为可配置的交互过程模型,从而优化源模型。配置过程模型中不能包含带有时间/次数等信息的指定任务,为了解决这一问题,本部分又提出了基于 Petri 网片段适配的优化算法,该算法基于配置过程模型分析模型要求和适配变量,查找适配片段,结合准确的适配模式,输入合理的适配规则,对过程模型进行适配优化。

1. 基于配置优化过程模型

一个合理的交互过程模型 Petri 网从最初的运行到最后的终止,每个活动(变迁)的发生都不是任意执行的,除了 Petri 网理论规定的变迁发生规则外,还会有一定的限制条件。这种限制在不同的 Petri 网系统中并非完全相同,即使是在同一个过程模型中,其各个部分的限制也可能是不同的,为了更好地理解系统中变迁发生的限制条件,给出过程模型 Petri 网中限制的定义。

定义 8.4（限制）　给定一个过程模型 Petri 网 $PN = (P, T; F, G)$，T 是有限非空变迁集，$\forall t \in T$，称这个变迁是被限制的，当且仅当变迁 t 的发生是被约束的，记作 $\lim(t)$。

定义 8.5[24]（Petri 网配置）　配置是一个分步函数 $T \xrightarrow{C} \{\hbar, \partial, \iota\}$，$\mathrm{dom}(c)$ 是配置的变迁集合，$\forall t \in \mathrm{dom}(c)$ 有：

（1）$C(t) = \hbar$ 是一个被隐藏的变迁，被隐藏的变迁集为
$$T_C^H = \{t \in \mathrm{dom}(c) \mid C(t) = \hbar\}$$

（2）$C(t) = \partial$ 是一个被阻止的变迁，被阻止的变迁集为
$$T_C^B = \{t \in \mathrm{dom}(c) \mid C(t) = \partial\}$$

（3）$C(t) = l$ 是一个被允许的变迁，被允许的变迁集为
$$T_C^A = \{t \in \mathrm{dom}(c) \mid C(t) = \iota\}$$

由于过程模型中的变迁可以被强制阻止或隐藏（图 8.5），为避免无效配置，被配置的过程模型所对应的网系统必须是一个工作流网，同时要求该过程模型是一个完全过程模型，下面给出配置过程模型和完全过程模型的定义。

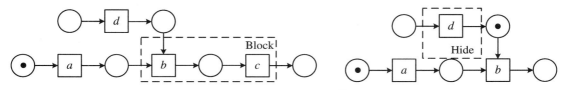

图 8.5　强制阻止和隐藏

定义 8.6[25]（配置过程模型）　配置过程模型是一个二元组 $CP_N = (N, C)$，其中 $N = (P, T, F, L)$ 是一个带标签的过程模型，$C \subseteq T \to \{\hbar, \partial, \iota\}$ 是一个配置集合。

定义 8.7[26]（完全过程模型）　模型 $N = (P, T, F, L)$ 是一个带标签的过程模型，$M : P \to \{0, 1, \cdots\}$ 是过程模型中的一个标识，χ 是标识集合，N 是一个完全过程模型，当且仅当对任意的 $M \in \chi$，$M_0 \xrightarrow{\sigma_i} M$，总存在 σ_j 使得 $M \xrightarrow{\sigma_j} M_f (i, j \geqslant 1)$。

算法 8.2　基于 Petri 网配置优化交互过程模型

输入：源模型，处理过的模型运行数据 case。

输出：配置过程模型。

步骤 1：检测源模型对应的网系统是否为工作流网，或其网系统可以划分为工作流网模块的集，即网（或子网）存在唯一的源库所和汇库所 $p_s, p_e \in P$，使得 $^{\bullet}p_s = \varnothing \wedge p_e^{\bullet} = \varnothing$。若满足，转步骤 2，否则终止算法。

步骤 2：确保模型为完全过程模型，即对模型中任意可达标识（终止标识除外），总会存在一个发生序列使其到达下个标识状态。若满足，转步骤 3，否则终止算法。

步骤 3：查找处理过的模型运行数据 case 中的变迁 $t_c \in T_c$，其中 T_c 是 case 的变迁集。若 $t_i \notin T_c \wedge t_i \in T(i \geqslant 1)$，则记录 t_i 为可疑配置变迁，转步骤 4，否则转步骤 6。

步骤 4：若 t_i 满足过程模型中至多连续 5 个前驱变迁以外的变迁 $t_{i-j} \in T_c \wedge t_{i-j} \in T$（$1 < j \leqslant 5$），同时过程模型中至多连续 5 个后继变迁以外的变迁 $t_{i+j} \in T_c \wedge t_{i+j} \in T$，且 $\exists \sigma', \sigma_c \subset T$，使得 $\sigma' = \{\sigma_c \mid t_s \xrightarrow{\sigma_c} t_e\}$，其中 $t_s, t_e \in T$ 分别是源变迁和汇变迁，若 $t_i \in \sigma_c$ 则变迁 t_i 为隐藏变迁，标注 Hide。即变迁 t_i 在 case 中没有发生，但是其前驱变迁或后继变迁（至多连续 5 个以外）在 case 中和过程模型中都可以发生，且变迁 t_i 在过程模型中仍可发

生,则 $l(t_i)=\hbar$ 记 $t_{C_h}^H=\{t_i\in T\,|\,t_i\notin T_C\wedge t_i\in T\}$,$T_C^H=\bigcup\limits_{h=1}t_{C_h}^H(h\geqslant 1)$,转步骤 7,否则转步骤 5。

步骤 5:若 t_i 满足过程模型中的前驱变迁 $t_j\in T_C\wedge t_j\in T(1<j<i)$,同时过程模型中至多连续 5 个后继变迁以外的变迁 $t_{i+k}\notin T_C\wedge t_{i+k}\notin T(1<k\leqslant 5)$,且 $\exists\sigma',\sigma_c\subset T$,使得 $\sigma'=\{\sigma_c\,|\,t_s\xrightarrow{\sigma_c}t_e\}$,若 $t_i\notin\sigma_c$ 则变迁 t_i 为阻止变迁,标注 Block。即变迁 t_i 在 case 中没有发生,其前驱变迁在 case 中和过程模型中都可以发生,但是变迁 t_i 及其后继变迁在 case 中和过程模型中都不能发生,则 $l(t_i)=\partial$ 记 $t_{C_h}^B=\{t_i\in T\,|\,t_i\notin T_C\wedge t_i\in T\}$,$T_C^B=\bigcup\limits_{h=1}t_{C_h}^B(h\geqslant 1)$,转步骤 7,否则转步骤 6。

步骤 6:没有被限制的其他变迁 $t\in T_C$(隐藏变迁和阻止变迁以外的变迁)不需要进行配置处理,在源模型中不发生任何变化,记 $T_C^A=\{t\in T_C\,|\,t\in T_C\wedge t\in T\}$。转步骤 7。

步骤 7:$N_C=(T_C^H,T_C^B,T_C^A)$ 为配置的过程模型,基于步骤 2 检验该模型为完全过程模型,若满足,则输出 N_C 算法结束,否则转步骤 3。

算法 8.2 的重点在于查找过程模型中的隐藏变迁和阻止变迁,从而对源模型进行配置优化。但是在源模型中,一些模型要求需要对部分活动(变迁)增加时间任务,或者要限制其发生次数,这些任务通过算法 8.2 难以实现。为了解决这个问题,提出基于适配的过程模型优化方法。

2. 基于适配优化过程模型

本部分基于文献[25]介绍一种 vBPMN 的适配方法。vBPMN 是指变量业务流程管理概念,是一种基于过程模型片段的适配方法,包含了三个主要概念:适配片段、适配模式和适配规则。

定义 8.8(适配) 适配是一个分步过程 $\overset{A}{\overset{\rightharpoonup}{T}}=\{S,Pa,R\}$,dom($A$)是适配的片段变迁集合,对任意的片段变迁 $\overset{\rightharpoonup}{t}\in\mathrm{dom}(A)$ 有:

(1) 适配片段 $S\subseteq T$,$S=\{t_1,t_2,\cdots,t_i\}$,其中 $i\geqslant 1$;

(2) 适配模式 Pa 分为两类,信息模式和平行插入模式;

(3) 适配规则 R 在适配变量的基础上被键入适配过程。

定义 8.9(适配过程模型) 适配过程模型是一个二元组 $N_A=(N,A)$,其中 $N=(P,T,F,L)$ 是一个带标签的过程模型,$A=\{S,Pa,R\}$ 是一个适配过程。

定义 8.10(适配片段) 适配过程模型 $N_A=(N,A)$ 中,由开始节点 ◉ 和终止节点 ◎ 表示的部分为适配片段 S,$S=\{t\}$ 为单片段;$S=\{t_s,\cdots,t_f\}$(t_s 和 t_f 分别为源变迁和汇变迁)为全片段;其他片段为一般片段。

vBPMN 基于自身流程建模语言指定了适配行为,由此适配模式可以被自身解释,同时可以被任意修改和扩展。多重的适配模式由单个的适配模式嵌套和合并组成,这就规定了适配片段必须是单进单出(SESE)的结构。实际上,SESE 结构是适配片段的一个弱约束,有研究指出不同领域中 95% 的过程模型是 SESE 结构,或者可以转换成为 SESE 结构。

定义 8.11(适配规则) 适配规则 R 建立了适配变量和流程适配之间的联系,一个抽象的语法表示如下,其中 * 表示 0~n 的迭代。

ON entry-event

IF ⟨data-context⟩

THEN？ APPLY $[\langle \text{pattern}((\text{parameter} = \text{value}) *)\rangle] *$

算法 8.3 基于 Petri 网适配优化交互过程模型

输入：配置过程模型，模型要求，适配变量 $X = \{x_1, x_2, \cdots\}$。

输出：适配过程模型。

步骤 1：基于信息不完善的配置过程模型，结合模型要求和适配变量 $X = \{x_1, x_2, \cdots\}$ 查找适配片段 $S = \{t_1, t_2, \cdots, t_j\}$，其中 $j \geqslant 1$。分析变量 x_i，考虑其在模型要求中的作用，根据所有的模型要求，在配置过程模型中添加开始节点 ◎ 和终止节点 ◎ 表示适配片段。为了确保片段的单进单出结构，适当裁剪片段类型。转步骤 2。

步骤 2：若适配片段 $S \cap C' \neq \varnothing (C' \subseteq T \to \{h, \partial\}$ 是配置过程模型的隐藏变迁和阻止变迁的集合），即适配片段与配置变迁有重叠部分，则对重叠部分撤销配置变迁，并进行适配处理，转步骤 4，否则转步骤 3。

步骤 3：若适配片段 $S \cap C' = \varnothing$，即适配片段与配置变迁无重叠部分，则保留配置过程模型中的配置变迁，并对该片段进行适配处理，转步骤 4。

步骤 4：确定适配模式 P_a。若模型要求适配片段包含时间/次数等信息，则采取信息模式；若模型要求适配片段执行特定任务，则采取平行插入模式；若模型既要求适配片段包含信息，又要求其执行特定任务，则考虑多重的适配模式。转步骤 5。

步骤 5：在适配片段 S 中输入适配规则 R，转步骤 6。

步骤 6：完成适配过程，检验适配过程模型 $N_A = (N, A)$ 为完全过程模型，即对模型中的任意可达标识（终止标识除外），总会存在一个发生序列使其能够到达下个标识状态。若 $N_A = (N, A)$ 是一个完全过程模型，则输出 N_A，算法结束；否则转步骤 1。

8.3.4 实例仿真分析

本部分共分为两个小节，分别是实例部分和仿真实验部分。其中实例部分选择某网站的机票订购系统进行模型分析，之后针对分析结果基于本章提出的优化方法对其进行相应的优化操作。仿真实验部分则是对优化处理后的模型进行模型分析，通过仿真实验的数据结果验证本章优化算法的有效性。

本小节以某网站的机票订购系统的过程模型 Petri 网为例，在该机票订购系统的实例中，优化算法被分为两种：配置优化和适配优化。两种优化算法在一定程度上形成对比，首先通过实例说明基于配置优化方法的局限性，之后在配置优化算法的基础上，利用同一实例分析说明本章重点提出的基于片段适配优化方法的有效性。

基于 Petri 网配置优化交互过程模型的方法，为了确保优化的有效性，首先检验源模型所对应的网系统是否为工作流网，或者检验源网系统是否可以划分为工作流网模块的集。根据算法 8.2 中的步骤 1，源模型中包含了 3 个源库所，且每个源库所中包含了一个 token，显然源模型不是工作流网，但是源模型可以被划分成以乘客中心、航空公司和支付中心为模块的子网，每个子网存在唯一的源库所 p_s 和汇库所 p_e。另外，模拟源模型的运行，该模型为完全过程模型。检验了源模型的有效性之后，基于算法 8.2 中步骤 3—步骤 6 查找分析模型运行数据 case（表 8.6），确定配置变迁。

case1 中包含变迁 $t_3 t_4 t_5 t_6 t_1'$，对比源模型，变迁 t_3 的前驱变迁 t_2 和 t_1 不包含于 case1 中，即 $t_1, t_2 \notin T_C \wedge t_1, t_2 \in T$，且源模型为完全过程模型，所以存在包含变迁 t_1 和变迁 t_2

发生序列,使得源变迁发生到达汇变迁,即变迁 t_1 和变迁 t_2 为隐藏变迁,$t_{C_1}^H = \{t_1, t_2\}$,标注 Hide;case2 中包含了变迁 $t_1' t_2' t_{10}'$,同 case1 中变迁的分析,变迁 t_2' 的后继变迁、t_{10}' 的前驱变迁 $t_3' t_4' t_5' t_6' t_7' t_8' t_9'$ 均不包含于 case2,即 $t_3' t_4' t_5' t_6' t_7' t_8' t_9' \notin T_C \wedge t_3' t_4' t_5' t_6' t_7' t_8' t_9' \in T$,由于变迁 $t_{10}' \in T_C \wedge t_{10}' \in T$(变迁 t_{10}' 发生),$t_3' t_4' t_5' t_6' t_7' t_8' t_9'$ 在源模型中被跳过,$t_{C_2}^H = \{t_3', t_4', t_5', t_6', t_7', t_8', t_9'\}$,标注 Hide;case3 和 case4 的变迁差别在于变迁 t_{21} 和 t_{22},对比源模型知道变迁 $t_{23} \notin T_C \wedge t_{23} \in T$,且不存在包含变迁 t_{23} 的变迁序列使得源变迁发生到达汇变迁,即过程模型中包含变迁 t_{23} 的路径被阻塞,$t_{C_1}^B = \{t_{23}\}$,标注 Block;基于 case5 和 case6 分析变迁 t_{26}, t_{27}, t_{28},对比源模型有 $t_{26}, t_{27}, t_{28} \notin T_C \wedge t_{26}, t_{27}, t_{28} \in T$,且不存在包含变迁 t_{26}, t_{27}, t_{28} 的变迁序列使得源变迁发生到达汇变迁,即变迁 t_{26}, t_{27}, t_{28} 在源模型中不发生,$t_{C_2}^B = \{t_{26}, t_{27}, t_{28}\}$,标注 Block。综上分析,源过程模型中隐藏变迁为 $T_C^H = t_{C_1}^H \bigcup t_{C_2}^H = \{t_1, t_2, t_3', t_4', t_5', t_6', t_7', t_8', t_9'\}$,阻止变迁 $T_C^B = t_{C_1}^B \bigcup t_{C_2}^B = \{t_{23}, t_{26}, t_{27}, t_{28}\}$,其余变迁标记为允许变迁。模拟系统运行,检验 $N_C = (T_C^H, T_C^B, T_C^A)$ 仍为完全过程模型,其中隐藏变迁和阻止变迁的集合 $C' = \{T_C^H, T_C^B\} = \{t_1, t_2, t_3', t_4', t_5', t_6', t_7', t_8', t_9', t_{23}, t_{26}, t_{27}, t_{28}\}$,配置过程模型如图 8.6 所示。

表 8.6　运行数据 case

	case
1	$t_3\ t_4\ t_5\ t_6\ t_1'$
2	$t_1'\ t_2'\ t_{10}'$
3	$t_{20}\ t_{21}\ t_{25}\ t_{24}\ t_{26}\ t_{27}\ t_{28}$
4	$t_{20}\ t_{22}\ t_{25}\ t_{24}\ t_{26}\ t_{27}\ t_{28}$
5	$t_{20}\ t_{21}\ t_{25}\ t_{24}$
6	$t_{20}\ t_{22}\ t_{25}\ t_{24}$

在配置过程模型中,已注册乘客再次进入系统时无需填写个人信息注册账号;办理改签业务的乘客也无需重新输入机票信息;对信用卡信用额度低的乘客,系统可以选择拒绝其用信用卡支付;对已积分的机票,系统可以选择关闭会员积分路径。但在配置过程模型中,并没有限制改签或退订机票的有效时间;流程中的会员积分如何进行记录,会员卡类型如何划分都没有进行详细的说明。

8.3.5　片段适配优化分析

根据算法 8.3,基于 Petri 网适配的交互过程模型优化方法,同样要求检测输入模型的有效性,由算法 8.2 可以得到配置过程模型是完全过程模型,故输入模型有效。之后,查找分析模型要求和适配变量 $X = \{x_1, x_2, \cdots\}$(分别见表 8.7、表 8.8),确定适配片段、适配模式和适配规则。

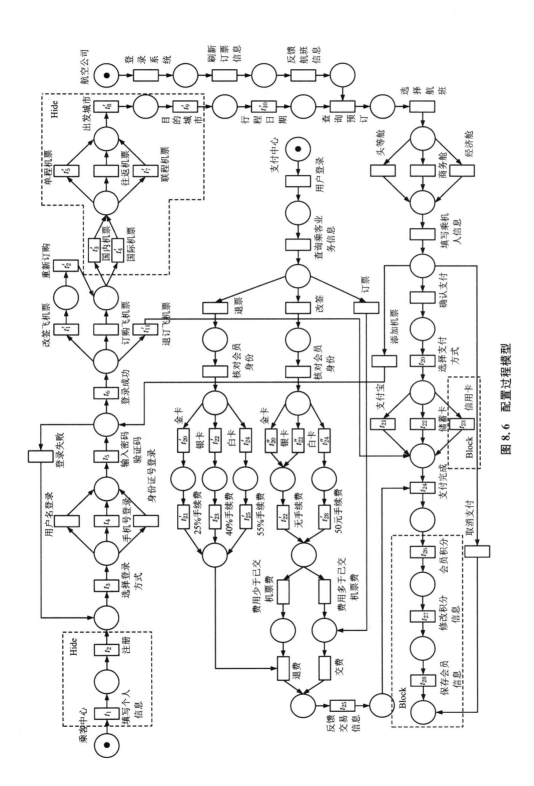

图 8.6　配置过程模型

表 8.7　模型要求

	模型要求
1	限制行程日期 24 小时内禁止改签、退订机票
2	支付完成后，合理积分
3	明确会员身份划分规则

表 8.8　适配变量

适配变量	含义
x_1	行程日期
x_2	出发城市位置数据
x_3	目的城市位置数据
x_4	总积分数

对于模型要求 1，需要考虑适配变量 x_1。模型要求限制行程日期 24 小时内禁止改签、退订机票，不仅需要知道飞机起飞的时间（适配变量 x_1），还需要记录乘客登录系统的时间（x）。模型要求明确指定出改签、退订机票，由于要确保片段的单进单出结构，可以得到图 8.7(a)、图 8.7(b) 的适配片段，其中 $S_a = \{t'_1\}$，$S_b = \{t'_{11}\}$ 均为单片段类型。因为 $S_a \bigcap C' = \varnothing$，$S_b \bigcap C' = \varnothing$，所以保留配置过程模型中的配置变迁。考虑模型要求 1 包含了时间信息和允许/禁止任务，选择采取多重适配模式。确定适配片段和适配模式之后，需要输入适配规则（图 8.8）。

模型要求 2 指定支付完成后，合理积分。合理积分需要明确积分方式，同时要考虑不同业务情况下的积分优先性。其中积分方式结合适配变量 x_2 和 x_3，通过两个城市之间的里程数确定积分数目；不同业务情况下的积分要考虑积分的次数以及积分数目的变化。查找配置过程模型中的积分标签，确定适配片段如图 8.7(c) 所示，$S_c = \{t_{26}, t_{27}, t_{28}\}$ 为一般的片段类型。由于 $S_c \bigcap C' = \{t_{26}, t_{27}, t_{28}\} \neq \varnothing$，在配置过程模型中撤销配置变迁 t_{26}, t_{27}, t_{28}，对其进行片段适配。考虑模型要求 2 包含了积分次数信息和确定积分方式任务，对该适配片段仍采取多重适配模式，适配规则见图 8.8 Rule♯2。

明确会员身份划分规则是第 3 个模型要求。参考配置过程模型，标签"核对会员身份"涉及了会员身份，其后发生的变迁标签指明有"金卡""银卡"和"白卡"，但是在模型中并未显示会员身份划分的规则，需要对其进行适配。考虑适配片段的单进单出结构，得到图 8.7(d)、图 8.7(e) 的适配片段 $S_d = \{t'_{20}, t'_{21}, t'_{22}, t'_{23}, t'_{24}, t'_{25}\}$ 和 $S_e = \{t''_{20}, t''_{22}, t''_{27}, t''_{24}, t''_{28}\}$，其中还包含了与会员身份划分无关的任务信息（$t'_{21}, t'_{23}, t'_{25}$ 和 t''_{27}, t''_{28}）。因为 $S_d \bigcap C' = \varnothing$，$S_e \bigcap C' = \varnothing$，所以保留配置过程模型中的配置变迁。会员身份划分基于总积分数（适配变量 x_4），采取多重适配模式，适配规则见图 8.8 Rule♯3，Rule♯4。

基于模型要求分步确定源模型适配片段、适配模式和适配规则之后，适配过程基本完成，模拟系统的运行检验适配过程模型 $N_A = (N, A)$ 仍为完全过程模型，适配过程模型如图 8.9 所示。

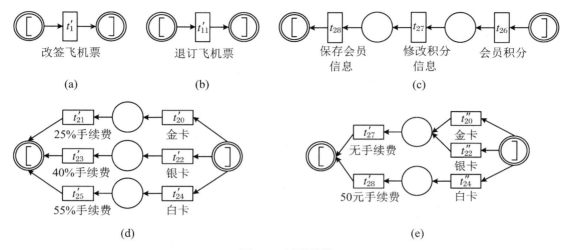

图 8.7 适配片段

```
Rule #1:   IF <TIME>= x₁ − x ≥ 24 hours THEN APPLY [Decision Task]
           IF ELSE THEN APPLY [Alternative Task]
Rule #1.1: [Decision Task]="允许业务" AND [Alternative Task]="终止业务"
Rule #2:   IF <Business>=Order Ticket THEN APPLY [Task]
Rule #2.1: 积分数= x₃ − x₂ AND [Task]="记录积分数"
Rule #3:   IF x₄ ≤ 40000 THEN APPLY [Task]
           IF 40000 ≤ x₄ ≤ 80000 THEN APPLY [Decision Task]
           IF ELSE THEN APPLY [Alternative Task]
Rule #3.1: [Task]="扣除55%手续费" AND [Decision Task]="扣除40%手续费" AND
           [Alternative Task]="扣除25%手续费"
Rule #4:   IF x₄ ≤ 40000 THEN APPLY [Task]
           IF ELSE THEN APPLY [Decision Task]
Rule #4.1: [Task]="扣除50元手续费" AND [Decision Task]="无手续费"
```

$$Rule\ \#1:\ IF\ \langle TIME\rangle = x_1 - x \ge 24\,\text{hours}\ THEN\ APPLY\ [Decision\ Task]$$

图 8.8 适配规则

8.3.6 仿真实验

本节分别提出了基于配置的优化方法和基于适配的优化方法,为了验证后者对模型的优化效果强于前者的优化效果,本小节利用某两个票务 APP 系统现存的数据包进行一个仿真的实验分析。该平台的数据包来源于 APP 日常运行记录下的数据,包括系统内所有购票数据。日志数据均由票务系统记录日志数据抽象而来(其中部分数据经过绝密处理,虽然不是完整的日志数据,但是不影响仿真结果),分别记作 Ticket Service 平台数据 Book Data 1 和 Book Data 2。其中,Book Data1 来自于一个飞机票票务 APP,该 APP 的系统相对简单,所以受众程度较小,即顾客消费记录较少,6 月份总记录条数为 468 930 条,平均每天交易量为 15 631 张。由于顾客的多样化需求以及对系统运行有较高的模型要求,更多的顾客倾向于选择使用性能多元化的 APP(某航空公司订票官网)。该 APP 同年 6 月份记录下的总交易量为 932 580 张,平均每天的交易票数为 31 086 张,且每个交易信息所包含的模型要求相对复杂。

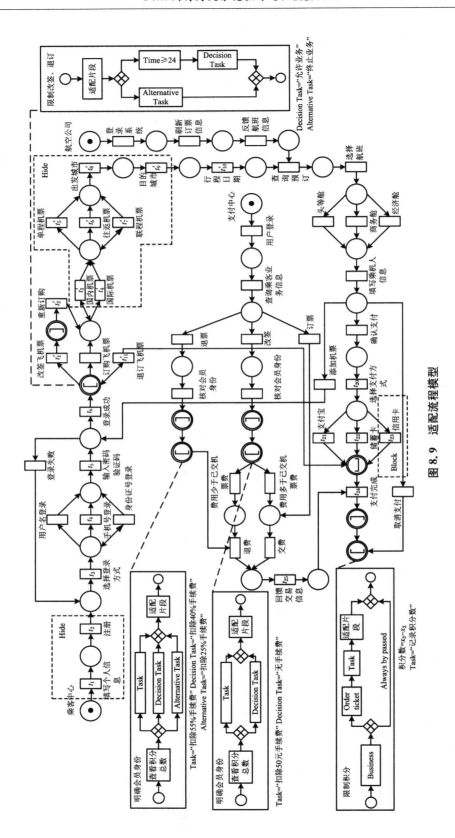

图 8.9　适配流程模型

针对这两组日志数据 Book Data1 和 Book Data2,分别基于本章算法得到的两种优化模型进行重放操作,在重复操作的过程中记录每个日志数据的重放效果,并计算日志数据与两个模型的合理性指标以及行为一致性指标。根据 Book Data1 进行仿真的计算结果分别统计得到图 8.10 和图 8.11。其中,图 8.10 中纵坐标表示优化模型与日志数据间的合理性指标值(0-1),横坐标表示 6 月份的每一个日期,以天(Day)为单位。图 8.11 中横坐标的表达含义与图 8.10 横坐标的相同,纵坐标则表示优化模型与日志数据间的行为一致性指标值(0-1)。对于 Book Data2 的日志数据进行同样的重放操作,可得到仿真结果如图 8.12、图 8.13 所示。

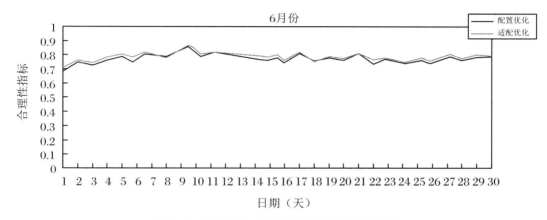

图 8.10　Book Data1 数据平台上合理性指标图

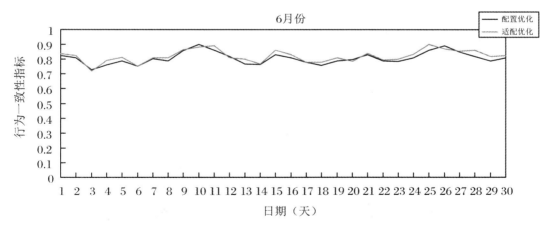

图 8.11　Book Data1 数据平台上行为一致性指标图

由以上各个图中显示的数据表明,在 Book Data1 和 Book Data2 两组数据平台上,本文配置优化模型的方法和适配优化模型的方法均可以有效地优化过程模型。基于配置的模型优化方法旨在挖掘模型中的配置变迁,而基于适配的模型优化方法考虑了顾客层面上的模型要求,通过适配规则优化模型。所以,由图 8.10 和图 8.12 可知,基于适配优化后的模型与日志数据间的合理性指标更高。因为 Book Data1 数据平台上的日志信息包含的模型要求较少、数据量较小,所以利用 Book Data1 对优化后模型进行的关于模型合理性的仿真实验结果(图 8.10)差异并不明显。但是在图 8.12 中,可以看出适配优化模型的有效性明显高

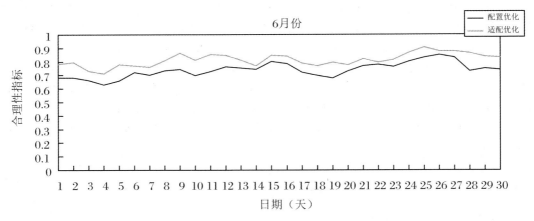

图 8.12　Book Data2 数据平台上合理性指标图

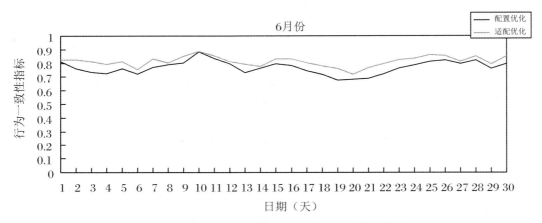

图 8.13　Book Data2 数据平台上行为一致性指标图

于配置优化模型的有效性。同理,图 8.11 和图 8.13 的仿真实验结果也表明了基于适配的模型优化方法在行为一致性方面强于基于配置的模型优化方法,因为基于适配的优化方法不仅考虑了顾客的模型要求,还结合适配规则有效地移除、替换了配置变迁。

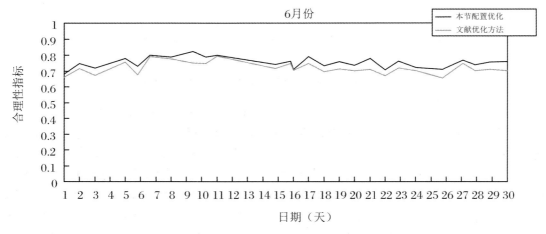

图 8.14　Book Data1 数据平台上合理性指标图

　　但是,以上仿真实验是基于本章提出的两个优化算法进行的,并不能严谨地说明其有效性。为了更好地说明本章优化算法的有效性,将文献[16]提出的基于数据流的业务流程配置优化方法作为标准对象,首先利用本章优化有效性相对较差的配置优化方法与其进行合理性指标和行为一致性指标的对比。基于 Book Data1 和 Book Data2 进行仿真实验之后,可以看到实验结果分别如图 8.14、图 8.15、图 8.16、图 8.17 所示。

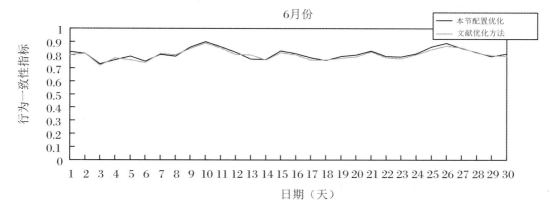

图 8.15　Book Data1 数据平台上行为一致性指标图

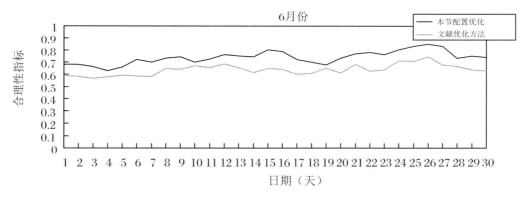

图 8.16　Book Data2 数据平台上合理性指标图

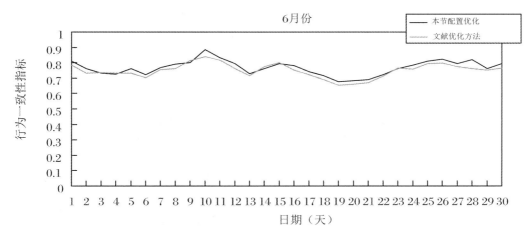

图 8.17　Book Data2 数据平台上行为一致性指标图

图 8.14 和图 8.17 的仿真实验结果显示,利用本章配置优化算法优化后的过程模型的合理性指标普遍高于文献[16]配置优化后的模型合理性指标值,同时根据图 8.15 和图 8.16,可以知道在行为一致性方面,本章配置优化方法的有效性也略高于文献[16]中配置优化方法的有效性。由此,整个仿真实验的数据分析结果显示,本章提出的两种优化算法均具有一定的有效性,且在面对顾客模型要求复杂且日志数据庞大的情况下,基于片段适配的模型优化算法(算法 8.3)的有效性高于基于配置的模型优化算法(算法 8.2)。

8.4   基于 Petri 网的数据流决策模型优化

本节结合实例研究数据信息对业务运行的影响,提出模型的优化分析方案。首先,从 Petri 网变迁决策的角度分析工作流网与数据流模型 Petri 网对建模的影响。然后分析、综合两者优势并在语法的支撑下建立数据决策 Petri 网模型。结合实际问题建立具体的数据决策 Petri 网模型,分析其合理性。其次,采用不同方式去实现决策模型中决策变迁的映射集(Σ 部分)功能。最后,对比原模型,从实用性、功能性、简洁性角度给出结论。

本节受文献[27]的启发,给出控制流模型 Petri 网、数据流模型 Petri 网的定义,分析、挖掘给定数据对问题应有的影响,设计合法模型实现模型对数据的智能化分析与处理。对同一实例分别利用本章的方法以及 Natalia Sidorova 和 Julio B. Clempner 等人提出的数据流模型[5,8]建模方法进行建模并给予比较。

8.4.1   基本概念

目前 Petri 网在模型研究领域的应用极为广泛,相关的概念也应有尽有丰富多彩,就本节的研究范围给出以下简单定义。

定义 8.12[28]**(工作流网)**   若 Petri 网 $N = (P, T; F)$ 满足以下条件,则 N 为工作流网(Workflow net):

(1) 库所 P 中有唯一的开始库所 s,即 $\{s\} = \{p \in P \mid {}^{\cdot}p = \varnothing\}$;

(2) 库所 P 中有唯一的结束库所 e,即 $\{e\} = \{p \in P \mid p^{\cdot} = \varnothing\}$;

(3) 路径 s 到 e 上的任意 $n(n \in P \cup T)$,都有 $(s, n) \in F^*$ 和 $(n, e) \in F^*$,其中 F^* 是流关系 F 的自反传递闭包;

(4) 每个变迁 $t \in T$ 都可以通过网中的弧到达结束库所 e。

用黑点表示库所中标识。当变迁的每个前集库所都存在标识,此时称变迁是可发生的。变迁发生,每个前集库所减少一个标识,每个后集库所增加一个标识。标识的不同分布代表着 Petri 网的不同状态。不同标识间的转换也就代表着 Petri 网不同状态间的转换,这构成 Petri 网的动态性质。

定义 8.13[29]**(控制流 Petri 网)**   三元数组 $CN = (P^{\mathrm{C}}, T^{\mathrm{C}}; F^{\mathrm{C}})$ 称为控制流 Petri 网,若 DN 满足以下要求:

(1) 模型中所有由矩形表示的变迁属于集合 T^{C},所有由圆形表示的库所属于集合 P^{C};

(2) 数据库所与数据变迁无交集,$P^{\mathrm{C}} \cap T^{\mathrm{C}} = \varnothing$;

（3）$F^{\mathrm{C}} \subseteq (P^{\mathrm{C}} \times T^{\mathrm{C}}) \bigcup (T^{\mathrm{C}} \times P^{\mathrm{C}})$ 为数据库所与数据变迁间的流关系；

（4）前集为空的初始库所$\{p \mid {}^{\cdot}p = \varnothing\}$及后集为空的结束库所$\{p \mid p^{\cdot} = \varnothing\}$都有且只有一个元素，分别记作 s,e。

定义 8.14[8]（**数据流 Petri 网**）　三元数组 $DN = (P^{\mathrm{D}}, T^{\mathrm{D}}; F^{\mathrm{D}})$ 称为数据流 Petri 网，若 DN 满足以下要求：

（1）模型中所有由矩形表示的变迁属于集合 T^{D}，所有由圆形表示的库所属于集合 P^{D}；

（2）数据库所与数据变迁无交集，$P^{\mathrm{D}} \bigcap T^{\mathrm{D}} = \varnothing$；

（3）$F^{\mathrm{D}} \subseteq (P^{\mathrm{D}} \times T^{\mathrm{D}}) \bigcup (T^{\mathrm{D}} \times P^{\mathrm{D}})$ 为数据库所与数据变迁间的流关系；

（4）前集为空的初始库所$\{p \mid {}^{\cdot}p = \varnothing\}$及后集为空的结束库所$\{p \mid p^{\cdot} = \varnothing\}$都有且只有一个元素，分别记作 s',e'。

8.4.2　引例

引例 1

图 8.18 为银行为客户提供贷款业务服务的工作流程图，为了反映银行提供贷款服务的多样性，模型用变迁 A,B,C,D 区别贷款服务的内容，客户登记以后可以自主选择自己所需要的贷款类别。

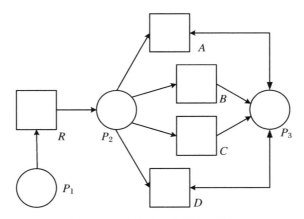

图 8.18　无针对客户的过程模型

在实际生活中，客户本身就代表着不同的数据信息，就像银行一般不会为乞丐提供企业家级别的服务，这就要求图中的模型对客户按各项指标分类并提供相应级别内的贷款服务与贷款内容的智能化机制。

引例 2

图 8.19 是商场电梯模型中的一个结构块，如上一节所述：模型应当具备智能化处理数据的机制。在图示的过程片段中，电梯执行从五楼（库所 b）直达一楼（库所 d）的活动过程中，按顺向优先原则，在接收到四楼（库所 c）运往一楼（库所 d）的活动信息指令后应当优先执行五楼到四楼的变迁活动 B。模型原本的活动发生序列$\langle A,C \rangle$变成$\langle A,B,D,E,X,Y \rangle$。

然而乘客多是商场的常态，电梯在四楼停下并发生开门（变迁 D）、上客、关门（变迁 E）的活动时有必要考虑电梯本身的超载问题，即模型按活动发生序列$\langle A,B,D,E,X,Y \rangle$运行

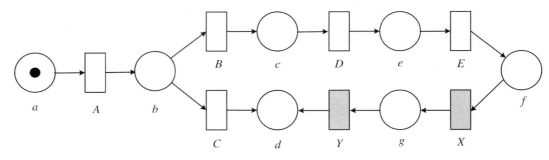

图 8.19 电梯模型的一部分

时因超载而没法运载更多的人,那么与活动序列$\langle A, C\rangle$相比$\langle A, B, D, E, X, Y\rangle$显得画蛇添足,反而降低了模型的智能化水平。一般的,顾客量过大或者服务资源有限时,抽象出的控制流模型通常不能自主结合数据信息避免无用事件发生,阻碍模型时延的减少,影响模型智慧和用户体验的提升。

8.4.3 Petri 网决策变迁的智能化

就引例中的例子而言,本节将解决问题的重点放在变迁的发生权上,Petri 网模型除了依赖控制流结构决定模型中的变迁发生外,更应该结合实际数据信息使模型能够更精准地解决问题。

定义 8.15[22]（发生规则） 对 Petri 网 $PN = (P, T; F, M_0)$,有

(1) $N = (P, T; F)$ 是一个网;

(2) $M: P \rightarrow Z^*$ 为标识(或状态)函数,M_0 是初始标识。

发生规则:

(1) 变迁 $t \in T$ 可发生的,当且仅当 $\forall p \in {}^{\cdot}t: M(p) \geqslant 1$,记 $M[t\rangle$;

(2) 标识 M 下,变迁 t 发生后得到新的标识 M',记作 $M[t\rangle M'$,有:

$$M^n(p) = \begin{cases} M(p) + 1, & \text{若 } p \in t^{\cdot} - {}^{\cdot}t \\ M(p) - 1, & \text{若 } p \in {}^{\cdot}t - t^{\cdot} \\ M(p), & \text{否则} \end{cases}$$

若黑点代表库所的标识。当变迁的所有前集库所均有标识存在,就称变迁有发生权或成为可发生的。变迁的发生一旦结束,每个前集库所均会减少一个标识,每个后集库所都会增添一个标识。Petri 网不同的状态正是通过模型中标识的不同分布体现出来的。Petri 网不同状态间的转换正是通过标识的转移实现的。

8.4.4 基于贷款业务的数据信息智能化识别分析

当客户到银行申请办理贷款,银行按照自身计划为客户提供四种贷款服务。用 Petri 网模拟业务工作流程便得图 8.18 的工作流网。其中活动变迁 R 表示客户向银行提出贷款申请,变迁 A, B, C, D 分别代表不同的四类贷款服务,具体细节如表 8.9 所示,库所 $P_1, P_2,$ P_3 表示各变迁发生的条件及变迁发生后的状态。若考虑表 8.9 中具体数据信息对四个变迁 A, B, C, D 的发生权的约束时,作为一个非确定性的系统,Petri 网不具备数据信息的智

能化识别机制。

表 8.9　四类服务的内容

产品类型	贷款利息	产品内容与条件	
A	2%	贷额小于 5 万元	贷额小于 1.0 倍可贷额
B	5%	贷额小于 20 万元	贷额小于 1.0 倍可贷额
C	8%	贷额小于 5 万元	贷额小于 1.8 倍可贷额
D	12%	贷额小于 20 万元	贷额小于 1.8 倍可贷额

针对表 8.9 对业务的具体要求,模型需要体现对表 8.9 数据信息的智能化识别,为此,本节提出模型决策及数据决策 Petri 网的概念。先分析含数据的工作流程,确定数据在影响决策方案上的方式并借此给出数据决策 Petri 网概念。

定义 8.16(数据决策 Petri 网)　对网 $N=(P,T;F)$,标识之外,为库所增加一组数据类元素组:$D(p)=\{d_1,d_2,\cdots,d_m\}$,$p\in P$,并为变迁相应的分配映射 $T\to\Sigma$。变迁 t 前集库所中数据类元素组在映射 t_ε 作用下得到 $0,1$ 值,分别表示决策变迁没有发生权和有发生权,即 $t_\varepsilon(D(\dot{}t))\to\{0,1\}$。

本节主要考虑决策变迁和数据关系,故可使非决策变迁不受数据类元素组的影响,其发生权只依赖控制流结构和标识分布状态。因而对非决策变迁,只要求其前集库所对数据类元素组起到存储与传递的作用,并对非决策变迁上的映射 ε 给出 $\varepsilon(D(\dot{}t))\to1$ 的规定。

依据表 8.9 及上述定义的规定对银行贷款进行案例分析,按 $D=\{d_1,d_2,\cdots,d_m\}$ 的形式完成客户的数据类元素组。在图 8.18 的基础上,一方面为开始库所增添数据类元素组 $D(d_1,d_2)$,一方面为变迁分配映射:$T\to\Sigma$ 便可得到贷款流程的数据决策 Petri 网。d_1,d_2 是银行依据对借贷者调查而计算出的可贷额及贷款申请额。借助图 8.20 中虚线框部分(以下简称 Σ 部分)来解释决策变迁的映射 ε。由 $\varepsilon(D(d_1,d_2))\to\{0,1\}$ 进一步决定各决策变迁的发生权。

当 $D(d_1,d_2)=(4.0,6.0)$,按表 8.9 的规定,有 $1.8\times4=7.2>6,1.0\times4=4.0<6,6>5,6<20$,模型即可根据 Σ 部分的规则判断各决策变迁对应的值,并得到决策变迁 D 有发生权,而其余决策变迁没有。相比引例①中图 8.18 的模型,图 8.20 模型的 Σ 部分假定为特殊结构,它可满足不同数据类元素组 $D=(d_1,d_2)$ 在表 8.9 的规定下为变迁智能化分配发生权。

在给出数据决策 Petri 网并用于处理数据之前,数据流 Petri 网也具备一定的数据处理功能。

考虑引例①中图 8.18 模型的决策变迁不受客户自身条件及银行规定综合限制。数据流也可为此流程设计针对数据的服务方案,使变迁 A,B,C,D 依据某些条件有选择地发生。一般的,数据流模型 Petri 网虽能参考数据准确锁定决策变迁,但是单一的"如果……,否则……"结构的表述方式往往不能覆盖特定变迁的发生情况。为完成业务的建模需求,本章结合布尔代数的技术方法对数据流模型深入设计,得到与图 8.20 有相同机制的模型,如图 8.21 所示。

图 8.21 模型实际上既反映了表 8.9 数据信息对贷款业务的约束,又体现图 8.18 模型对工作流程的模拟。但与其相比模型就显得复杂,如相关变迁增至 18 个,也不利于逆向分

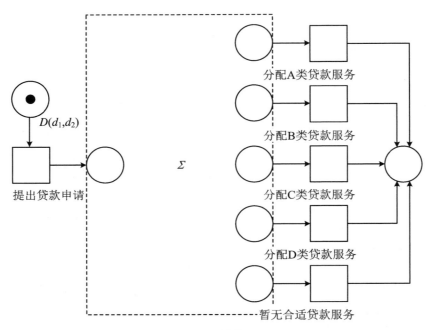

图 8.20　数据决策 Petri 网

析决策变迁发生条件。

　　与本节提到的传统数据流模型相比,现对数据决策 Petri 网在实现决策过程中的几点优势作以下分析:

　　(1) 图 8.20 的数据决策 Petri 网模型能够有针对性地识别客户的数据,实现决策变迁的发生权分配,进而满足银行相关规定。如数据信息 $D(d_1, d_2) = (4.0, 6.0)$ 决定贷款服务类型 D 可发生,不像图 8.18 的 Petri 网系统模型那样无法实现表 8.9 的相关要求而存在漏洞,新模型规范了业务流程的决策环节,保护了客户与银行的利益。

　　(2) 本节在数据流模型基础上,按照表 8.9 的要求,建立了图 8.21 所示的模型。在单纯数据流模型中,数据变迁可覆盖两类情况,而模型各变迁 A, B, C, D 都与多个数据变迁存在因果行为关系,所以数据类元素组 $D(d_1, d_2)$ 通过一个数据变迁时只实现一个值 d_1 或 d_2 的意义,另一个值的意义需存储、传递直至找到下一个能实现数据价值的数据变迁。相比之下,数据决策 Petri 网模型的决策变迁 A, B, C, D 间没有因果行为关系的约束,就无需考虑数据传递、变化一类问题,显得更加朴素、简洁。

　　(3) 较少出现甚至不出现多重变迁是模型在简洁性上的一个追求。在图 8.21 中,模型新增的数据变迁均用于描述银行服务的具体规格,经统计,有多达 14 个的相关变迁,图 8.20 中模型仅有 7 个。前者平均每个变迁都至少重复一次,两模型在简洁性上的比较是显而易见的。如基于图 8.20 模型的简洁性,工作者逆向分析分配到各类贷款服务的具体规定是容易的,能够快速、准确地检测出所建模型与银行要求的一致性。

　　(4) 在数据决策 Petri 网中,模型结构既是固定的,又是灵活的。针对各种业务要求设计与之匹配的映射 $\Sigma = (\varepsilon_1, \varepsilon_2, \cdots)$ 模拟业务决策全过程,正如文中针对贷款业务的要求就轻松地实现了 Σ 部分的方法:结构设计和算法设计。

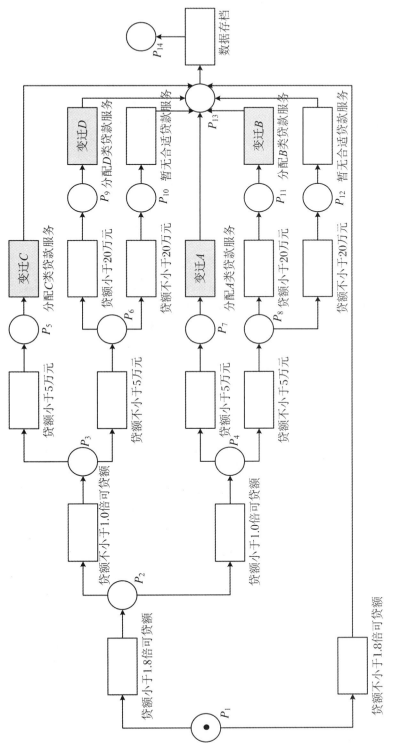

图 8.21　自动分配方案的数据过程模型

8.4.5   基于数据属性挖掘的模型智能化决策变迁分析

同样是关于模型中数据的分析,贷款业务的数据信息是通过表格信息给定的,但在数据无处不在的信息时代,发现有用信息才是能力的体现。引例 2 提出的同类问题中,信息量较多,数据信息的存储、传递、抽取都需要物质资源与时间。本节将借助事件日志的技术对有用信息加以识别、抽取、传递,并最终实现对决策变迁的智能化影响。

定义 8.17[30](事件日志集)   称 $L = \{\sigma_1, \sigma_2, \sigma_3, \cdots\}$ 为事件日志集(event logs),其中 $\sigma_i = (E_i, \mathrm{act}, \rightarrow)$ 为 L 中的一条日志,对 $\sigma_i = (E, \mathrm{act}, \rightarrow)$ 有如下要求:

(1) $E_i \subseteq U_E$ 是一个事件集,全部可能事件集用标识符 U_E 表示;

(2) $\mathrm{act} \in U_E : \mapsto T$ 表示每个事件都有模型的相应变迁与之对应;

(3) $\rightarrow \subseteq (E_i \times E_i)$ 规定了事件出现的顺序关系;

(4) L_C 为完整事件日志集(complete),若 L_C 包含匹配模型中的所有的发生轨迹(trace)。

对引例 2 图 8.19 中的模型考虑超载现象,为数据流变迁 A, E 设定阈值 $k_o - \varepsilon$,其中 k_o 表示电梯的最大运载量。活动轨迹 $\langle A, C \rangle, \langle A, B, D, E, X, Y \rangle$ 是商场电梯运行系统中的事件日志集中的两条日志。系统事件与模型变迁间的部分对应关系:(五楼直达四楼的事件,变迁 B)、(五楼直达一楼的事件,变迁 C)、(关门事件,数据流变迁 A)、(关门事件,数据流变迁 E)、(一串未知事件,隐变迁 X)、(一串未知事件,隐变迁 Y)。一条指令使原先的轨迹发生了变化,虽服从了顺向优先原则,却不是最合理的。正如电梯在四楼停下后虽只进入一名乘客,数据流变迁 E 却因超载失去了发生权。

为此,有必要进一步考虑潜在数据信息的影响,若系统的所有发生事件上附加电梯现有运载量值 m,那么日志 $\langle A, C \rangle$ 和 $\langle A, B, D, E, X, Y \rangle$ 变为 $\langle A(m), C(m) \rangle$ 和 $\langle A(m), B(m), D(m), E(m), X(m), Y(m) \rangle$。对比两条日志代表的含义,前者是指五楼直达一楼,后者是指增加乘客新指令后,五楼先到四楼停下再运往一楼。原则上后一条日志代替前者更能体现模型对顺向优先原则的服从。但从日志的事件有了数据属性 m 以后,模型是否选择了一条除延长工作时延而别无他用的工作路线就一目了然了。考虑日志 $\langle A(m), B(m), D(m_1), E(m_2), X(m), Y(m) \rangle$ 中的数据 $m_1 m_2$,显然,$m_1 = m_2$ 足以证明模型选择了一条除延长工作时延而别无他用的工作路线。电梯经过开门、关门的活动,其运载量没有发生变化,即没有人上下,那么此时变迁 B 对变迁 C 的优先权没有必要在模型中体现出来也不应当在模型中体现出来。对日志及其附加数据属性进行挖掘,并以此为据优化模型智能化变迁决策机制。

8.4.6   实例分析

本小节将进一步利用定义 8.14 中的方法,针对表 8.9 中的数据信息,完成贷款业务的数据决策 Petri 网数据映射的具体实现过程。

图 8.20 模型中有数据流模型结构的设计,充当数据决策 Petri 网的 Σ 部分。"如果……,否则……"的结构是数据流的核心思想,用以实现数据变迁 a, b, c, d, e, f 是容易的。相比图 8.21 中单纯的数据流模型,图 8.22 通过逆向分析得出各决策变迁发生权的条

件较容易。另外,将 Σ 部分作以单独的分析处理,保证了非 Σ 部分原有语法合理性及其功能不受数据信息影响。文献[31,32]中开放 Petri 网提出的模型拼接技术也能保证 Σ 部分与非 Σ 部分的合理交互。

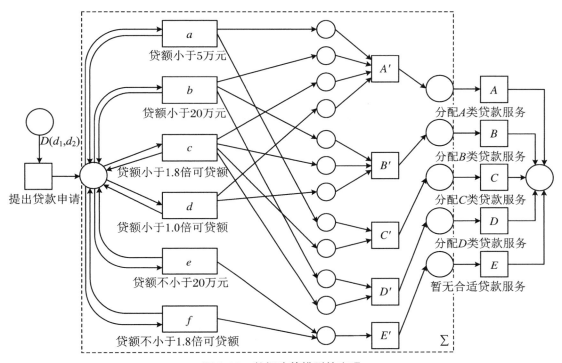

图 8.22 数据决策模型的实现

以客户为 $D(d_1, d_2) = (4.0, 6.0)$ 的数据类元素组,依据数据流模型的变迁发生规则,$1.8 \times 4 = 7.2 > 6$ 使得活动变迁 c 发生,活动变迁 f 不发生,$1.0 \times 4 = 4.0 < 6$ 使得活动变迁 d 不发生,$6 > 5$ 使得活动变迁 a 不发生。$6 < 20$ 使得活动变迁 b 发生、活动变迁 e 不发生。故模型可智能化识别数据信息并确定变迁 D 有发生权。

基于表 8.9 对贷款业务的具体要求,除上述数据流结构实现数据决策 Petri 网 Σ 部分的数据映射功能,下面将给出另一种实现数据决策 Petri 网 Σ 部分的映射功能。对客户的具体数据类元素组 $D(d_1, d_2)$,用 C 语言替代 Σ 部分映射功能,如图 8.23 所示。

对某商场电梯系统日志集中的大量日志,抽取日志中事件附加数值较大,出现频率较高的日志加以分析挖掘。

表 8.10 是从日志集中按需求抽取,出现频率较高的日志。

分析日志,相邻的活动 P, Q 上所附的数据值反映了电梯内乘客的流动情况,当两值相等时表明电梯内乘客没有发生流动,也预示着变迁 P 前一个活动变迁的优先权阻碍了工作线路的简洁性。为此本节将继续研究活动发生序列与数据信息间的潜在关系,实现模型在顺向优先原则基础上对又一数据信息进行智能识别。

对表 8.10 中日志:首先抽取所有满足相邻活动变迁 P, Q 上有相同附值的日志;然后对每条日志,将所有 P 或 Q 所附值中最小的值作为事件活动 P 前一变迁的数据阈值,使之成为数据流变迁,数据小于阈值时才有发生权。最后将依据日志得到的关于变普通变迁为数据流变迁的变化代入原日志所对应的模型中。

```
if ((1.0* d₁)>d₂)
   { if (50000> d₂)
      { printf ("A 有发生权");}
      if (200000> d₂)
      { printf ("B 有发生权");}
      else { printf("E 有发生权");}
   }
if ((1.8* d₁)>d₂)
   { if (50000> d₂)
      { printf ("C 有发生权");}
      if (200000> d₂)
      { printf ("D 有发生权");}
      else { printf("E 有发生权");}
   }
else { printf("E 有发生权");}
```

图 8.23　C 语言实现

表 8.10　电梯系统部分日志

事件标识符	系统对应的含义
P	电梯开门
Q	电梯关门
A	电梯从五楼直达一楼
B	电梯从一楼直达五楼
C	电梯从五楼到达四楼
D	电梯从四楼到达五楼
E	电梯从四楼直达一楼
F	电梯从一楼直达四楼
G	电梯从一楼到达负一楼
H	电梯从负一楼到达一楼
I	电梯从负一楼直达四楼

事件日志（附数据信息）

$\langle Q(573), C(572), P(573), Q(573), E(572), P(572), Q(134), G(134), P(134)\rangle$

$\langle Q(591), C(591), P(591), Q(591), E(591), P(591), Q(234), G(235), P(235)\rangle$

$\langle Q(268), H(268), P(268), Q(442), F(442), P(442), Q(396), D(396), P(396)\rangle$

$\langle Q(154), H(154), P(154), Q(542), F(542), P(542), Q(154), D(154), P(154)\rangle$

$\langle Q(579), H(579), P(579), Q(579), B(579), P(579)\rangle$

$\langle Q(540), A(540), P(540), Q(178), G(178), P(178)\rangle$

$\langle Q(433), A(433), P(433), Q(285), G(285), P(285)\rangle$

......

依据上述日志挖掘并根据优先权的概念,对表 8.10 中日志的变迁有:变迁 C 的阈值为 562 且优先于 A,变迁 H 的阈值为 527 且优先于变迁 I,优化后的模型系统,在识别变迁 A,C 间优先权时会智能化处理运载量大于 562 的数据进而使变迁 C 不发生,将有效避免类似表 8.10 中出现的系统运行日志 $\langle Q(591), C(591), P(591), Q(591), E(591), P(591), Q(234), G(235), P(235)\rangle$ 对应的工作路径。

本章小结

对过程模型进行分析优化处理,是为了及时排查流程中存在的故障区域,且通过一定的手段修复并优化该区域,整个过程的完成使得模型符合更多客户的需求,同时使得系统的运行效率更高。模型优化已在各个领域中被应用,比如移动通信领域、网络营销领域、医疗领域以及物流递送领域等等。作为业务流程建模的首选工具,Petri 网依赖控制流和数据流实现了对实际流程的模拟与分析。信息时代,数据出现的方式总是很新颖,对问题、模型的影响方式更是值得研究和挖掘。面对传统的数据流模型模拟业务流程,现有方法所建的模型往往难以体现数据与业务中决策变迁的关系。为实现数据对模型中决策的影响,现有的模型语言显得笨拙,模型中非决策部分也难免出现结构变更的问题。针对业务流程中的模型优化,本章主要开展以下研究:

8.2 节为了适应业务管理的快速发展,优化过程模型具有一定的现实意义。本节,首先给出了几个基于行为轮廓的 Petri 网结构,有助于建立初始模型;其次在挖掘算法中,利用了多个指标,如合理性、行为适当性及结构适当性来构造满足日志重放的模型,然后利用一致性来优化模型。最后,用一个仿真实验说明该算法能够找到最优模型。

8.3 节就模型优化提出了两个优化算法。首先,基于配置的过程模型优化方法是在合理工作流网的基础上,通过挖掘配置变迁将源模型转化为可配置的交互过程模型,这在一定程度上使业务系统满足广大客户的多元化需求,有利于业务流程的高效运行。其次,由于配置优化方法不能处理带有时间/次数信息或添加指定任务的模型要求,配置变迁的查找和使用也就具有一定的针对性,即可配置的过程模型并不能完全满足客户的需求。基于片段适配的模型优化很好地解决了这一问题,该方法在配置过程模型的基础上,通过对模型要求和适配变量进行分析,准确查找适配片段并对过程模型中的配置变迁进行撤销或保留,然后在适配片段中结合准确的适配模式和合理的适配规则对源模型进行任务分配,从而使得源模型的运行更加清晰、有效。

8.4 节在前人研究基础上,通过规范过程模型中数据信息的呈现方式提出数据决策 Petri 网实现智能处理数据与决策间关系,完成优化模型决策机制的使命。一方面,模型决策部分(变迁发生权)通过数据决策 Petri 网定义得到理念上的实现。另一方面集中处理数据信息对决策部分的作用也保证了非决策环节免受影响,既完成模型决策机制的拓展又实现模型简洁性的优化。在对日志属性的挖掘过程中,发现变迁 C 的阈值 562 与变迁 H 的阈值 527 差别较大,与主观认识有出入。经调研发现该商场四楼为游乐场所而负一楼为停车场,在四楼等电梯的多为儿童而在一楼等电梯的乘客多是结伴而行,故而四楼能挤入 38 kg 以下的儿童,一楼却连 73 kg 以下的乘客都极少出现的现象就不足为奇了。

进一步关于交互过程模型优化的研究,不仅要明确适配优化方法中适配规则的书写准则,还要对适配的模式进行精细地划分,使得适配过程具有更好的精准度。例如,在基于模型要求匹配适配模式的过程中,如何对接信息与信息模式,以及如何执行任务与平行插入模式,另外还需考虑模型要求对应下的其他适配模式。最后,考虑过程挖掘过程中的数据信息,例如过程模型中数据流的优化处理。在未来工作中,我们希望通过以上方法加以改进并用于含有循环结构或不可见任务的模型挖掘中,以满足更多业务流程管理的需求。同时,一些潜在规律通过大量日志才能发现,需要我们避免按照主观意识去优化模型;为更客观地完成数据约束下的建模与优化工作,未来工作将重点考虑事件日志对建模的影响。

参考文献

[1] 闻立杰.基于工作流网的过程挖掘算法研究[D].北京:清华大学,2007.

[2] 王广立.基于日志的流程挖掘算法研究[D].济南:山东大学,2008.

[3] van der Aalst W M P. Process mining:discovery, conformance and enhancement of business processes[M]. Berlin, Heidelberg:Springer,2011.

[4] van der Aalst W,Weijters T,Maruster L. Workflow mining:discovering process models from event logs[J]. IEEE Transactions on Knowledge and Data Engineering,2004,16(9):1128-1142.

[5] 吴洪越,杜玉越. 一种基于逻辑 Petri 网的 Web 服务簇组合方法[J].计算机学报,2015,38(1):204-218.

[6] 赵杨,李彤,柳青.一种基于扩展 Petri 网的软件过程模型性能分析方法[J].计算机工程与应用,2004,40(26):70-72.

[7] Polyvyanyy A,Armas-Cervantes A,Dumas M,et al. On the expressive power of behavioral profiles[J]. Formal Aspects of Computing,2016,28(4):597-613.

[8] Clempner J B. Classical workflow nets and workflow nets with reset arcs:using Lyapunov stability for soundness verification[J]. Journal of Experimental & Theoretical Artificial Intelligence,2017,29(1):43-57.

[9] Decker G,Weske M. Behavioral consistency for B2B process integration[C]//Notes on Numerical Fluid Mechanics and Multidisciplinary Design. Trondheim, Norway:Springer, 2007, 4495 LNCS:81-95.

[10] La Rosa M,Dumas M,Ter Hofstede A H M,et al. Configurable multi-perspective business process models[J]. Information Systems,2011,36(2):313-340.

[11] Bourne S,Szabo C,Sheng Q Z. Managing configurable business process as a service to satisfy client transactional requirements[J]. 2015 IEEE International Conference on Services Computing,2015:154-161.

[12] Jiménez-Ramírez A,Weber B,Barba I,et al. Generating optimized configurable business process models in scenarios subject to uncertainty[J]. Information and Software Technology,2015,57(1):571-594.

[13] Hallerbach A,Bauer T,Reichert M. Configuration and management of process variants[C]// Handbook on Business Process Management 1. Berlin,Heidelberg:Springer,2010:237-255.

[14] Schaidt S,Santos E A P,Vieira A D,et al. Dealing with variability:A control-based configuration of process variants[C]//Cham:Springer,2017,569:416-425.

[15] Assy N,Chan N N,Gaaloul W. An automated approach for assisting the design of configurable process models[J]. IEEE Transactions on Services Computing,2015,8(6):874-888.

[16] Huang Y,Feng Z. A validation method of configurable business processes based on data-flow[C]// Paris,France:Springer,2015,8954:323-335.

[17] La H J,Kim S D. Static and dynamic adaptations for service-based systems[J]. Information and Software Technology,2011,53(12):1275-1296.

[18] Karimpour J,Alyari R,Noroozi A A. Formal framework for specifying dynamic reconfiguration of adaptive systems[J]. IET Software,2013,7(5):258-270.

[19] Martín J A,Pimentel E. Contracts for security adaptation[J]. The Journal of Logic and Algebraic Programming,2011,80(3-5):154-179.

[20] Weidmann M,Alvi M,Koetter F,et al. Business process change management based on process model synchronization of multiple abstraction levels[C]//2011 IEEE International Conference on Service-Oriented Computing and Applications(SOCA). Irvine,CA,USA:IEEE,2011:1-4.

[21] Fang X,Gao X,Yin Z,et al. An efficient process mining method based on discrete particle swarm optimization[J]. Information Technology Journal,2011,10(6):1240-1245.

[22] 吴哲辉. Petri 网导论[M].北京:机械工业出版社,2006.

[23] Dam K H. An agent-oriented approach to support change propagation in software evolution[J]. Proceedings of the International Joint Conference on Autonomous Agents and Multiagent Systems,AAMAS,2008,3(3):1681-1682.

[24] van der Aalst W M P,Dumas M,Gottschalk F,et al. Preserving correctness during business process model configuration[J]. Formal Aspects of Computing,2010,22(3):459-482.

[25] Döhring M,Reijers H A,Smirnov S. Configuration vs. adaptation for business process variant maintenance:An empirical study[J]. Information Systems,2014,39(1):108-133.

[26] 王俊杰.基于事件日志的过程模型的变化分析[D].淮南:安徽理工大学,2015.

[27] Martens A. Consistency between executable and abstract processes[C]//2005 IEEE International Conference on e-Technology,e-Commerce and e-Service. Hong Kong,China:IEEE,2005:60-67.

[28] van der Aalst W M P,van Hee K M,Ter Hofstede A H M,et al. Soundness of workflow nets:classification,decidability,and analysis[J]. Formal Aspects of Computing,2011,23(3):333-363.

[29] Reijers H A,Mendling J,Dijkman R M. Human and automatic modularizations of process models to enhance their comprehension[J]. Information Systems,2011,36(5):881-897.

[30] Buijs J C A M,La Rosa M,Reijers H A,et al. Improving business process models using observed behavior[C]//Lecture Notes in Business Information Processing. Berlin,Heidelberg:Springer Berlin Heidelberg,2013:44-59.

[31] Bera D,Hee K M V,Werf J M V D. Designing weakly terminating ROS systems[C]//Berlin,Heidelberg:Springer,2012:328-347.

[32] Kalenkova A A,Lomazova I A. Discovery of cancellation regions within process mining techniques[J]. Fundamenta Informaticae,2014,133(2-3):197-209.